高等学校计算机科学与技术教材

嵌入式系统课程设计

童英华　编著

清华大学出版社
北京交通大学出版社
·北京·

内 容 简 介

随着物联网技术的日益普及，嵌入式系统作为其核心支撑技术，已深度融入工农业生产、国防军事及日常生活的方方面面。嵌入式系统涉及电子信息工程、计算机技术、通信工程与微电子学等多个专业领域，是软件、硬件设计的完美结合，实践性较强。

本书精选了12项嵌入式综合课程设计实验案例，涵盖智能家居系统、仓库物流管理系统、藏文电子阅读器、智能药箱系统、基于Qt的桌面常用软件、移动智能药箱系统、水质检测系统、智慧大棚、宠物定位器、智能小车、森林防火监测预警系统及视频监控系统。每个案例均详尽阐述了选题背景与意义、系统总体设计方案、系统的硬件与软件设计细节、开发环境的安装与配置、系统运行效果展示及总结等，为读者提供一个全面而深入的学习路径。

本书可用作高等院校计算机科学与技术专业研究生、本科生物联网、嵌入式系统和单片机等课程教学或者案例教学的教材，也可用作广大工程技术人员及嵌入式系统爱好者的参考读物。

图书在版编目（CIP）数据

嵌入式系统课程设计 / 童英华编著 . -- 北京 : 北京交通大学出版社 : 清华大学出版社，2025.1. -- ISBN 978-7-5121-5430-8

Ⅰ. TP360.21-41

中国国家版本馆CIP数据核字第20244Z8K44号

嵌入式系统课程设计
QIANRUSHI XITONG KECHENG SHEJI

责任编辑：谭文芳
出版发行：清 华 大 学 出 版 社　邮编：100084　电话：010-62776969　http://www.tup.com.cn
　　　　　北京交通大学出版社　邮编：100044　电话：010-51686414　http://www.bjtup.com.cn
印 刷 者：北京虎彩文化传播有限公司
经　　销：全国新华书店
开　　本：185 mm×260 mm　印张：16.5　字数：416千字
版 印 次：2025年1月第1版　2025年1月第1次印刷
定　　价：59.00元

本书如有质量问题，请向北京交通大学出版社质监组反映。对您的意见和批评，我们表示欢迎和感谢。
投诉电话：010-51686043，51686008；传真：010-62225406；E-mail：press@bjtu.edu.cn。

前　言

“嵌入式系统”课程的教学内容大致包括：嵌入式系统的基本原理、嵌入式系统硬件体系结构、嵌入式操作系统、嵌入式系统开发的过程和常用方法，以及嵌入式系统设备驱动程序与应用程序的设计。此课程的教学内容多，兼具高度的综合性和实践性特征。仅仅依靠课堂讲授来掌握这些理论知识是远远不够的。为了让学生更深入地理解嵌入式理论与知识，必须在课程内积极开展教学实验活动。通过这些实验活动，可以不断深化、夯实并巩固学生的理论基础，进而使他们能够熟练掌握嵌入式开发的整个流程，逐步提高嵌入式开发能力，进而提高在实际应用中分析问题、解决问题的能力。因此，实验是“嵌入式系统”课程的重要环节。

一般而言，嵌入式系统的教学实验活动可以划分为 3 个层级：验证性实验、综合性实验及课程设计。

1. 验证性实验

验证性实验，是指学生在已知实验结果的前提下，通过实验来验证理论课上所学知识的准确性。在嵌入式课程实验中，验证性实验主要包括：嵌入式开发环境搭建实验、Linux 系统下常用命令实验、进程通信实验、Shell 程序设计实验、串口通信实验、中断实验、内存管理实验、实时时钟实验、LCD 显示实验、Linux 内核的裁减实验，以及 ARM 指令实验。通过这一系列的验证性实验，学生得以在嵌入式实验平台上验证理论知识、工作原理、编程技巧及技术解决方案。然而，验证性实验也存在其局限性。首先，学生在基于开发板的实验平台上进行模块化实验时，往往缺乏整体性和系统性的考虑；其次，学生按照实验指导书的步骤逐一操作，虽然能够重复实验内容，但在此过程中却容易忽视创新性和自主性的培养。

2. 综合性实验

综合性实验，是指那些实验内容涵盖课程核心知识点，或是与课程紧密相关的其他课程知识的实验项目。综合性实验的特点在于其涉及的知识面广泛，能够全面考查和提升学生的综合能力。综合性实验主要包括：Linux 环境下的驱动程序开发实验、嵌入式系统中利用多线程技术实现的生产者—消费者问题实验、利用 CAN 总线实现的多点通信实验、利用 Socket 实现的网络间主机通信实验、嵌入式系统下远程视频采集的实现实验、构建嵌入式 Web Server 实现远程控制实验、根文件系统制作实验、无线局域网通信实验，以及基于 Qt 的嵌入式界面开发实验等。综合性实验旨在通过实践环节，培养学生的综合分析能力和实践动手能力。

3. 课程设计

课程设计，是嵌入式系统学习中的一个重要环节。它要求学生结合所学理论知识，独立完成一个较大规模的编程实验。这类实验具有高度的灵活性，学生可以根据自己的兴趣设定实验内容，或者由实验老师指定实验内容，而实验内容往往会超出课本知识的范畴。课程设计的核心目标是让学生综合运用在校期间所学的各门课程的知识和技能，针对一个具体的实际项目，提出解决方案并完成从项目构思、实验方案设计、开发、测试到文档制作的全过程。这一任务通常在“嵌入式系统”课程学期内布置，并要求学生在学期结束前提交成果。由于课程设计的功能综合性强，工作量比较大，因此常常需要对学生进行分组，以团队的形式共同完成。这样的分组合作不仅提供了一个团队工作的实验环境，还让学生有机会亲身体验嵌入式开发团队的工作方式。在实验过程中，实验老师会提供必要的指导，并严格检查最终的实验结果。课程设计旨在激发学生的学习兴趣，更好地培养他们独立解决实际问题的能力、创新能力、组织管理能力和科研能力。

当前，我国嵌入式系统课程设计的教材资源相对匮乏，而学生在实际学习过程中对此类图书的需求却颇为迫切。作者基于自己十多年在本科生和研究生“嵌入式系统”课程教学中的经验，一边深耕嵌入式系统的课堂教学，一边积极投身于实验环节的实践、指导与管理工作，精心挑选了12项学生完成的课程设计，通过逐步整理与编纂，最终形成了本书，以期为学生提供一本开发步骤合理、流程正确且能激发创新思维的教学用书。

通过本书，学生将能够更深入地理解“嵌入式系统”课程的核心知识点，全面把握嵌入式系统课程设计的整体框架与流程。同时，本书还将帮助读者熟悉嵌入式开发的工作流程，进而提升他们在嵌入式系统设计与开发方面的专业技能。

编　者

2024 年 9 月

目　　录

第 1 章　基于嵌入式 Linux 的智能家居系统设计

伴随着嵌入式技术的日新月异，以及人民生活水平的不断提高，人们渴望生活更便捷、高效，智能化。基于这样的目的，本章设计了一款智能家居系统。该系统可以通过两种方式实现家居环境中信息的采集、安防控制等：一是可以通过 Web 实现温度、湿度、红外、烟雾、声感、视频的实时监控；二是可以通过 LCD 触摸屏，实现本地各种传感器参数的显示，以及器件的开关控制。

1.1　引言

随着后个人计算机时代的到来，嵌入式系统技术已经成为了一个万众瞩目的焦点。目前已广泛应用于信息家电、数据网络、工业控制、医疗卫生、航空航天等众多领域。巨大的市场潜力，无穷的商机，吸引了各路商家纷至沓来。硬件方面，各大电子厂商相继推出了自己的专用嵌入式芯片，铺天盖地的 MP3、PDA 和无线上网装置，让人们充分感受到了这股强劲之势；软件方面，在 Vxworks、pSOS、Neculeus 和 Windows CE 等嵌入式操作系统引领下，也出现了空前繁荣的局面，但这些专用操作系统高昂的价格使许多面向低端产品的小公司望而却步，其源代码的封闭性也大大限制了开发者的积极性。

近年来蓬勃发展的 Linux，也广泛应用于各类计算应用中，不仅有 IBM 的微型 Linux 腕表、手持设备（PDA 和蜂窝电话）、因特网装置、客户机、防火墙、工业机器人和电话等基础设施设备，而且还有基于集群的超级计算机。Linux 在高端服务器上的优越表现及其天生具有的突出特点，注定它必将在嵌入式系统中再次给人们以惊喜，而基于嵌入式 Linux 操作系统的应用，必定给未来的工作和生活带来翻天覆地的变化。

本章以现有智能家居系统设计理念为基础，结合北京兴盛博创公司所生产的魔法师嵌入式模块，以三星（Samsung）半导体公司所生产的 S3C2410 处理器为控制器的核心，以现代以太网技术和 GPRS 技术为通信手段，采用模块化设计方法，在外围模块的配合下，实现了基于浏览器-服务器架构远程视频监控。用户不需要安装任何软件，只要能上网，就可以对家居环境进行监控，并利用 Qt-embedded 编写的 GUI 程序，将室内各种传感器采集的各项参数以图形化的方式显示到 LCD 触摸屏上，实现与用户的交互。用户通过 LCD 触摸屏上的信息，通过选择并单击相应的按钮，对室内各种传感器的参数进行设置，实现室内温湿度的采集，在温度超过阈值的情况下，启动步进电机进行降温处理；能通过红外线传感器，对实时监测到的非法入侵，实现本地蜂鸣器报警，并能通过发短信到指定手机实现远程报警的功能。

1.2　系统架构

整个系统架构基于北京博创公司生产的魔法师创意实训平台来实现，系统架构如图 1-1

所示。通过温湿度传感器采集家居环境中的温湿度信息，并在温度超过规定值时，启动步进电机进行降温；通过红外传感器模块，采集是否有非法入侵的信息，有则给出“have people”的提示信息，启动蜂鸣器实现本地报警，并发送警示信息到指定的手机，实现远程报警；通过USB摄像头，实时采集屋内信息，显示到本地服务器，同时只要用户能访问Internet，就可以通过计算机远程访问视频信息，掌握家居环境的最新情况；利用LCD触摸屏，加载Qt下编写的图形界面，实时显示各传感器检测到的信息，并通过单击相应的按钮实现开关等的状态控制。

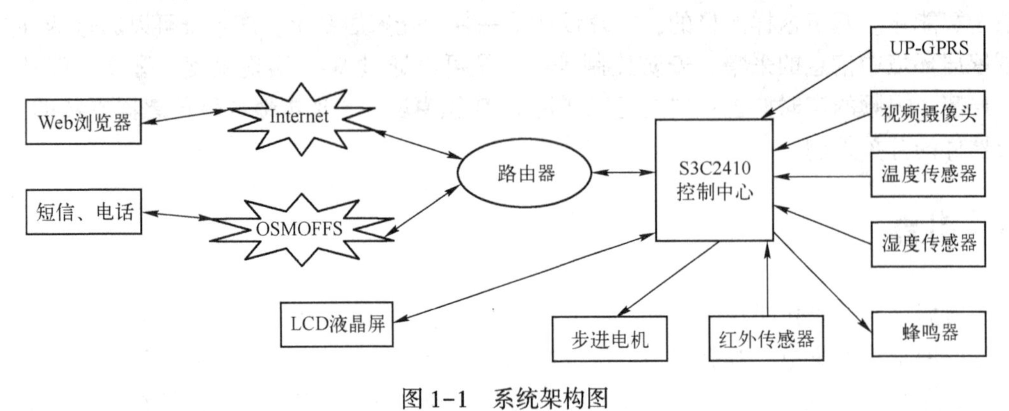

图1-1　系统架构图

1.3　硬件设计

1.3.1　S3C2410处理器

S3C2410处理器是三星公司基于ARM公司的ARM920T处理器核、采用0.18 μm制造工艺开发的32位微控制器。该处理器拥有：独立的16 KB指令Cache和16 KB数据Cache，内存管理单元（memory management unit，MMU），支持TFT的LCD控制器，NAND闪存控制器，3路UART，4路DMA，4路带PWM的Timer，I/O口，RTC，8路10位ADC，Touch Screen接口，IIC-BUS接口，IIS-BUS接口，2个USB主机，1个USB设备，SD主机和MMC接口，2路SPI。S3C2410处理器最高可运行在203 MHz。

1.3.2　温湿度传感器

通过温湿度传感器实时采集室内温度、湿度值，并把获取到的信息反馈给中央控制器，由其进行综合分析处理。

在该智能家居系统中，图1-2所示的温湿度传感器模块使用处理器的IIC总线，所以通过4针排线连接到开发板的P1端口。

1.3.3　步进电机

当温度传感器检测到的温度超过指定的阈值时，由中央控制器控制步进电机转动来降低室内温度，避免产生危险情况。

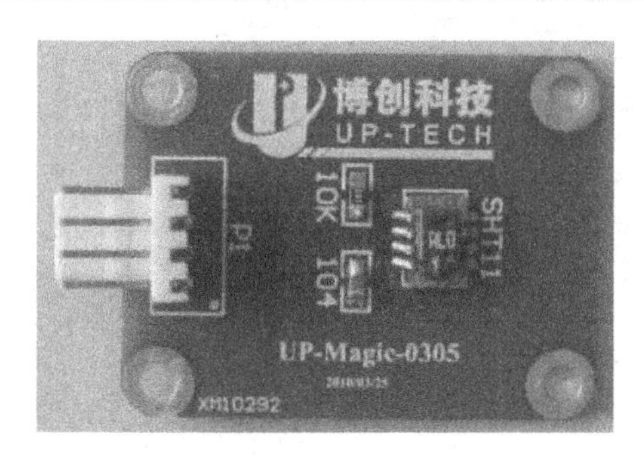

图 1-2　温湿度传感器模块

图 1-3 所示的直流电机桥模块因使用到 PWM 输出，通过 4 针排线连接到主板 P6 端口，输出连接到电机上。

图 1-3　直流电机桥模块及电机

1.3.4　热释红外传感器

通过热释红外传感器模块可以检测非法入侵，通过与蜂鸣器模块配合，发出本地报警。

图 1-4 所示的热释红外传感器模块使用外部中断，通过 4 针排线连接到主板的 P5 端口。

图 1-4　热释红外传感器

1.3.5　蜂鸣器

蜂鸣器模块在中央控制器控制下，与热释红外传感器配合使用，在外来人员非法入侵时，蜂鸣器发出响声，实现本地报警。

图 1-5 所示的蜂鸣器模块使用 GPIO 输出，通过排线连接到开发板主板 P8 端口。

图 1-5 蜂鸣器

1.3.6 USB 摄像头

USB 摄像头主要用于获取室内发生的情况，并反馈给用户。本系统所采用的中星微 ZC301 USB 摄像头，具有 130 万像素，足以满足日常监控的需要。

图 1-6 所示为 USB 摄像头模块，使用此模块时，将其接到开发板的 USB 接口即可。

图 1-6 USB 摄像头模块

1.3.7 UP-TECH GPRS 模块

本系统采用的 GPRS 模块型号为 SIM300，是 SIMCOM 公司推出的 GSM/GPRS 双频模块，主要为语音传输、短消息和数据业务提供无线接口。SIM300 集成了完整的射频电路和 GSM 的基带处理器，适合开发一些 GSM/GPRS 无线应用产品。本系统中，在控制器的控制下，当红外传感器接收到非法入侵信息时，能给预先设置好的手机号码发送信息，以实现远程报警功能。

图 1-7 所示为 UP-ECH GPRS 模块，通过 MAX232 转换芯片，连接到开发板的 RS232 接口，并需外接电源模块。

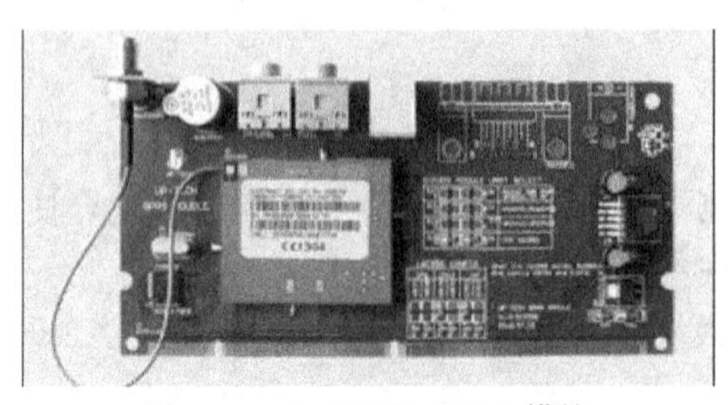

图 1-7 UP-TECH GPRS 模块

1.3.8　LCD 触摸屏

LCD 触摸屏上显示的是一个可供用户交互的 GUI Qt 程序，利用 Qt 图形用户开发工具，可实现对外围硬件模块的控制，以及显示各种传感器的参数。

图 1-8 所示为 LCD 触摸屏模块，此模块连接到开发板的 CD 端口。

图 1-8　LCD 触摸屏模块

1.3.9　烟雾传感器

此传感器用于检测室内有没有物体燃烧，如果检测到物体燃烧则将信息反馈给中央控制器，由中央控制器控制蜂鸣器发出报警，控制 UP-TECH GPRS 模块发出用户预先设置好的短信。

图 1-9 所示为烟雾传感器模块，此模块连接到开发板的 P2 端口。

图 1-9　烟雾传感器模块

1.4　实现原理

1.4.1　嵌入式操作系统的选择及移植

本系统采用 Linux 作为操作系统，并选用 Linux 2.6 内核在嵌入式微处理器 S3C2410 上移植，具体移植方法如下：

① 准备 Linux 2.6 内核移植所必需的文件（内核压缩包 linux-2.6.tar.bz2 及交叉编译器 arm-linux-gcc3.4.1.tar.bz2），这些文件可到 Linux 官方网站免费下载；

② 利用 Linux 命令（mkdir、tar、mv 及 export）安装交叉编译器 arm-linux-gcc3.4.1；

③ 修改 Makefile 文件及相关硬件文件。由于内核的编译是根据 Makefile 文件的指示进行的，Makefile 文件来组织内核的各模块之间的关系，记录了各个模块之间的相互联系和依赖关系，所以开发人员要首先修改 Linux 2.6 根目录下的 Makefile 文件，修改的主要内容是目标代码的类型和为编译内核指定一个编译器；

④ 运用 make 命令编译内核并生成内核镜像文件 zImage 文件，通过相应的固化软件把这个文件固化在系统相应的存储器中，完成 Linux 2.6 内核在 ARM 微处理器上的移植。

1.4.2 驱动程序的设计

智能家居控制中心需要多个设备驱动程序，而对于嵌入式系统而言，很少有通用的外设驱动程序可以使用。在本系统中，除了 GPRS 模块分别通过第一个串口与 S3C2410 相连，可以直接使用标准的串口驱动程序外，其余的如家电控制接口、传感器接口及以太网接口等都属于非标准外设，需要专门设计其驱动程序。在驱动程序的设计中，由于嵌入式 Linux 系统中设备驱动程序有一个标准的框架，虽然这些接口工作原理不同，但其设计方法基本类似，即根据硬件结构来编写框架中的函数。主要的函数包括 open( )、read( )、write( )、ioctl( )、release( )、module_init( )和 module _exit( )等。以太网接口驱动程序的设计虽然可以按照上述方法进行，但是实现起来却有一定的难度，本系统在设计中使用一种更简单的方法，即通过移植的方法实现 CS8900 以太网驱动程序在 S3C2410 上运行。具体移植方法如下：

① 利用网络工具从网上下载 CS8900.C 和 CS8900.H，并把它们拷贝到内核下的 DRIVERS/NET 目录中；

② 修改配置菜单，增加 CS8900 配置选项，使系统在配置 ARCH SMDK2410 时，可使用 CS8900 的配置选项；

③ 对网卡进行初始化，并对相关文件（smdk2410.h、mach-smdk2410.C、makefile）进行修改；

④ 通过 make 命令重新编译，即可实现 CS8900 以太网驱动程序的移植。

1.4.3 嵌入式 Web 服务器的选择及移植

在 ARM Linux 开发平台下，可以使用的 Web 服务器主要有三个：Httpd、Thttpd 和 Boa。Httpd 是较简单的一个 Web 服务器，但其功能较弱，不支持认证和 CGI。Thttpd 和 BOA 都支持认证和 CGI，功能比较强。为了实现动态 Web 技术，本系统在设计中选择了既支持 CGI，又较适合于嵌入式系统的 Boa Web 服务器，并将其移植在系统中，使系统实现嵌入式 Web 服务器的功能。具体移植实现方法如下。

① 下载 Boa 服务器源代码 boa-0.94.13.tar.gz，并将其解缩在/boa /src/目录中。

② 编译 Boa 源代码，生成执行文件 boa（大小约 60 KB）。

③ 创建相关工作目录。在/etc 目录下建立一个 boa 目录，里面放入 Boa 的主要配置文件 boa. conf。还需要创建日志文件所在目录/var/log/boa，创建 HTML 文档的主目录/var/www，创建 CGI 脚本所在目录/var/www/cgi-bin/。

④ 对 BOA 进行配置和修改。主要通过对 defines. h、boa. conf 和 mime. types 文件进行修改来实现。修改 defines. h 指定 Web 服务器的根目录路径。boa. conf 文件由一些规则组成，用于配置 Boa 服务器、指定相应端El、服务器名称、一些相关文件的路径等。Boa 服务器要想正确运行，必须保证该文件是正确配置的，而且该文件和某些静态网页，CGI 可执行程序等都放于某特定目录。

⑤ 放置 Boa 文件。在/bin/下加入生成的 Boa 可执行文件，并把修改后的 boa. conf 文件拷贝到 Web 服务器根目录/etc/boa 中，并将一些静态页面放在由 boa. conf 文件指定的目录中。

⑥ 重新编译内核根文件系统。把该文件系统重新下载到控制中心硬件电路板，启动 Boa Web 服务器，就可以通过 IE 访问系统所设计的网页。

1.4.4　应用软件设计

嵌入式智能家居系统的核心是一个嵌入式 Web 服务器，其应用软件的设计包括网页设计和 CGI 应用程序设计两部分。网页设计采用设计工具 Dreamweaver、FrontPage、Photoshop 和 Flash 实现。应用程序设计中考虑到系统硬件资源有限，故采用了 CGI 技术实现浏览器与嵌入式 Web 服务器的动态数据交互。把 CGI 程序保存在服务器端，当 Web 页面打开时，客户端调用 CGI 应用程序来实现用户的功能需求。在系统设计中，CGI 应用程序的编写采用 C 语言，实现外部实时数据采样、与外部设备的通信与控制等。

1.4.5　远程视频监控模块的实现原理

1. Vide04Linux 程序

Vide04Linux 是 Linux 中关于视频设备的内核驱动，它针对视频设备的应用程序编程提供一系列接口函数。对于 USB 接口摄像头，其驱动程序提供基本的 I/O 操作接口函数 open( )、read( )、write( )和 close( )等。

2. 网络通信程序

在 TCP/IP 网络应用中，通信的两个进程间相互作用的主要模式是浏览器-服务器模式。即客户向服务器发出服务请求，服务器接收到请求后，提供相应的服务。Linux 中的网络编程是通过 Socket 接口来进行的，Socket 相当于进行网络通信两端的插座，只要对方的 Socket 和自己的 Socket 有通信联接，双方就可以发送和接收数据。在智能家居系统中，用户所持有的任意网络设备和家用 ARM9 开发板就是 Socket 通信的两端。

3. 嵌入式 Web 服务器和视频监控的实现

智能家居系统选用的 Web 服务器是一款非常小巧的、执行代码只有约 60 KB 的一个单任务嵌入式 Boa 服务器。客户端浏览器和嵌入式 Web 服务器之间通过 HTTP 协议进行“请求-响应”工作，其原理如图 1-10 所示。

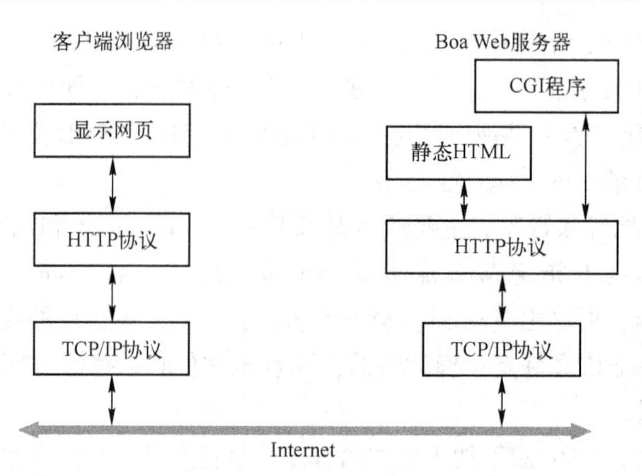

图 1-10 客户端浏览器访问 Boa 服务器原理图

4. CGI 的交互

通用网关接口（common gateway interface，CGI）定义了 Web 服务器与其他可执行程序（CGI）之间进行交互的接口标准。CGI 程序用来完成 Web 网页中表单数据处理的动态交互工作，CGI 程序与 Web 服务器，以及客户端浏览器之间交互工作的原理如图 1-11 所示。

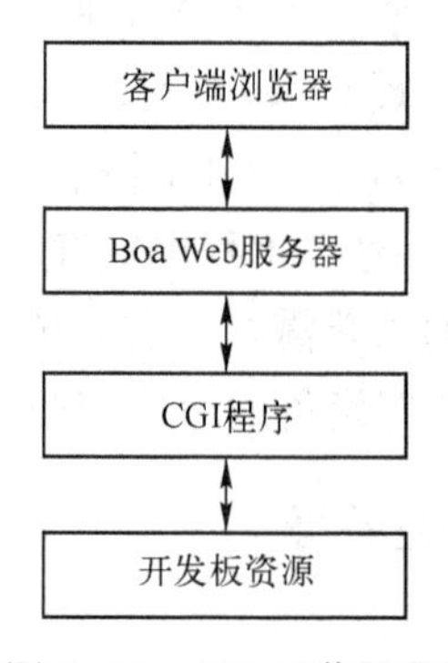

图 1-11 CGI 工作原理

5. 系统整体运行框图

系统整体运行框图如图 1-12 所示。首先接通电源，然后检查各个硬件设备状况；确认无误后加载驱动；启动操作系统；加载启动监控系统；读取串口数据；对串口数据进行检查，看是否有异常情况；如果有则报警，否则选择是否终止，是则结束。

1.5 软件设计

1.5.1 使用 Web 实现信息采集和监控原理

使用 Web 不仅可以实现 USB 摄像头视频信息的采集，同时可以实现温度、湿度、光感、烟雾、声感检测，并以表格的形式显示各传感器的数据信息，真正达到家居环境的各种信息的远程监控。

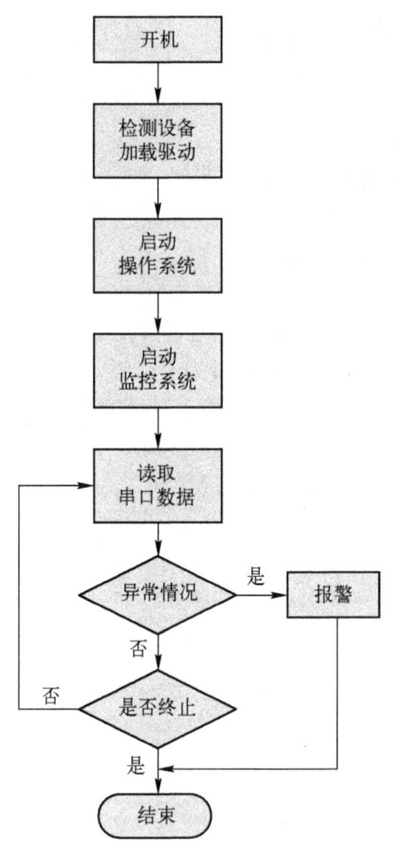

图 1-12　系统整体运行框图

其实现原理如下。

① 温度、湿度：定义指针 fd_sht11 打开/dev/sht11 驱动程序，再通过 read 函数把驱动程序得到的温度、湿度的数据放入 value_t、value_h，然后打印出来。

② 光感：定义指针 fd_irda 打开/dev/irda 驱动程序，再通过 read 函数把驱动程序得到的数据放入 irda_cnt。如果 irda_cnt 不为空，输出有人；如果为空，输出无人。

③ 烟雾：定义指针 fd_smog 打开/dev/smog 驱动程序，再通过 read 函数把驱动程序得到的数据放入 smog_cnt。如果 smog_cnt 不为空，输出有火；如果为空，输出正常。

④ 声感：定义指针 fd_miph 打开/dev/miph 驱动程序，再通过 read 函数把驱动程序得到的数据放入 miph_cnt。如果 miph_cnt 不为空，输出有人；如果为空，输出无人。

⑤ 主程序输出网页标准代码：

```
Content-Type:text/html
<html>
<head>
<title>QHNU</title>
</head>
<body></body>
</html>
```

```
<!--在 BODY 标签之中插入表格代码-->
<table>
<tr><td></td></tr>
</table>
<!--把输出结果放入 TD 标签中-->
<!--核心代码:-->
printf("Content-Type:text/html\n\n");
printf("<HTML>\n");
printf("<HEAD>\n<TITLE >QHNU</TITLE>\n");
printf("<meta http-equiv=refresh content=1>");
printf("</HEAD>");
printf("<BODY>\n");
printf("<table align=center border=1>\n");
printf("<tr><td>");
Show_irda();
printf("</td></tr>");
printf("<tr><td>");
Show_smog();
printf("</td></tr>");
printf("<tr><td>");
Show_miph();
printf("</td></tr>");
printf("<tr><td>");
Show_sht11();
printf("</td></tr>");
printf("</table>");
printf("</BODY>");
printf("</HTML>");
```

1.5.2 使用 LCD 触摸屏实现 Qt 图形界面软件流程图

使用 LCD 触摸屏实现 Qt 图形界面的显示，可以实现温度、湿度、烟雾、红外检测，并能控制电机的开关及 LED 蜂鸣器的本地报警。LCD 触摸屏实现 Qt 图形界面的原理如图 1-13 所示。

1.6 系统运行效果展示

1.6.1 使用 Web 实现传感器参数显示结果图

使用 Web 实现传感器参数结果图如图 1-14 所示，打开 Web 界面会显示一个表格，表格内会显示各个参数的信息。

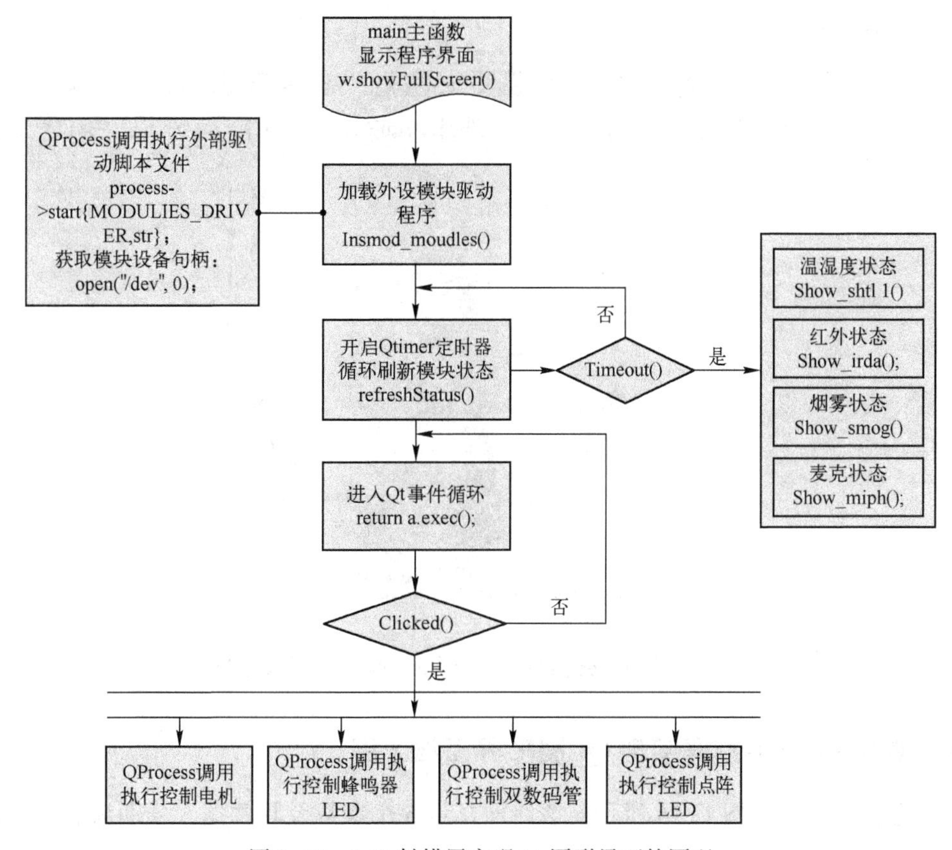

图 1-13　LCD 触摸屏实现 Qt 图形界面的原理

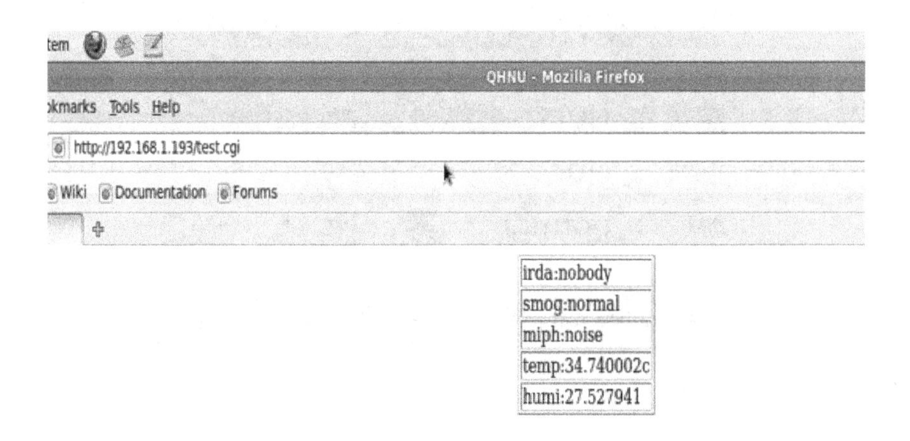

图 1-14　使用 Web 实现传感器参数结果图

1.6.2　使用 Web 实现 USB 摄像头视频信息采集结果图

使用 Web 实现 USB 摄像头视频信息采集结果图如图 1-15 所示，Web 界面会显示摄像头采集的视频信息。

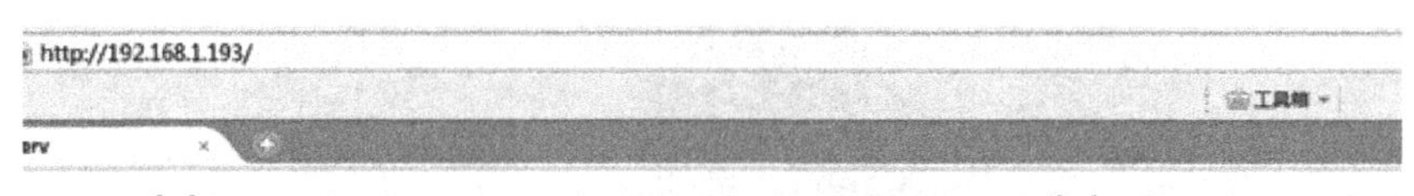

rfox (c) Michel Xhaard && JWebcamPlayer(c) Alvaro Sal

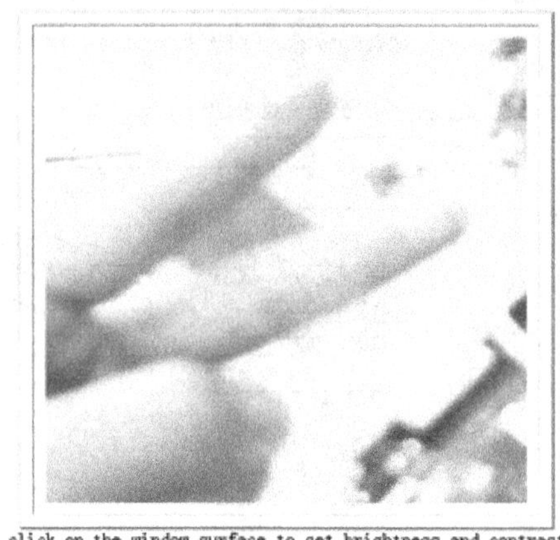

图 1-15 使用 Web 实现 USB 摄像头视频信息采集结果图

1.6.3 使用 LCD 触摸屏实现 Qt 图形界面结果图

Qt 图形界面结果如图 1-16 所示，该界面显示 5 个参数及其数据，分别为温度、红外、湿度、蜂鸣和烟雾。

Form - smarthome.ui

温度： NULL 红外： NULL

湿度： NULL

蜂鸣： normal 烟雾： NULL

温度过高注意降温 室内有人注意防

图 1-16 Qt 图形界面结果图

1.7 总结

本系统设计以现有智能家居系统设计理念为基础，基于北京兴盛博创公司所生产的魔法师嵌入式模块，以三星半导体公司所生产的 S3C2410 处理器为控制器的核心，以现代以太网技术和 GPRS 技术为通信手段，采用模块化设计方法，在外围模块的配合下，实现了基于浏览器-服务器架构远程视频监控。用户不需要安装任何软件，只要能上网，就可以对家居环境进行监控；同时利用 Qt-embedded 编写的 GUI 程序，可以将室内各种传感器采集的各项参数，以图形化的方式显示到 LCD 触摸屏上，实现与用户的交互。用户能通过 LCD 触摸屏上的信息，通过选择并单击相应的按钮，对室内各种传感器的参数进行设置，实现室内温湿度的采集，并在温度超过阈值的情况下，启动步进电机进行降温处理；通过红外传感器对实时监测到的非法入侵实现本地蜂鸣器报警，并能通过发短信到指定手机实现远程报警的功能。

第2章　基于魔法师2410的仓库物流管理系统设计

传统的仓库存储管理属于粗放式的人工管理模式，需要投入大量的人力、物力。为提高仓库管理的效率，设计了一款基于魔法师2410的仓库物流管理系统。该系统以北京博创科技公司提供的魔法师开发板为设计平台，以ARM9处理器芯片为核心，是集环境信息监测（包括温度、湿度、红外感应、烟感等）、本地视频监控、远程网络监控与传输、GPRS通信、GPS定位及库存管理等功能于一身的系统。本系统用Qt设计管理界面，移植到2410开发板，实现触屏操作管理。视频监控以两种方法实现：一是以Web形式实现远程网络监控；二是直接在2410开发板上实现视频监控。GPRS通信采用SIM300-E模块与开发板连接，实现了简单的信息通信。GPS定位模块采用SIM300-E模块与开发板连接，实现了简单的定位功能。库存管理采用Qt与SQLite数据库，实现简单的库存管理与人员管理功能。该系统运行稳定、可靠，同时具有实时性、小型化等方面的优势。

2.1　引言

2.1.1　研究背景

传统的仓库存储管理属于粗放式的人工管理模式，需要投入大量的人力、物力对仓库的环境状况及货物进行管理，因此存在仓储管理自动化程度不高、人工依赖性强，人力成本高，效率低下，企业运营成本高等诸多问题。

随着计算机技术的迅猛发展，嵌入式系统技术的发展十分迅速，为解决传统仓库存储管理存在的问题提供了机遇和条件。

2.1.2　研究意义

本系统采用魔法师创意实训平台及各种传感器模块，基本实现了对仓库环境的监测，对环境信息的实时监控及传输，能启动蜂鸣器实现本地报警，并能发送警示信息到指定的手机，实现远程报警；极大地减少了资金、人力的投入，提高了仓库管理的效率。同时，还实现了简单的GPS定位，可以及时了解物流的进程，基本可以满足当前仓库物流管理的需求。

2.2　系统架构

整个系统架构图如图2-1所示。本系统以北京博创公司生产的魔法师创意实训平台为基础，通过温湿度传感器采集仓库环境中的温湿度信息，通过热释红外传感器模块采集是否有非法入侵的情况，有则给出“have people”的提示信息；通过摄像头实时采集仓库现场信息，显示到本地服务器，同时用户只要处于能访问Internet的环境，就可以通过计算机远程访问视频信息，掌握仓库最新情况；使用 LCD 触摸屏能加载通过 Qt 编写的图形界面，实时显示各传感器检测到的信息，并能通过单击相应的按钮实现开关等的状态控制；实现了 GPS 定位功能，可实时了解物流进程；GPRS 实现了简单的通信功能；实现了用 RFID 读取货物标签的 ID，及时方便地进行货物的存放与管理。

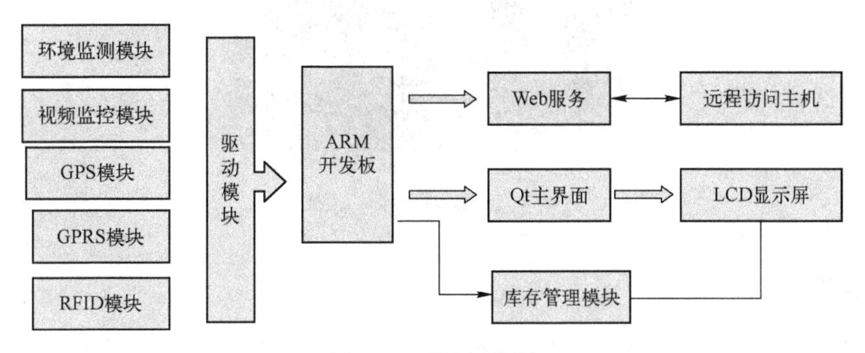

图 2-1　系统架构图

2.3　硬件设计

2.3.1　三星 S3C2410 处理器

三星 S3C2410 处理器基于 ARM920T 内核，采用 32 位微控制器。该处理器包括：独立的 16 KB 指令高速缓存寄存器和 16 KB 数据高速缓存寄存器，存储器管理单元（MMU），控制器，3 路串行异步通信接口，4 路直接存储器访问，通用 I/O 接口，实时时钟，触摸屏接口，集成电路互联总线接口等。

2.3.2　温湿度传感器

通过温湿度传感器实时采集室内温度、湿度值，并把获取到的信息反馈给中央控制器，由其进行综合分析处理，如图 2-2 所示。

图 2-2　温湿度传感器模块

2.3.3　热释红外传感器

通过此模块可以检测非法入侵，并通过与蜂鸣器模块配合，发出本地报警。图 2-3 所示为热释红外传感器，此模块使用外部中断，通过 4 针排线连接到主板的 P5 端口。

图 2-3 热释红外传感器

2.3.4 蜂鸣器

蜂鸣器模块在中央控制器控制下，与红外传感器配合使用，在外来人员非法入侵时，蜂鸣器发出响声，实现本地报警。图 2-4 所示为蜂鸣器模块，此模块使用到 GPIO 输出，通过排线连接到开发板主板 P8 端口。

图 2-4 蜂鸣器

2.3.5 视频摄像头

视频摄像头主要对室内发生的情况进行获取，反馈给用户。本系统所采用的是 USB ZC301 摄像头，具有 130 万像素，足以满足日常监控的需要。图 2-5 所示为 USB 摄像头模块，使用此模块时将其接到开发板的 USB 接口即可。

图 2-5 USB 摄像头

2.3.6　UP-TECH GPS/GPRS 模块

本系统采用的 GPRS 模块型号为 SIM300，SIM300 包括 GSM/GPRS 双频模块，主要的功能有：语音传输、收发短消息和为数据业务提供无线接口。SIM300 由完整的射频电路和 GSM 的基带处理器构成，适合于进行一些 GSM/GPRS 无线应用产品的开发。本设计中，在控制器的控制下，红外传感器接收到非法入侵信息时，能给预先设置好的手机号码发送信息，实现远程报警。图 2-6 所示为 UP-TECH GPRS/GPS 模块，通过 MAX232 转换芯片，连接到开发板的 RS232 接口，并需外接电源模块。

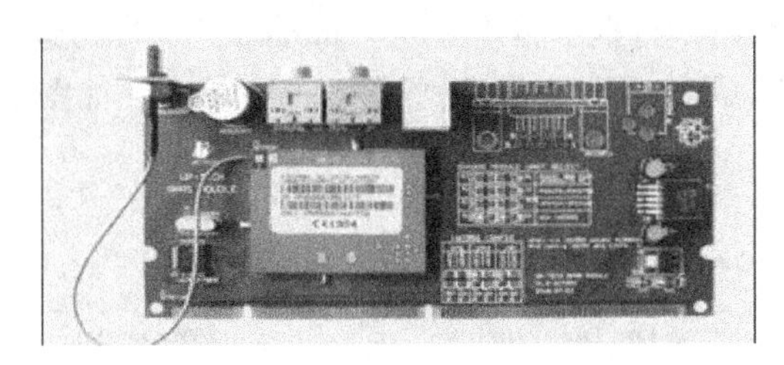

图 2-6　UP-TECH GPRS/GPS 模块

2.3.7　LCD 触摸屏

Qt 设计的用户应用程序通过 LCD 触摸屏显示，利用 Qt Designer 开发工具，以及信号与槽函数实现对外围硬件模块的控制，并显示各种传感器的参数。图 2-7 所示为 LCD 触摸屏模块，此模块连接到开发板的 LCD 端口。

图 2-7　LCD 触摸屏模块

2.4　嵌入式开发环境的搭建

2.4.1　Linux 系统安装配置

这里所需的软件包是 VMware（8.0）+Fedora14+Minicom/Xshell。使用三星公司以 ARM9

为内核的 2410 处理器作为系统硬件核心，考虑到嵌入式 Linux 功能强大、资源丰富、免费等重要优势，选择其作为系统的软件平台。采用 VMware 可以实现在 Windows 下虚拟操作 Fedora14（Linux）系统，设计开发应用程序，移植到开发板上运行。虚拟机及 Fedora14 的安装流程不再叙述。

2.4.2 Linux 下 Minicom 的配置

Minicom 是 Linux 下的串口终端仿真工具，可以通过串口直接链接开发板，与超级终端功能相似，适于通过超级终端对开发板的管理与开发。Minicom 的配置过程如下。

① 运行终端，然后在命令行提示符下输入“minicom”，即可运行 Minicom。

② 同时按 Ctrl+A 键，释放后再按 Z 键，进入 Help 界面，如图 2-8 所示。

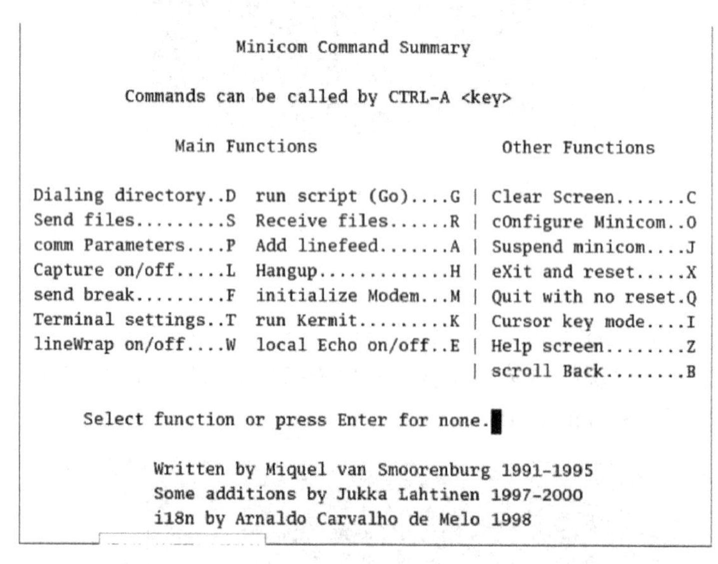

Minicom Command Summary
Commands can be called by CTRL-A <key>
Main Functions
Other Functions
Dialing directory..D
Send files.........S
comm Parameters....P
Capture on/off.....L
send break.........F
Terminal settings..T
lineWrap on/off....W
run script (Go)....G
Receive files......R
Add linefeed.......A
Hangup.............H
initialize Modem...M
run Kermit.........K
local Echo on/off..E
Clear Screen.......C
cOnfigure Minicom..O
Suspend minicom....J
eXit and reset.....X
Quit with no reset.Q
Cursor key mode....I
Help screen........Z
scroll Back........B
Select function or press Enter for none.
Written by Miquel van Smoorenburg 1991-1995
Some additions by Jukka Lahtinen 1997-2000
i18n by Arnaldo Carvalho de Melo 1998

图 2-8 Minicom 配置界面

③ 按 Ctrl+A 键，释放后再按 O 键，可以进入配置菜单。

④ 选择“serial port setup”项显示的子菜单，如图 2-9 所示。

```
A -    Serial Device      : /dev/ttyS0
B - Lockfile Location     : /var/lock
C -   Callin Program      :
D -  Callout Program      :
E -    Bps/Par/Bits       : 115200 8N1
F - Hardware Flow Control : No
G - Software Flow Control : No

   Change which setting?
```

图 2-9 菜单显示

“ttyS0”表示使用串口 1，“ttyS1”表示使用串口 2；波特率选择 115200。若需设置某项，可以单击前边相应的大写字母。设置好后，按 Enter 键，此时选择“Save setup as dfl.”保存设置，按 Esc 键结束菜单配置。

2.4.3　宿主机与目标机网络配置

1. Windows 的 IPv4 的配置

在网络和共享中心将 Windows 的 IPv4 配置为 192.168.1.11（本系统所用到的网段为 192.168.1.*）。

2. Fedora14 的 IP 配置

因为实验通过虚拟机挂载开发板，在 Fedora 14 中选择“系统”→“管理”→“网络”，设置以太网设备，应选择“eth9”。进入终端，执行终端命令“ifconfig”（用来查看当前网络配置）；ifconfig eth9 192.168.1.11。配置好 IP 后，选择“系统”→“管理”→“防火墙”，将防火墙关闭。在关闭防火墙前，选择“管理”→“服务”，确认 NFS 服务是否开启，并将 iptables 服务关闭。

NFS 配置：通过 vi 编辑器，手动编译/etc/exports 文件，其格式表示的意义如图 2-10 所示，共享目录可以实现网络互通连接的主机（读和写的权限，其他参数）。

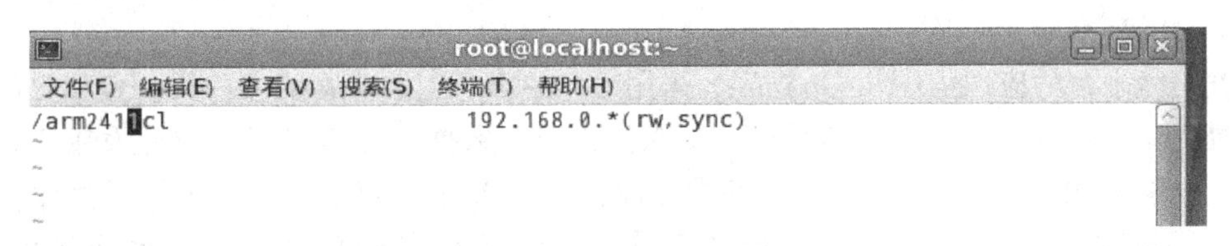

图 2-10　共享目录配置

在终端中执行命令：vi /etc/exports，进入编译模式。

vi 编译模式表示将 Fedora 14 的/arm2410cl 目录共享，共享网段为 192.168.0.*，表示网段内的所有计算机可以对/arm2410cl 目录进行读取和写入。修改后保存，可以用以下命令重新启动 NFS 服务：Service nfs restart。互相 ping，如可以 ping 通，说明此时 Linux 与 Windows 处于同一网段。如果 ping 不通，试着把虚拟机的网络配置 NAT 改为桥接方式。

3. 开发板 arm2410cl 的 IP 配置

将开发板与计算机通过串口线连接，确保 Windows 下的端口选择 COM3，波特率设置为 115200。在 Linux 终端下启动 Minicom，按照步骤直接配置，就可以连接到开发板。在开发板界面配置 IP，输入命令 ifconfig eth9 192.168.1.10，再次在 Windows 下通过 ping 命令连接 Linux（宿主机）与开发板（目标机）IP，保证网络畅通。至此网络配置完毕。

2.4.4　NFS 文件共享

Windows、Linux 虚拟机、ARM 开发板三者的 IP 地址在同一网段，并且不冲突，能够互相 ping 通。设置 Linux 的 NFS 文件共享，前面已经配置完成，共享文件目录为：/arm2410cl。

在开发板界面执行命令：mount -o nolock, rsize = 4096, wsize = 4096 192.168.1.12:/arm2410cl /mnt/nfs（将 Linux 虚拟机/arm2410cl 目录挂载到 ARM 开发板的/mnt/nfs 目录下），就可以在开发板上运行设计好的程序。如果执行时提示没有可执行的权限，在共享前，要改变共享目录的权限，通过命令 chmod 777 共享目录名（所有用户都有执行权限）。至此，开发环境基本搭建完成。

2.5 系统功能模块的设计及实现

整个系统设计都以 Qt 界面为载体，以实现用户对系统的直接操作。环境信息监测模块通过传感器硬件模块采集环境信息数据，再将数据显示出来；视频监控模块通过 USB 摄像头采集视频数据，并通过 USB 协议传输到基于 ARM 的嵌入式流媒体服务器，在其上进行图像压缩和处理，最后通过 Internet 向远程客户端传输视频图像实现远程网络监控；GPRS/GPS 模块通过 SIM300-E 模块与开发板连接，实现简单的通信与定位功能；库存与人员管理是通过 Qt+SQLite 实现的，实现了货物与人员的管理。本节分为五个部分：Qt 环境搭建，环境信息监测模块设计及实现，视频监控模块设计及实现，GPRS/GPS 通信模块设计及实现，库存管理模块设计与实现。

2.5.1 Qt 环境搭建

1. Qt 简介

Qt 是跨平台的应用程序和 UI 框架，采用 C++语言，包含丰富的 C++类，包括窗口界面设计的接口、IO 控制接口、绘图接口、多媒体接口、数据库接口等丰富的开发接口。本系统开发中主要用到的是窗口界面设计和数据库接口。Qt 不仅仅是图形界面开发类库，而且拥有一套相对完整的开发环境的开发工具。这些工具主要包括：图形界面设计器 Qt Designer、工程管理工具 qmake，以及 Qt Creator。本系统中主要用到的是 Qt Creator。Qt Creator 是一款基于 Qt 进行用户界面设计的可视化集成环境，可以跨平台运行，支持 Linux、Windows 和 Mac OS 等操作系统。不仅集成了 Qt Designer 的所有特性，还包含了 Qt 语言家、Qt 管理工具、图形化的 GDB 调试前端、qmake 构建工具等。

2. Qt Creator 安装

① 拷贝并解压 qt-sdk-Linux-opensource-2010. 05. 1. bin 文件到 Fedora14 下的目录/usr/local。

② 修改文件权限：chmod 777 +可执行文件名。

③ 执行安装：# . /qt-sdk-Linux-x86-opensource-2010. 05. 1. bin。

④ 接下来是图形界面安装，默认即可。（安装的文件位置是在 opt/qtsdk 2010. 05 目录下。）

⑤ 修改环境变量。在/etc/bash. bashrc 中添加环境变量：

```
export QTDIR=/opt/qtsdk-2010. 05/qt
exprt PATH=$QTDIR/bin:$PATH$export LD_LIBRARY_PATH=$QTDIR/lib:$LD_LIBRARY_PATH
```

⑥ 安装完成后打开 Qt Creator Tools 选择选项（Options），手动添加一个 Qt Version，在这里，qmake 的路径是默认的。打开 Options 选项：单击“添加”按钮，添加 Qt 4. 4（开发板 qmake 编译工具），qmake 路径目录文件为：/home/sprife/qt4/for_arm/qt-embedded-Linux-opensource-src-4. 4. 0/bin/qmake。

qmake 路径目录配置如图 2-11 所示。

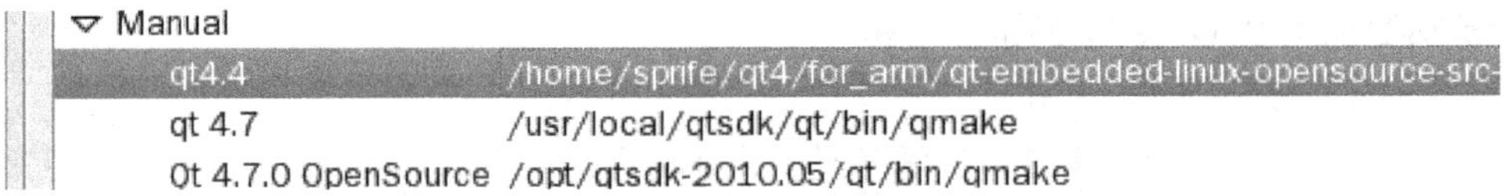

▽ Manual
qt4.4　/home/sprife/qt4/for_arm/qt-embedded-linux-opensource-src-
qt 4.7　/usr/local/qtsdk/qt/bin/qmake
Qt 4.7.0 OpenSource　/opt/qtsdk-2010.05/qt/bin/qmake

图 2-11　qmake 路径目录配置

3. 系统开发涉及的 Qt 模块及 Qt 程序设计流程

（1） Qt 程序设计流程简介

① 新建一个项目，单击菜单 File→New Project，选择应用程序+Qt Gui Application。

② 新建完成后，可以看到新建工程里包含的以下文件。

MainWindow. ui：图形界面设计窗口，用来设计界面，添加窗口组件，建立信号槽连接，编写事件处理函数。

main. cpp：用于主窗口类的实例化及显示。

mainWindow. h：用于定义后面程序设计所用到的类库。

MainWindow. cpp：用于设计程序的可执行文件。

③ 编译完成后，使用 Qt 4. 4（开发板 qmake 编译工具） qmake 构建工具，产生可以在开发板上运行的程序。依次执行：qmake-project（生成 . pro 工程）；qmake（编译生成 arm 可执行文件）；make。

④ 将可执行文件目录挂载到开发板执行。

（2） Qt 对象模型和库、类、函数

① 对象模型。

Qt 程序设计过程中，利用信号（signal）和槽（slot）机制进行对象间的通信，信号与槽函数机制如图 2-12 所示。当对象状态发生改变的时候，发出 signal 通知所有的 slot 接收 signal，尽管它并不知道哪些函数定义了 slot，而 slot 也同样不知道要接收怎样的 signal；signal 和 slot 机制真正实现了封装的概念，slot 除了接收 signal 之外和其他的成员函数没有什么不同，而且 signal 和 slot 之间也不是一一对应的。在 Qt 程序设计中，凡是包含 signal 和

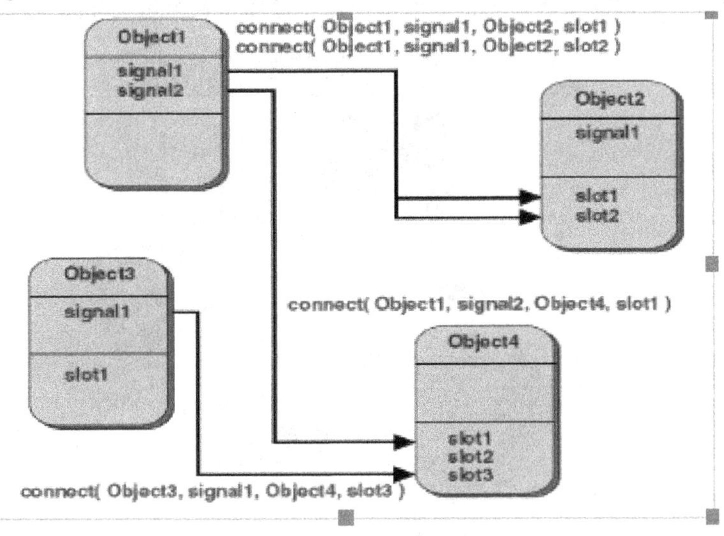

图 2-12　信号与槽函数

slot 的类都要加上 Q_OBJECT 的定义。

② 常用类、库、函数。

QWidget 类是所有 GUI 接口对象的基类，它继承了 QObject 类的属性。组件是用户界面的单元组成部分，它接收来自鼠标、键盘和其他从窗口系统的事件，并把这些事件绘制在屏幕上。QWidget 类有很多成员函数，一般不直接使用，而是通过声明调用子类继承来实现其函数功能，如 QPushBut-ton、QlistBox 等都是它的子类。QApplication 和 QWidget 都是 QObject 类的子类。

QApplication 类：负责图形界面应用程序的控制流和主要的设置，它由主事件循环体、负责处理和调度的所有来自窗口系统及其他资源的事件构成，主要用来处理应用程序的开始、应用程序的结束、应用程序的会话管理，以及系统和应用程序方面的设置。对于一个应用程序来说，建立此类的对象是必不可少的。QApplication a(argc,argv)：创建 QApplication 对象，这个对象用于管理应用程序级别的资源。

QProcess 类：用于启动外部程序并与之通信。启动一个新进程的方式：把待启动的程序名称和启动参数传递给 start() 函数即可。

QextSerialPort 类：第三方串口控制类，用于实现 GPS/GPRS 模块与 Qt 程序的连接。

Q_OBJECT 宏声明该类使用国际化与 Qt 信号和槽的功能，是所有类的根。QSqlQuery 类提供了一种执行和操纵 SQL 语句的方式。包括了所有的功能，如在一个 QSqlDatabase 上执行 SQL 查询创建、导航和索取数据，等等。它可以执行 DML（数据操作语言）语句，如 SELECT、INSERT、UPDATE 和 DELETE，还可以执行 DDL（数据定义语言）语句，如 CREATE TABLE。不仅如此，它还可以用于执行特定数据库而不是标准 SQL 语句的指令(比如 SET DATESTYLE=ISO 用于 PostgreSQL)。

2.5.2 环境信息监测模块设计及实现

魔法师创意实训平台 S3C2410 开发板包含多个模块，在这里主要用到温湿度、红外、烟感、蜂鸣器和 LCD 等传感器模块。通过这些传感器收集的信息，可以实时监测仓库环境状态。当有火灾发生时可以根据蜂鸣器报警及时发现火灾。模块主菜单界面如图 2-13 所示。

图 2-13 模块主菜单界面

界面跳转函数：

```
void meau::on_hjjc_clicked()          /*主界面跳转到环境监测模块定义*/
{                                     //单击触发
kjjc *ab=new kjjc();                  //定义显示新的界面名称
ab->show();                           //显示跳转的界面
}
```

开发板连接传感器模块时，温湿度模块连接开发板的 P1 端口，红外传感器连接 P5 端口，蜂鸣器模块连接 P8 端口，烟感模块连接 P2 端口。功能模块设计时，先添加 kjjc 这个类，其中 kjjc. ui 文件是设计环境监测模块的界面、添加窗口组件、建立信号槽连接、编写事件处理函数；kjjc. cpp 文件是环境监测功能函数的实现；kjjc. h 文件用来声明后面程序设计所需的函数库与类名；然后在 kjjc. cpp 文件中添加调用所用到的传感器驱动函数；当产生单击控制单元按钮开关的信号时，系统调用 QProcess 函数，启动对应的传感器运行函数，即可实现环境信息的监测。环境监测功能流程如图 2-14 所示。

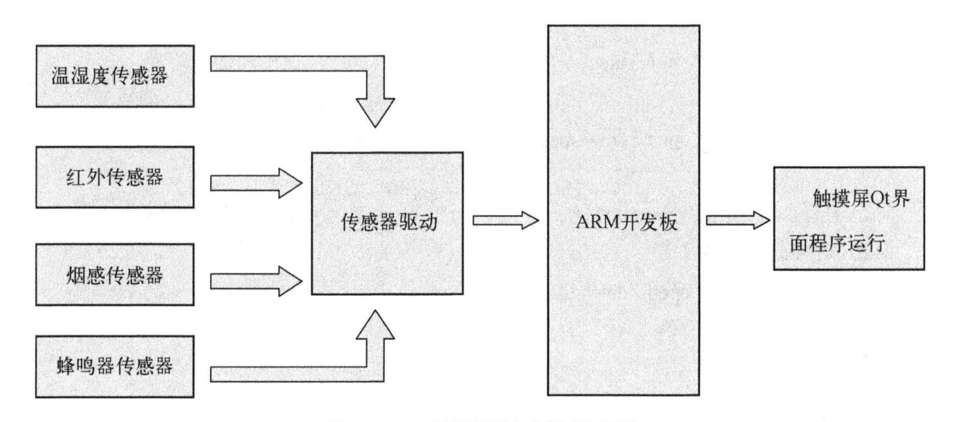

图 2-14　环境监测功能流程图

主界面代码：

```
kjjc::kjjc(QWidget *parent) :
    QWidget(parent),
    ui(new Ui::kjjc)
{
    {
        ui->setupUi(this);                                 //构建主界面
        QTimer *timer = new QTimer( this );                //定时器连接，用来刷新采集数据
        connect( timer, SIGNAL(timeout()), this, SLOT(refreshStatus()) );
        Insmod_moudles();                                  //调用驱动模块
        sleep(3);
        timer->start(1000);                                //每秒刷新一次
        GetStatus();
    }
```

```
}
#define MODULES_DRIVER "/root/modules_driver. sh"          //定义驱动目录
```

（1）调用各个模块的驱动函数

```
void kjjc::Insmod_moudles( )
{
    QProcess * process = new QProcess;
    QStringList str;
    str << "";
    process->start( MODULES_DRIVER,str) ;                   //连接驱动
    process->waitForStarted( ) ;
    sleep(3);
fd_irda = open("/dev/irda", 0);                             //打开红外驱动
    if (fd_irda< 0) {
        printf( "Can't open /dev/irda\n" ) ;
    }
    fd_smog = open("/dev/smog", 0);                         //打开烟感驱动
    if (fd_smog< 0) {
        printf( "Can't open /dev/smog\n" ) ;
    }
    fd_sht11 = open("/dev/sht11", 0);                       //打开温湿度驱动
    if (fd_sht11 < 0) {
        printf( "Can't open /dev/sht11\n" ) ;
    }
}
```

（2）温湿度监测函数

```
void kjjc::calc_sht11(float * p_humidity,float * p_temprature)      //定义温湿度函数；具体代码不
再详细介绍
void kjjc::Show_sht11( )                                            //调用并显示温湿度主要代码
{ ui->label_Stemp->setText( QString( "%1" ). arg( fvalue_t). mid(0,5)) ;    //温度显示
ui->label_Shumi->setText( QString( "%1" ). arg( fvalue_h). mid(0,5)) ;      //湿度显示
}
```

（3）红外监测主要函数代码

```
void kjjc::Show_irda( )
{
    int ret;
    int irda_cnt;
    ui->label_Sirda->setText( "normal" ) ;             //标签 Sirda 用来显示是否检测到有人
    ret = read( fd_irda,&irda_cnt, sizeof( irda_cnt) ) ;
    if (ret < 0) {
        printf( "read err!\n" ) ;                      //打开错误
```

```
    }
    if (irda_cnt) {
        ui->label_Sirda->setText("someone");        //有人
    }
    else if(!irda_cnt) {
        ui->label_Sirda->setText("normal");          //无
    }
}
```

(4) 烟感监测主要代码

```
void kjjc::Show_smog()
{
    int ret;
    int smog_cnt;
    ui->label_Ssmog->setText("normal");          //标签 Ssmog 用来显示是否检测到发生火灾
    ret = read(fd_smog,&smog_cnt, sizeof(smog_cnt));
    if (ret < 0) {
        printf("read err!\n");                   //打开失败
    }
    if (smog_cnt) {
        ui->label_Ssmog->setText("firing");      //有火灾发生
    }
    else if(!smog_cnt) {
        ui->label_Ssmog->setText("normal");      //安全
}
```

(5) LCD 代码

```
void kjjc::on_pb_matrix_on_clicked()             //打开 LCD
{
    QProcess *process = new QProcess;
    process->start("/root/lcd/s3c24xx_lcd_test");
    process->waitForStarted();
}
void kjjc::on_pb_matrix_off_clicked()            //关闭 LCD
{
    QProcess *process = new QProcess;
    process->start("/root/lcd/lcd_stop.sh");
    process->waitForStarted();
}
```

(6) 蜂鸣器代码

```
void Widget::on_pb_buzzer_on_clicked()           //打开蜂鸣器
{
```

```
        QProcess * process = new QProcess;
        QStringList str;
        str.clear();
        str << "1" << "1";
        process->start("/root/buzzer/gpio_test",str);
        process->waitForStarted();
    }
    void Widget::on_pb_buzzer_off_clicked()              //关闭蜂鸣器
    {
        QProcess * process = new QProcess;
        QStringList str;
        str.clear();
        str << "0" << "0";
        process->start("/root/buzzer/gpio_test",str);
        process->waitForStarted();
    }
```

2.5.3 视频监控模块设计及实现

1. 视频监控模块设计的流程

本地视频监控的流程如图2-15所示，通过ZC301摄像头采集环境视频信息，具体的采集方法由Video4Linux API函数实现，ARM开发板采集视频完毕后，开发板调用framebuffer驱动，将视频显示在LCD显示屏上。

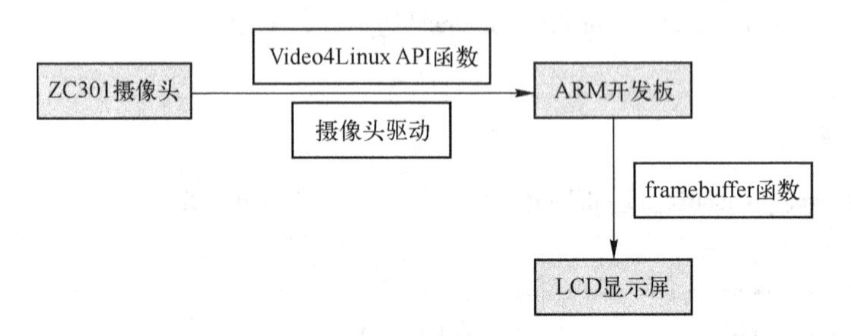

图2-15 视频监控流程

Video4Linux为并行口及USB口的摄像头提供统一的编程接口，是Linux中关于视频设备的内核驱动，经常使用在如视频监控、网络视频监控和可视电话等需要采集图像的场合，是Linux嵌入式开发流程中经常使用到的系统基础接口类型。各种各样的视频和音频设备在开发出相应的驱动程序后，由Video4Linux提供的系统API控制视频和音频设备。Video4Linux可以分为两层：底层为视频和音视频设备在内核中的驱动，上层为系统提供的API，对于用户来说，需要的就是使用这些系统的API。

帧缓冲（framebuffer）是Linux系统内核为显示设备提供的一个编程接口，是把显存抽象后的一种设备，它允许上层应用程序在图形模式下直接对显示缓冲区进行读写操作。

framebuffer对应的源文件在Linux/drivers/video目录下。总的抽象设备文件为fbcon.c，在这个目录下还有与各种显示设备驱动相关的源文件。framebuff设备驱动基于如下文件：

Linux/include/Linux/fb. h 和 Linux/drivers/video/fbmem. c。在这两个文件中定义了 framebuffer 所使用的重要数据结构，并为支持 framebuffer 的设备驱动提供了通用的接口。

开发板摄像头驱动的配置步骤如下。

① 在终端下进入移植的 kernel 目录，执行命令#make menuconfig，打开 S3C2410 Linux 内核编译窗口。

② 选择 Multimedie devices->菜单项，进入子菜单 Video For Linux，选择<M>，返回。

③ 选择 USB support->菜单项，进入子菜单（usb 配置选项），然后进入菜单项 USBSPCA5XX Sunplus Vimicro Sonix Cameras，选择<M>，配置 USB。

④ 选择<Exit>项，退出配置。

⑤ 执行命令#make dep 建立文件依联关系；然后再执行命令#make modules 编译链接模块。编译链接完成后，/Linux2. 6. x/kernel/drivers/usb/spca5xx 文件夹中生成 spca5xx. o、spcadecoder. o 和 spca_core. o 模块驱动。

⑥ 移植的 Linux 内核启动后，如果要使用摄像头，就得调用编译好的 USB 摄像头的驱动模块，在控制终端执行#insmod spca5xx. o 命令。

⑦ 在开发板的/root/camera/目录下是 Video4Linux 的执行文件，直接运行命令/v4lcap 就可以运行视频采集程序。

Video4Linux 视频编程的流程和对文件操作并没有什么本质的不同，首先初始化 framebuffer 帧缓冲设备，接着将 framebuffer 设备的地址映射到内存 mmap 中；再初始化 Video4Linux 视频采集函数，同样将 Video4Linux 采集到的视频图像地址映射到内存 mmap 中。通过 framebuffer 设备的地址映射和将 Video4Linux 采集到的视频图像地址映射到内存 mmap 中，就可以把图像参数传递给 framebuffer，将采集到的图像显示在 LCD 显示屏上。实现信息传递的主要函数如下：

```
vd->fbp = (char *)mmap(0,screensize,PROT_READ|PROT_WRITE,MAP_SHARED,fbfd,0);
                                                    //映射 framebuffer 设备到内存
vd->map = mmap(0, vd->mbuf.size, PROT_READ|PROT_WRITE, MAP_SHARED, vd->fd, 0);
                                                    //映射采集图片信息到内存
```

mmap 函数解析如下：

```
void *mmap(void *start, size_t length, int prot, int flags, int fd, off_t offset)
```

start：内存映射的位置，一般使用 NULL 表示随便地址。

length：映射的文件大小。

prot：映射的方式有两种，PROT_READ 读动作和 PROT_WRITE 写动作。

flags：影响映射区域的各种特性取值有 6 种。其中 MAP_SHARED：修改内存，文件同步修改；MAP_FIXED：禁止修改；MAP_PRIVATE：若要修改则另存为一个备份，不改源文件。

fd：打开的文件的描述符。

offset：偏移量，大小是控制长度，偏移量是控制位置。

主要程序流程代码如下：

```
#include <Linux/videodev. h>            //使用 Video4Linux 必须包含的头文件
#include <Linux/fb. h>                  //使用 framebuffer 必须包含的头文件
typedef struct _fb_v4l          //定义的结构体 _fb_v4l: 包含 framebuffer 信息和 Video4Linux 信息
{
//framebuffer 信息
    int fbfd ;                                  //framebuffer 设备句柄
    struct fb_var_screeninfo vinfo;             //framebuffer 屏幕可变的信息
    struct fb_fix_screeninfo finfo;             //framebuffer 固定不变的信息
    char  * fbp;                                //framebuffer 内存指针
    //V4L 信息
    int fd;                                     //保存打开视频文件的设备描述符
    struct video_capability capability;         //定义摄像头的分辨率, 信号信息
    struct video_buffer    buffer;
    struct video_Window     Window;             //定义摄像区域的长度, 宽度
    struct video_channel   channel[8];          //定义信号信息
    struct video_picture   picture;             //定义摄像头的分辨率, 信号信息
    struct video_tuner     tuner;
    struct video_audio     audio[8];
    struct video_mmapm      map;                //用于内存的映射
    struct video_mbuf      mbuf;          //获取内存映射的帧信息, 包括帧大小, 帧数量及偏移量
    unsigned char    * map;                     //用于指向图像数据的指针
    int frame_current;
    int frame_using[VIDEO_MAX_FRAME];           //帧的状态没有采集还是等待结束?
}fb_v4l;
```

主程序通过以下函数实现:

```
/ * 打开初始化 framebuffer,映射 framebuffer 设备地址到内存 mmap * /
int open_framebuffer(char  * ptr,fb_v41  * vd)
{
  int fbfd,screensize;
    fbfd = open( ptr, O_RDWR);
    if (fbfd< 0)
    {
    printf("Error: cannot open framebuffer device. %x\n",fbfd);
    return ERR_FRAME_BUFFER;
    }
printf("The framebuffer device was opened successfully. \n");
vd->fbfd = fbfd;                   //保存打开 frameBuffer 设备的句柄;
vd->fbp = (char * )mmap(0,screensize,PROT_READ|PROT_WRITE,MAP_SHARED,fbfd,0);
                                   //映射 framebuffer 设备到内存
/ * 打开视频设备文件(通常是/dev/video0) * /
int open_video (char  * fileptr,fb_v41  * vd ,int dep,int pal,int width,int height)
{                                  //打开视频设备
if ((vd->fd = open(fileptr, O_RDWR)) < 0)
```

```
    { perror( "v4l_open:" );
      return ERR_VIDEO_OPEN;
    }
    printf( "========Get Device Success==================" );
/*获得设备信息(查询和确认设备性能)*/
if (ioctl( vd->fd, VIDIOCGCAP, &( vd->capability) ) < 0)
    {
      perror( "v4l_get_capability:" );
      return ERR_VIDEO_GCAP;
}
/*根据需要更改设备的相关设置(设置捕获的图像的宽和高、设置色深)*/
if (ioctl( vd->fd, VIDIOCGPICT, &( vd->picture) ) < 0)
{
      perror( "v4l_get_picture" );
      return ERR_VIDEO_GPIC;
}
      printf( "=============Get Picture Success================" );
      vd->picture. palette = pal;      //调色板
      vd->picture. depth = dep;        //像素深度
/*获得采集到的图像数据*/
  if (ioctl( vd->fd, VIDIOCGMBUF, &( vd->mbuf) ) < 0)
  {
      perror( "v4l_get_mbuf" );
      return -1;
      //建立设备内存映射
  vd->map = mmap( 0, vd->mbuf. size, PROT_READ|PROT_WRITE, MAP_SHARED, vd->fd,
0);
  if ( vd->map < 0)
  {
      perror( "v4l_mmap_init:mmap" );
      return -1;
  }
      printf( "The video device was opened successfully. \n" );
//return get_first_frame( vd);
return 0;
```

在这里 Video4Linux 提供了两种方式：第一种方式是通过直接打开设备来读取图像数据；第二种方式是通过建立内存映射，将采集到的图像地址映射到 mmap 内存的方式获取图像数据。

```
/*关闭视频设备*/
int v4l_close( v4l_device  *vd)
{ close( vd->fd) ;return 0; }
```

2. 远程视频监控

远程视频监控是采用 ZC301 USB 摄像头，结合 Video4Linux 的关键技术，完成视频和图像采集的功能；然后通过 TCP/IP 协议实现浏览器与服务器（开发板）之间的通信。Linux 中是通过 Socket 接口的网络编程来实现网络传输的，Socket 接口相当于进行网络通信两端的插座，只有双方的 Socket 接口有通信联接，才可以实现发送数据和接收数据。在远程视频监控模块中，就是通过 Socket 接口的这种传输方式来实现信息交互的。

服务器（开发板）对浏览器发出请求响应则是通过 Web 服务器完成的，而 Web 服务器是专门用来处理浏览器发出的 HTTP 请求的，负责对浏览器的请求做出响应。这里用到的是 BOA 服务器。

采用通用网关接口（CGI）技术实现浏览器与嵌入式 Web 服务器的动态数据（视频信息）交互。在系统设计中，通用网关接口编程采用的是 C 语言，可以实现嵌入式处理器对外部数据的实时采样，以及与外部设备的通信与控制等。

CGI 的工作原理如下：

① 通过 Internet 将用户请求发送给服务器（开发板）；

② 服务器（开发板）接收请求并交给 CGI 程序处理；

③ CGI 程序将处理结果返回给服务器；

④ 服务器将结果返回给用户；

⑤ 通过 TCP/IP 协议再将视频信息返回给浏览器。

网络视频监控流程如图 2-16 所示。

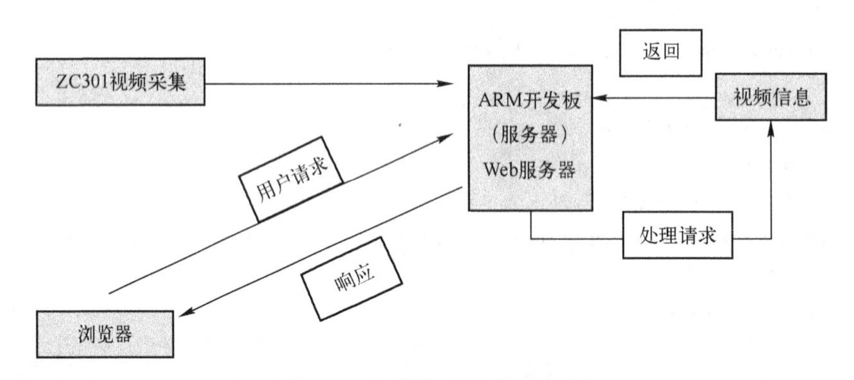

图 2-16 网络视频监控流程图

Boa 移植的步骤如下。

① 将 boa-0.94.13.tar.gz 拷贝到 Linux 虚拟机的/home/uptech 目录。

② 解压 Boa 安装包：

```
tar -zxvf boa-0.94.13.tar.gz
cd boa-0.94.13/src
```

③ 修改/home/uptech/boa-0.94.13/src/compat.h 文件。

vi compat.h 文件修改后的第 120 行为：

```
#define TIMEZONE_OFFSET(foo)    foo->tm_gmtoff
```

④ 修改/home/uptech/boa-0.94.13/src/boa.c 文件。

vi boa.c 文件将第 225~227 行注释掉。

⑤ 运行/home/uptech/boa-0. 94. 13/src/configure 文件对源文件进行配置。

⑥ 修改/home/uptech/boa-0. 94. 13/src/Makefile 文件，修改后的第 31 行和 32 行为：

```
CC = arm-Linux-gcc CPP = arm-Linux-gcc -E
```

⑦ 编译，先执行 make clean 命令，再执行 make 命令。

此时会在/home/uptech/boa-0. 94. 13/src/目录下生成需要的 Boa 可执行文件。将编译好的 Boa 可执行文件通过 TFTP 服务上传到开发板上，并建立相应的目录和配置文件。

配置 spcaview（网络摄像头的 Applet 程序）：

① 执行 cd /home/uptech 命令。

② 解压 spcaview-20061208. tar. gz 安装包。

```
tar -zvxf spcaview-20061208. tar. gz
cd spcaview-20061208
```

③ 修改 Makefile，指向新的压缩解压库，并且静态编译。

```
vi Makefile
CC = arm-Linux-gcc CPP = arm-Linux-g++
Spcaserv:$(OBJSERVER)
 $(CC) $(SERVFLAGS) -O spcaserv $(OBJSERVER) $(SERVLIBS)
```

④ 编译 spcaserv。

```
make spcaserv
```

⑤ 通过 TFTP 服务，将生成的目标文件 spcaserv 传到 ARM 开发板，并建立相应目录和配置文件。

⑥ 在 ARM 开发板上执行 ./boa。

此时 Web 服务器已经在 ARM 开发板上启动了；在 ARM 开发板上运行 spcaserv，执行 ./spcaserv -d /dev/video0 -s 320 * 240 -f jpg；在客户端（可以是 Windows 端）安装 Java 虚拟机，运行 jre-6u10-Windows-i586-p-s. exe 即可；在客户端浏览器（即 Windows 端的浏览器）地址栏中输入 ARM 开发板的 IP 地址 http://192. 168. 1. 193/index. html，效果如图 2-17 所示。

图 2-17　网络视频监控效果图

2.5.4 GPS 模块设计及实现

系统使用的 GPRS/GPS 模块是 SIM900 GPRS/GPS 模块硬件，GPS 模块在使用时，确保试验平台扩展槽上方 JP1102/JP1103 跳线位于 2，2 之间，跳线位为 EXPORT。GPRS 模块在使用时，请配置跳线至 RJ7 档，即选择 RS232 串口模式，并分别在 RJ11 和 RJ14 配置跳线。

1. GPS 及 NMEA 协议简介

（1）GPS 概述

GPS 是由美国研制的，具有在海、陆、空进行全方位实时三维导航与定位能力的新一代卫星导航与定位系统。GPS 的主要优点有：全球全天候工作；定位精度高；功能多，应用广。

GPS 由以下 3 个独立的部分组成：

① 空间部分，包括 21 颗工作卫星和 3 颗备用卫星；

② 地面支撑系统，包括 1 个主控站、3 个注入站和 5 个监测站；

③ 用户设备部分，包括接收 GPS 卫星发射信号的设备，用来获得必要的导航和定位信息；经数据处理，完成导航和定位工作。GPS 接收机硬件包括主机、天线和电源。

（2）GPS 定位原理

GPS 定位的基本原理是根据高速运动的卫星瞬间位置作为已知的起算数据，采用空间距离后方交会的方法，确定待测点的位置。

（3）NMEA 协议

NMEA-0183 协议是美国国家海洋电子协会为海用电子设备制定的标准格式。目前已成为 GPS 导航设备统一的 RTMC 标准协议。NMEA-0183 格式以“$”开始，如$GPGGA（全球定位数据）、$GPGSA（卫星 PRN 数据）、$GPGSV（卫星状态信息）、$GPRMC（运输定位数据）、$GPVTG（地面速度信息）、$GPGLL（大地坐标信息）、$GPZDA（UTC 时间和日期）等。NMEA-0183 每条语句的格式都是相对独立的 ASCII 格式，逗点隔开数据流，通常以每秒间隔选择输出。

2. GPS 功能模块分析

首先，在嵌入式开发板上运行串行端口，从 GPS 接收器获取 NMEA 协议数据；然后通过协议解析获取定位时间、纬度、经度、高度、速度及日期时间等数据信息；最后通过 QT 界面显示出来。GPS 定位显示模块设计如图 2-18 所示。

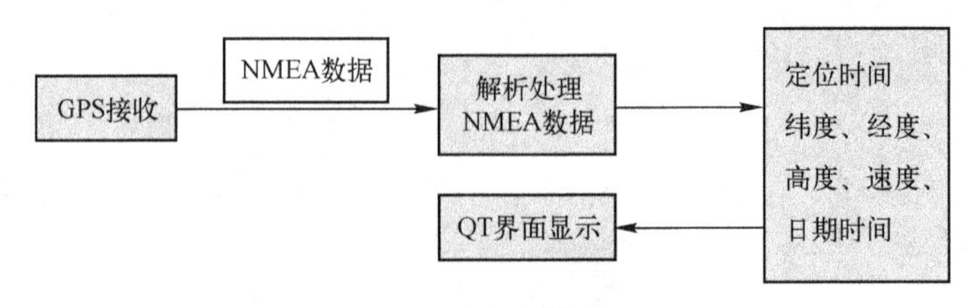

图 2-18 GPS 定位显示模块设计图

GPS 主界面主要包括：串口工作状态，GPS 状态数据以及 GPS 接收数据显示，如图 2-19 所示。

串口工作状态：描述串口运行状态。

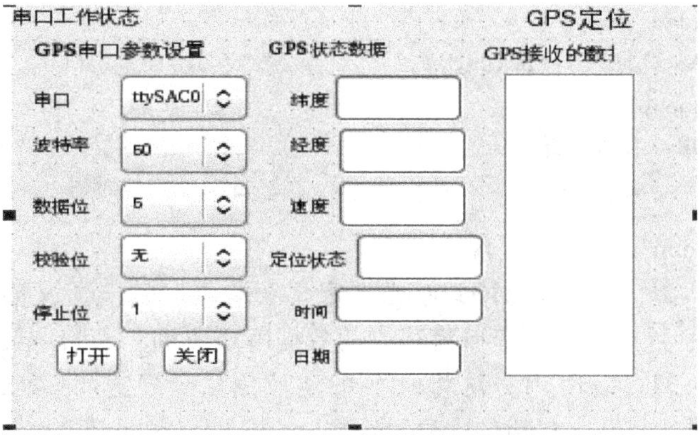

图 2-19　GPS 界面图

串口：为单选框，包含 ttyS0 至 ttyS2：Linux 系统串口名称；ttySAC0 至 ttySAC3：为开发板中 Linux 串口名。

波特率：50~115 200 bps。

数据位：5~8 位。

校验位：奇偶校验位。

停止位：1，1.5，2。

GPS 状态数据：包括经度、纬度、速度、定位状态、日期和时间。

GPS 接收数据：用来显示接收到的 GPS 信息。

3. 程序设计及主要代码

由于在 Qt 中没有特定的串口控制类，这里需要利用第三方串口控制类 QextSerialport 实现 Linux 下的串口通信。这里版本是 qextserialport-1. 2win-alpha. zip。在 Windows 下载完成并解压后，将文件夹下的 qextserialbase. cpp, qextserialbase. h, posix_qextserialport. cpp, posix_qextserialport. h 四个文件导入系统工程项目中。

（1）gpswidget. h 头文件功能设计

private：在头文件中先建立私有类型的槽，定义一个读取 GPS 信息的槽方法 readGpsData()，与定时器 timeout 信号产生关联，用于实现 GPS 信息的更新；再定义程序用到的私有变量，如定义系统初始化、显示定位信息和获取 GPS 时间和日期等。

实现函数如下：

```
void readGpsData();                                    //读 GPS 设备数据
private:                                               //私有对象声明
    Ui::GPSWidget *ui;
    void startInit();
    void setComboBoxEnabled(bool status);
    void GpsDisplay();                                 //显示定位信息
    QString&  UTCtime(QString& u_time);                //GPS 时间
    QString&  UTCdate(QString& u_date);
    QString&  alt_position(QString& alt_str);
    QString&  lon_position(QString& lon_str);          //经度
```

```
int timerdly;
Posix_QextSerialPort * myGpsCom;            //定义读 GPS 端口
QByteArray GPS_RMC;
QList<QByteArray> Gps_list;                 //GPS 信息容器
QTimer    * readTimer;                      //定义一个定时器
```

（2）gpswidget. cpp 文件中的实现

定义串口工作状态，然后设置串口参数；定义获取串口名，显示 GPS 定位信息，当定时器刷新，读取 GPS 数据，通过串口将获取的数据解析判断，若接收到的信息以$GPRMC 字符串开头的数据，通过 split( )方法将 GPS 的定位信息分割进 Qlist<QByteArray> 容器中，然后在 GpsDisplay 进行显示。最后依次显示经纬度、日期、时间及速度等。

实现函数如下：

```
void GPSWidget::on_StartGPSbtn_clicked()
{
QString portName = "/dev/" + ui->portNameComboBoxGPS->currentText();       //获取串口名
myGpsCom = new Posix_QextSerialPort(portName,QextSerialBase::Polling);
//通过 Polling（查询方式）读取串口，读写数据是同步的，信号不能工作在这种模式下，需要建
立定时器来读取串口数据
if(myGpsCom->open(QIODevice::ReadOnly)){
ui->statusBar->setText(tr("串口打开成功"));
}
else{
ui->statusBar->setText(tr("串口打开失败"));
return;
}
void GPSWidget::readGpsData()
{
    QByteArray GPS_Data = myGpsCom->readAll();
    if(!GPS_Data.isEmpty())
    {
      ui->textEditGPSData->append(GPS_Data);
      if(GPS_Data.contains("$GPRMC"))          //读取 RMC 语句
      {
          GPS_Data.remove(0,GPS_Data.indexOf("$GPRMC"));
          if(GPS_Data.contains(" * "))
          {
              GPS_RMC = GPS_Data.left(GPS_Data.indexOf(" * "));
              //获得$GPRMC 句子的定位信息
              Gps_list.clear();
              Gps_list<<GPS_RMC.split(',');
              //提取分隔符之间的信息，存入容器列表
              GpsDisplay();
      }
```

```
        }
    }
}
```

2.5.5 GPRS 通信功能的设计与实现

1. 通信模块的 AT 命令集

GPRS 模块和应用命令集系统是通过串口连接的，GPRS 模块具有一套标准的 AT 命令集，由呼叫控制命令、网络服务相关命令、电话本命令、短消息命令、GPRS 命令等组成。控制系统可以通过向 GPRS 模块发送 AT 命令的字符串来控制其行为。详细信息请参考 GPRS/SIM900 的应用文档。

2. GPRS 主界面设计及主要代码

gprs. h 头文件定义私有类型的槽，用来声明数字键，以及拨打电话键的信号与槽函数。再定义程序用到的私有变量，如定义 GPRS 短信、GPRS 拨打电话等。

```
private slots:
    void goodBye();
    void doKey0();
    void doKey1();
private:
    void add4tNum(char num);
    volatile int baud;
    int fd;
    struct termio soldtio,newtio;
    int tty_init();                               //初始化串口通信设备
    int tty_end();
    int tty_write(char *buf,int nbytes);          //串口写入
    int tty_writecmd(char *buf,int nbytes);
    void gprs_init();                             //GPRS 初始化函数
    void gprs_hold();
    void gprs_ans();
    void gprs_call(char *number, int num);
    void gprs_msg(char *number, int num);
    void gprs_baud(char *baud, int num);
```

在 Gprs. cpp 中声明调用的串口，构造函数设计主界面，主界面各个按钮的功能实现，GPRS 通信功能的实现，以及 AT 指令的实现等。程序界面如图 2-20 所示。

实现程序功能的主要代码如下：

```
#define COM1 "/dev/ttyS0"                         //默认使用开发板串口
Gprs::Gprs()                                      //构造函数，主界面设计
{
    ui.setupUi(this);
    QPalette p;                                   //QPalette 类相当于对话框或控件的调色板，
```

```
它管理着控件或窗体的所有颜色信息
p.setBrush(QPalette::Background,QBrush(QPixmap("/mnt/nfs/TEST-QT4/qt_2.6/images/
call.png")));                                    //设置背景图片
ui.key_sendmsg->setPalette(p);
QObject::connect(ui.key_0,SIGNAL(clicked()),this,SLOT(doKey0()));      //数字键0的单
击信号槽函数
  baud = B9600;                                  //波特率设置为9600
    tty_init();                                  //初始化串口通信设备
    gprs_init();                                 //初始化GPRS模块

void Gprs::gprs_ans()                            //AT指令接收电话函数

{
        tty_writecmd("AT",strlen("AT"));
        tty_writecmd("ATA",strlen("ATA"));
}
int Gprs::tty_init()                             //串口初始化
{       QString str;
        str.sprintf("Unable to find the serial device (%s).\nThe program will exit.",COM1);
        fd = open(COM1,O_RDWR | O_NONBLOCK);//
        if (fd<0) {
                QMessageBox::information( this,"Error",
                    str);
                exit(-1);
        }
```

图2-20 GPRS程序界面

2.5.6 库存管理模块的设计与实现

1. 库存管理主要流程

库存管理模块由Qt设计程序界面，连接SQLite数据库以存放货物的信息及人员信息，

可以实时对货物、人员进行管理操作。这一模块主要的流程如下。

（1） 编译与移植 SQLite 数据库

SQLite 是一个微小型数据库，相比其他数据库而言，它具有处理速度快、资源量占用小等特点，能够在多个平台上运行，且具有很强的独立性，简单的应用程序接口，良好的注释信息，并且有着 90%以上的测试覆盖率，提供了零配置（zero-configuration）的运行模式，不具有外部的依赖性。经过近些年来的不断改进和完善，SQLite 已经成为了功能相对齐全，最适合嵌入式系统开发的的数据库，并在嵌入式产品中得到广泛应用。

（2） Qt 连接 SQLite 数据库及 Qt 程序对 SQLite 数据库的操作

QT Creator 安装包中包含连接 SQLite 数据库的驱动，位于 Qt Creator 安装目录/qt/plugins/sqldrivers 中，在工程文件中定义连接数据库的文件，进行连接数据库函数的声明即可连接 SQLite 数据库。而对数据库的操作主要通过 QSqlQuery 类来进行，QSqlQuery 类提供了一种执行和操纵 SQL 语句的方式。

（3） 货物的出入库操作

这一功能是通过 RFID 电子标签来实现的。主要流程为：开发板与 RFID 读卡器连接在一起，当有货物入库的时候，读卡器读取标签的数据，标签的数据信息通过串口发送给开发板，开发板通过 Qt 界面程序将读取的标签信息在显示屏上显示出来，这里用标签的 ID 来代表货物种类，这时单击“查询”按钮（通过货物的 ID）查看数据库中是否已经包含这种货物，进行相应的数据修改；当有货物出库时，同样通过串口传递显示的 ID 与数据库中货物 ID 进行对比，然后进行数据操作。

库存管理界面和人员管理界面如图 2-21 和图 2-22 所示。两个界面类似，都有“查询”“显示”“修改”“撤销”“删除”“添加”按钮，以及用来显示数据的表格。库存管理界面中有“读取数据”和“编号”输入框；人员管理界面中有“姓名”和“编号”输入框。

图 2-21　库存管理界面

图 2-22 人员管理界面

2. SQLite 交叉编译与移植

（1）将 sqlite-3. 3. 8 解压到目录/home/sqlite-3. 3. 8 中，并在该目录下创建 sqlite-arm-Linux 子目录

```
cd /home/sqlite-3. 3. 8
mkdir sqlite-arm-Linux
```

（2）修改/home/sqlite-3. 3. 8 目录下的 configure 文件

将 20 420 行{（exit 1）; exit 1; }; }改为 {（echo 1）; echo 1; }; }; 将 20 446 行{（exit 1）; exit 1; }; }改为 {（echo 1）; echo 1; }; }。

（3）生成 MakeFile 文件

```
cd/home/sqlite-3. 3. 8/sqlite-arm-linux
./configure --disable-tcl --prefix=/home/sqlite-arm-Linux/ --host=arm-Linux
```

将 Makefile 文件中的语句 BCC = arm-Linux-gcc -g -O2 改成：BCC = gcc -g -O2。

（4）设置交叉编译环境

```
export PATH=/usr/arm-Linux/arm/2. 95. 3/arm-Linux/bin:$PATH
export config_BUILD_CC=gcc
export config_TARGET_CC=arm-Linux-gcc
```

（5）编译完成后执行安装命令

```
make && make install
```

如果编译步骤正确，将不会出现错误，所需的库文件生成后保存在/home/sqlite-3. 3. 8/sqlite-arm-Linux/lib 目录下；查看库文件，为了减小执行文件大小用 strip 处理，去掉其中的调试信息。通过 strip 命令去掉其中的调试信息执行命令 arm-Linux-strip libsqlit3. so. 0. 86；最后再执行命令：file sqlite3，查看 sqlite3 文件类型。这就是在开发板上可以直接运行的可执行文件，如图 2-23 所示。

```
[root@localhost bin]# file sqlite3
sqlite3: ELF 32-bit LSB executable, ARM, version 1, dynamically linked (uses sha
red libs), for GNU/Linux 2.4.3, not stripped
[root@localhost bin]#  arm-linux-strip sqlite3
[root@localhost bin]# ls
sqlite3
[root@localhost bin]# file sqlite3
sqlite3: ELF 32-bit LSB executable, ARM, version 1, dynamically linked (uses sha
red libs), for GNU/Linux 2.4.3, stripped
[root@localhost bin]#
```

图 2-23　sqlite3 文件信息

（6）移植到 ARM 开发板

把 sqlite3 和 lib 下的库文件移植到 ARM 上（拷贝时需要加上-arf 选项，因为 . so，. so. 0 库文件是连接到 libsqlite3. so. 0. 8. 6 的。）

（7）在 ARM 板上运行 SQlite

假设移植好的 SQLite 的库文件在 ARM 板上的 /usr/qpe/lib/ 目录下，就需要设置如下的环境变量：

```
[root@ 51Board var]# export LD_LIBRARY_PATH=/usr/qpe/lib:$LD_LIBRARY_PATH
[root@ 51Board var]# ./sqlite3
SQLite version 3. 3. 8
Enter ". help" for instructions
sqlite>
```

现在 SQLite 已经在 arm-Linux 上移植完成。

3. Qt 连接 SQLite 数据库

（1）添加 SQL 模块

在 . pro 文件中添加 Qt += sql，用于连接上 SQL 模块

（2）连接 SQLite 数据库

在系统工程下新建 database. h 文件，用来定义 Qt 连接 SQLite 数据库，主要函数代码如下：

```
#include <QMessageBox>                     //QMessageBox 类提供了一个有一条简短消息、
一个图标和一些按钮的模式对话框
#include <QSqlDatabase>
#include <QSqlQuery>
#include <QObject>
#include <QTextCodec>
#include <QObject>
static bool createConnection()
{
    QSqlDatabase db= QSqlDatabase::addDatabase("QSQLITE");
    db.setDatabaseName("11");
    //11 是通过 SQLite 程序创建的数据库文件，当前文件夹下
    if (!db.open())   return false;
```

```
    QSqlQuery query("11");
    query.exec(QObject::tr("create table customer(id int primary key,name vchar,sex vchar,age int,
workyear int)"));                                   //创建 customer 表
    query.exec(QObject::tr("insert into customer values(1,'tom','男',45,20)"));  //向 customer
表中添加数据
    query.exec(QObject::tr("insert into customer values(2,'qq','女',42,20)"));
    query.exec(QObject::tr("create table shop(id int primary key,name vchar,price int,rl int)"));
    query.exec(QObject::tr("insert into shop values(1,'计算机',4500,200)"));
    query.exec(QObject::tr("insert into shop values(2,'手机',2000,200)"));
    return true;
}
```

4. Qt 程序对 SQLite 数据库的操作

QSqlTableModel 类继承自 QSqlQueryModel 类，该类提供了一个可读写单张 SQL 表的可编辑数据模型，功能包括修改、插入、删除、查询等。在程序中先定义一个 QSqlQuery 实例，然后就可以对数据进行操作，比如增删和查询等，再与相应按钮的单击信号进行连接，就可以对数据库的数据进行操作。在工程头文件 shop. h 中添加头函数：

```
#include <QSqlTableModel>                //调用 QSqlTaableModel 函数，用来操作表单
在 private 中声明对象 QSqlTableModel *mode//因为后面要在 .cpp 文件的不同函数中使用 model
对象，因此在这里声明它。
```

主要功能实现主函数如下：

```
#ifndef SHOP_H
#define SHOP_H
#include <QWidget>
#include <QSqlTableModel>              //QSqlTableModel 用来操作表单，可以对表的内容进行修改
#include "posix_qextserialport.h"
#include <QTimer>
namespace Ui {
    class shop;
}
class shop : public QWidget
{
    Q_OBJECT
public:
    explicit shop(QWidget *parent = 0);
    ~shop();
private:
    Ui::shop *ui;
    QSqlTableModel *model;           //声明 model 对象，因为要在不同函数中使用 model 对象
    Posix_QextSerialPort *myCom;
    QTimer *readTimer;
```

```
private slots:
    void on_add_clicked();                  //添加按钮信号
    void on_delete_2_clicked();             //删除按钮信号
    void on_exit_clicked();                 //撤销按钮信号
    void on_change_clicked();               //修改按钮信号
    void on_show_clicked();                 //显示按钮信号
    void on_chaxun_clicked();               //查询按钮信号
    void readMyCom();                       //读取串口
};
#endif                                      // SHOP_H


#include "shop.h"
#include "ui_shop.h"
#include <QSqlQueryModel>
#include <QTableView>                       //显示数据表数据
#include <QMessageBox>
#include <QSqlError>
#include <QString>
#include <QObject>
#include <QPalette>                         //设置背景颜色
shop::shop(QWidget *parent) :
    QWidget(parent),
    ui(new Ui::shop)
{
    ui->setupUi(this);
    QPalette plt;
    plt.setColor(QPalette::Background, QColor(176,196,222));
plt.setBrush(QPalette::Background,QBrush(QPixmap("/root/lhq/ckwlglct/images/back1.png")));
    this->setPalette(plt);                  //显示背景颜色与图片
    model=new QSqlTableModel(this);         //构造函数中新建一个 model 对象，在 shop.cpp 文件
中使用 model 对象，就在 shop.cpp 文件的构造函数中新建
    model->setTable("shop");                //选择查询 shop 数据表
model->setEditStrategy(QSqlTableModel::OnManualSubmit);       //表明要提交修改才能使其生效
    model->select();
    ui->tableView->setModel(model);         //将数据库中的数据用 view 显示出来
}
shop::~shop()
{
    delete ui;
}
void shop::on_show_clicked() //显示按钮的信号槽函数，在 QTableView 中显示数据库中表的数据
{
```

```
    QSqlQueryModel *model=new QSqlQueryModel;          //新建 QSqlQueryModel 类的对象 model
    model->setQuery("select * from shop");            //setQuery()函数查询 customer 数据表
    model->setHeaderData(0,Qt::Horizontal,tr("ID")); //视图的列属性
    model->setHeaderData(1,Qt::Horizontal,tr("名称"));
    model->setHeaderData(2,Qt::Horizontal,tr("价格"));
    model->setHeaderData(3,Qt::Horizontal,tr("库存容量"));
    QTableView *view=new  QTableView; //新建视图 view
    view->setModel(model);                 //将视图与 model 关联
    view->show();                          //通过视图将数据库中的数据显示出来
}
void shop::on_change_clicked()    //修改按钮，修改 QTableView 中数据后的提交，加入事务处理
{
    model->database().transaction();       //开始事务操作
    if(model->submitAll())                 //真正的提交操作
        model->database().commit();        //提交
    else
    {
        model->database().rollback();      //回滚
        QMessageBox::warning(this,tr("tableModel"),tr("数据库错误:%1").arg(model->
lastError().text()));
    }
}
void shop::on_exit_clicked()               //撤销按钮
{
    model->revertAll();
}
void shop::on_chaxun_clicked()             //查询按钮的信号槽函数：相当于 SQL 语句：SELECT *
FROM 表名 WHERE id = "id"
{
    QString id=ui->id->text();             //按 ID 查询，在 ID 文本框里输入 ID
    model->setFilter(QObject::tr("id='%1'").arg(id));
    model->select();
}
void shop::on_delete_2_clicked()           //删除选中的行
{
    int curBow=ui->tableView->currentIndex().row();//获取选中的行
    model->removeRow(curBow);              //删除选中的行
    int ok=QMessageBox::warning(this,tr("删除当前选中的行!"),tr("你确定吗?" "删除当前选
中行吗?"),QMessageBox::Yes,QMessageBox::No);
    if(ok==QMessageBox::No)
    {
        model->revertAll();                //如果不删除就撤销
    }
```

```
    else model->submitAll();                  //否则在数据库中删除
}
void shop::on_add_clicked()                   //添加按钮（插入记录）
{
    int rowNum=model->rowCount();             //获得表的行数
    int id=rowNum+1;                          //添加的 ID 由获取的行号加 1;
    model->insertRow(rowNum);                 //添加一行
    model->setData(model->index(rowNum,0),id);
}
```

2.6　系统测试

2.6.1　系统测试方案

测试方式一般分为两类：静态测试和动态测试。本系统采用动态测试，检查代码的正确性，了解系统功能的实现性，从而发现问题、改进功能，让程序更完善。测试有利于对系统开发流程的更进一步的认识，以便更好地管理系统。

2.6.2　主要模块测试

1. 系统登录测试

系统登录界面测试如图 2-24 所示。登录页面有“用户名”和“密码”输入框，以及“登录”和“取消”按钮。

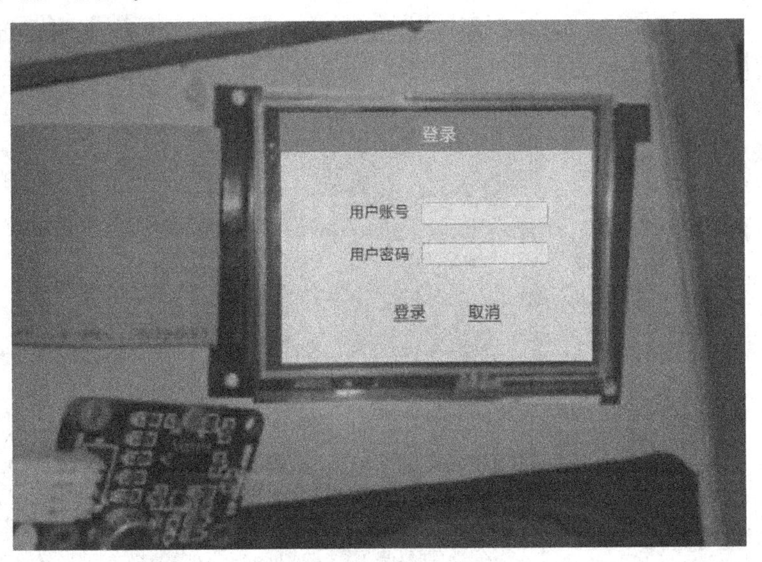

图 2-24　系统登录界面

2. 主菜单界面测试

主菜单界面测试如图 2-25 所示。主菜单中有“环境监测”“库存管理”“GPRS”“GPS”“人员管理”按钮。

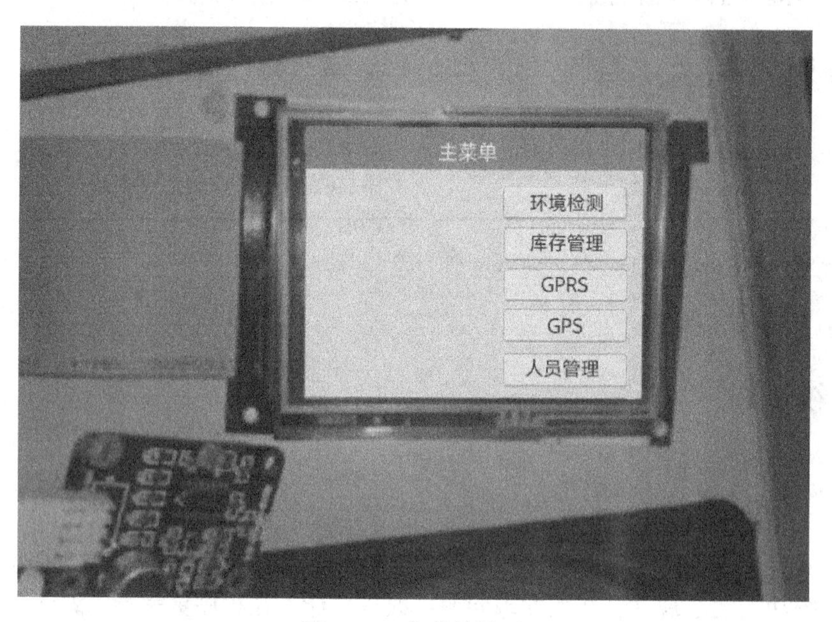

图 2-25 主菜单界面

3. 环境监测模块运行测试

环境监测模块运行测试如图 2-26 所示，数据采集结果如图 2-27 所示。环境监测界面有两个板块，分别是状态单元和控制单元。状态单元中显示温度、湿度、红外、烟雾和麦克的数据；控制单元中有控制单元的开启与结束按钮。

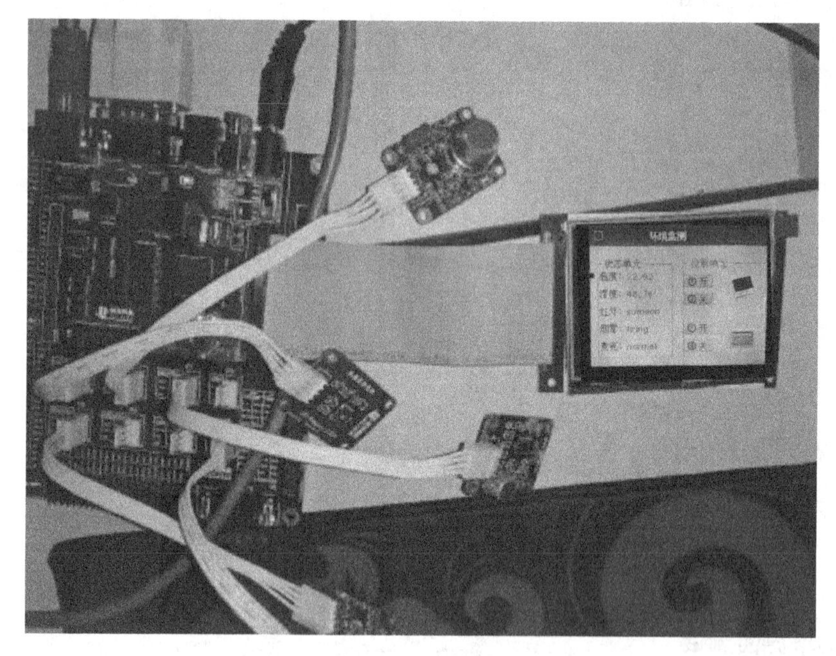

图 2-26 环境监测模块运行测试

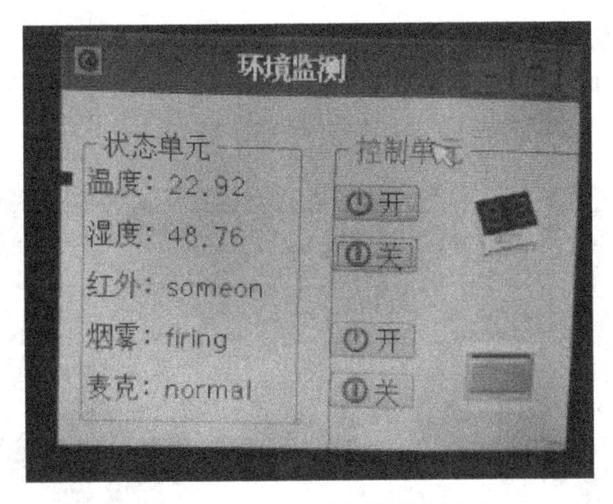

图 2-27　环境监测数据采集结果

4. 库存管理模块运行测试

库存管理模块运行测试如图 2-28 所示，图 2-29、图 2-30 所示为显示、删除功能。

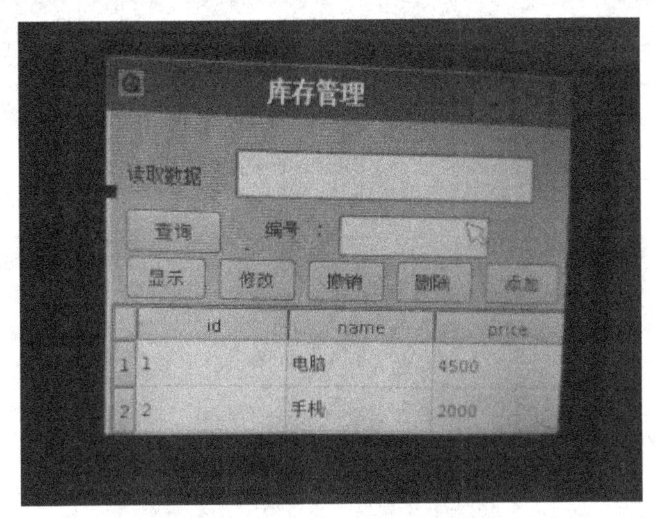

图 2-28　库存管理模块运行测试

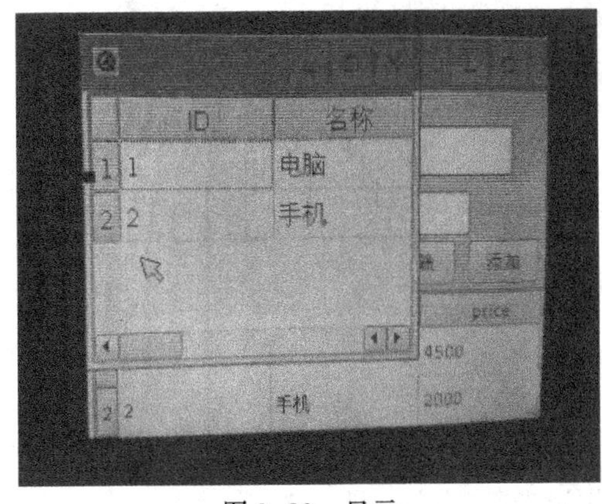

图 2-29　显示

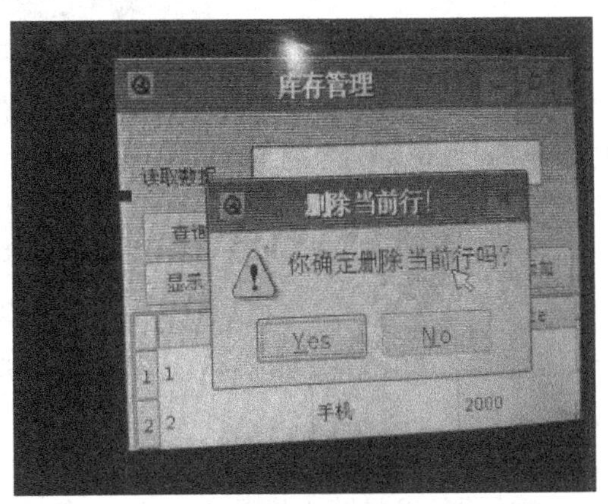

图 2-30　删除

5. GPRS/GPS 模块运行测试

GPRS/GPS 模块运行测试如图 2-31 和图 2-32 所示。GPRS 界面提供拨号功能，GPS 界面显示坐标、日期、运行状态等信息。

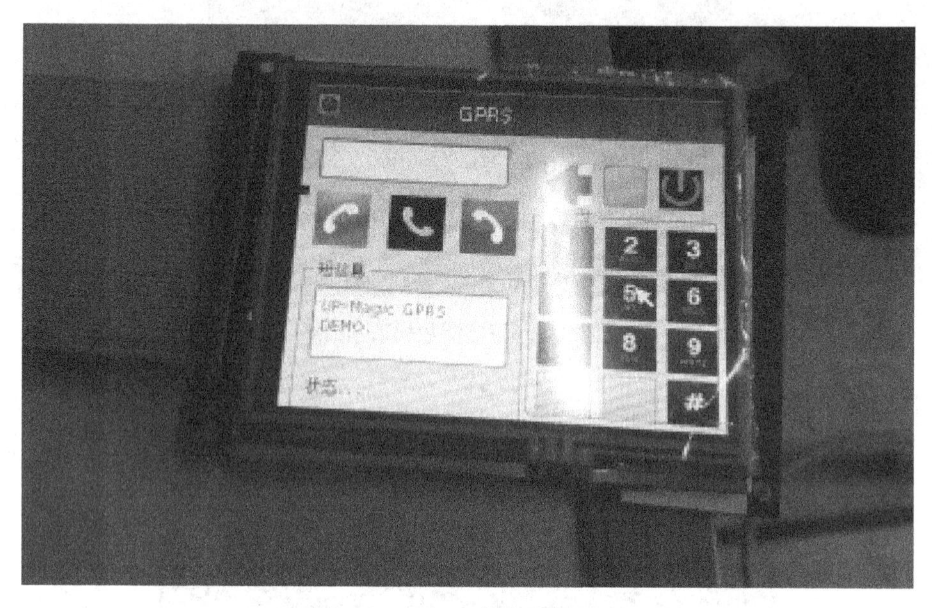

图 2-31　GPRS 模块运行测试

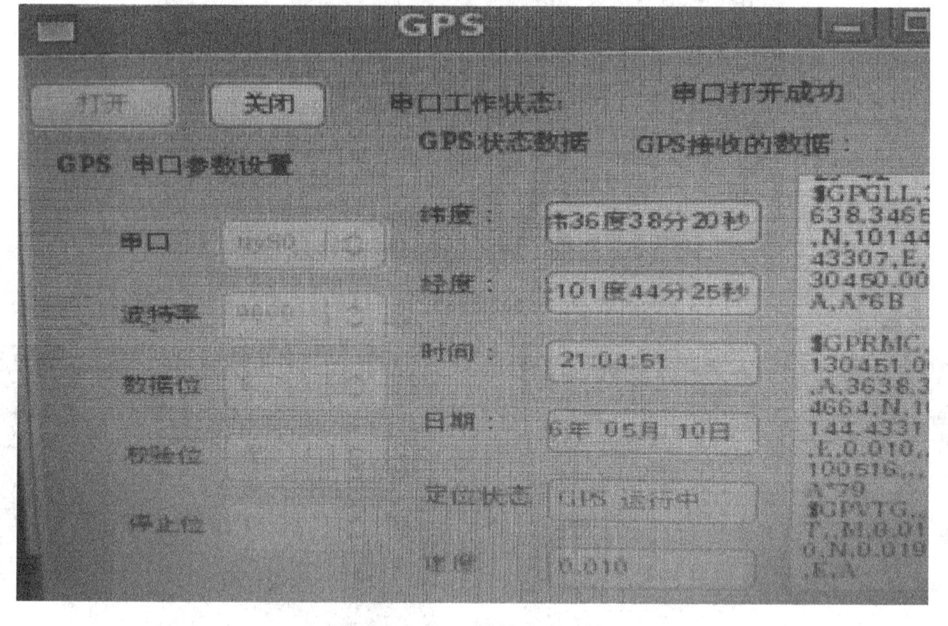

图 2-32　GPS 模块运行测试

6. 本地视频采集模块测试

本地视频采集模块测试如图 2-33 所示，网络视频监控测试如图 2-34 所示。

图 2-33　本地视频采集模块测试

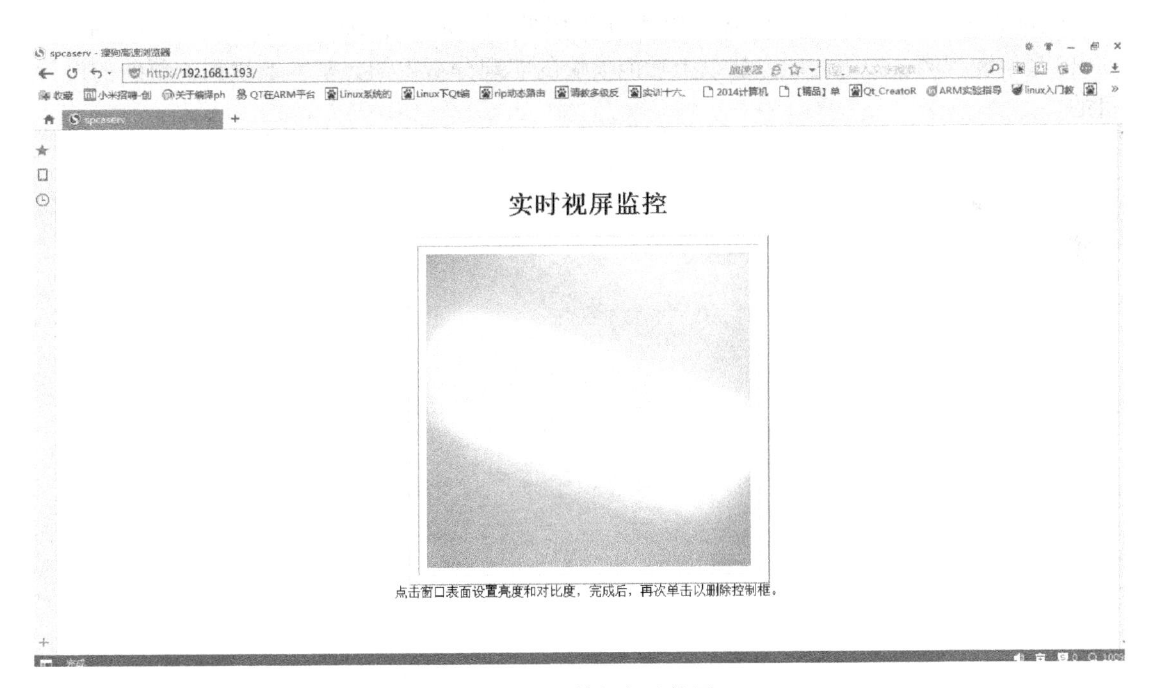

图 2-34　网络视频监控图

7. 人员管理测试

人员管理测试效果如图 2-35 所示。

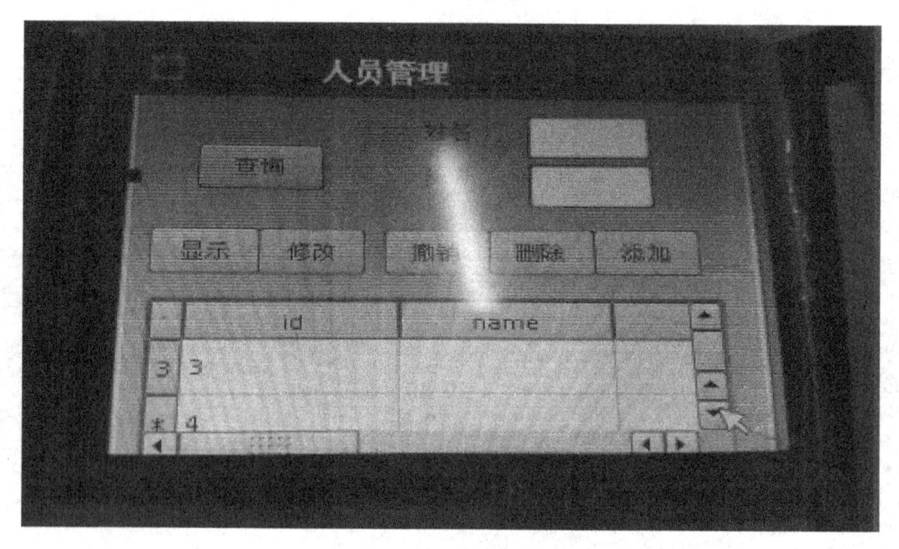

图 2-35 人员管理测试

2.7 总结

经过测试，本系统能够实现的功能有环境监测、库存管理、人员管理、GPS 定位、GPRS 通信和视频监控等功能。从以上功能模块的实现分析得知，基本上达到了预期的设计目的。

第3章　嵌入式藏文电子阅读器设计

为推动民族文字信息化的发展，利用ARM9嵌入式开发平台，通过扩展SDRAM模块、USB模块、以太网控制模块和触摸屏模块，结合Qt技术，设计了一款嵌入式藏文电子阅读器。本章给出了系统的总体架构，硬件实现原理框图及软件设计流程。该系统成功实现了全藏文化的阅读器应用程序界面，支持TXT、HTML、PDF、DOC格式的藏文电子书的正常显示、阅读和编辑，同时可进行BMP、JPEG、PNG等格式的图片文件的浏览，系统运行稳定、安全可靠，使用便捷灵活。

3.1　引言

3.1.1　研究背景

电子书阅读器是一种采用LCD、电子纸为显示屏幕的新式数字阅读器，可以阅读网上绝大部分格式（比如PDF、CHM、TXT等）的电子书。随着互联网的兴起，电子书和电子书阅读器在20世纪90年代就已经出现，在国内，博朗和津科电子2001年推出了相关的电子书阅读器产品，但是销售范围一直不大，主要面向企业客户。2007年11月，全球最大网络书城亚马逊（Amazon）推出电子书阅读器Kindle，5.5个小时之内，屏幕6英寸大的Kindle销售一空。2008年，亚马逊推出的Kindle2掀起了全球电子书阅读热潮。2009年，Kindle2问世两个月就销售了近30万部。同时，美国2009年4至6月的电子图书销售比2008年同期增长了三倍。Kindle的热销，引发索尼、汉王、三星等国内外厂家快速跟进，纷纷布局电子阅读市场，各厂商与各大出版集团的合作也拉开了序幕。从国内市场看，除了汉王电子书稳居国内电子书市场第一把交椅以外，联想、方正、华旗，以及中国移动、大唐电信等企业也利用3G契机进入电子书市场。全球电子书市场上，亚马逊占据第一位置，紧随其后的是索尼，而中国电子书领先企业汉王科技位居第三。在中国，汉王已经占据了该领域的核心地位。

3.1.2　研究意义

随着时代的进步和社会的发展，藏文的词汇和语法得到不断充实、丰富和发展。藏文专业术语规范化及信息技术标准化工作取得了重大进展。藏文编码已正式通过中国国家标准和国际标准，藏文的信息化正在走向世界。在嵌入式系统的智能手机、PDA、电子阅读器等手持式电子设备日益普及的今天，人们越来越多地依赖于这些设备进行信息处理和信息交流。藏文电子阅读器可以满足藏区人民对支持藏文字阅读器的需求。在全国藏文报刊、出版藏文书籍的出版社及承印藏文书报的现代化印刷厂家数量相对有限的情况下，藏文在嵌入式阅读器上的实现，对藏文在藏族地区的推广和使用将起到积极作用。

3.2 系统总体设计

嵌入式藏文电子阅读器的设计与实现包括硬件、固件、软件3个层面，系统总体框图如图3-1所示。硬件部分采用三星公司的S3C2410嵌入式微处理器为核心搭建了外围硬件电路。固件部分的工作由U-boot引导，移植了嵌入式Linux 2.6.24内核，配置了YAFFS根文件系统，并进行Linux设备驱动程序的开发。修改后的U-boot支持从NAND Flash启动，然后烧写yaffs2映像文件、通过TFTP协议下载文件以及NFS方式挂载文件系统等功能。软件部分实现了在Qt/Embeded环境下Q-Reader应用程序的开发，该软件支持TXT、HTML、PDF、DOC格式的藏文电子书的正常显示和阅读，可实现触摸或按键翻页、书签添加、背景色和字体设置等功能，并支持BMP、JPEG及PNG格式的图片文件浏览。

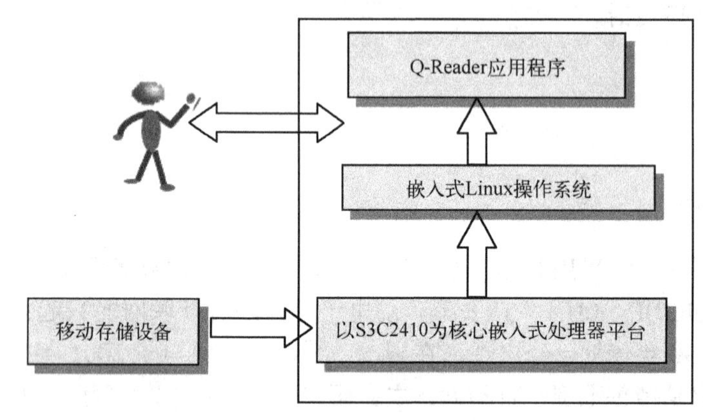

图3-1 系统总体框图

3.3 嵌入式藏文电子阅读器的硬件设计

3.3.1 硬件原理框图

嵌入式的藏文阅读器硬件原理框图如图3-2所示，以搭载ARM 9处理器的嵌入式平台为主，通过在外围扩展功能模块来实现的。本系统采用三星公司推出的16/32位RISC处理器S3C2410，非常适合为手持设备和一般类型应用提供低价格、低功耗、高性能小型微控制器的解决方案。S3C2410作为系统的处理器，同时也为各外部电路提供接口。

SDRAM用来存放系统运行过程中系统和用户的数据、堆栈等，通过数据总线并联的方式扩展了SDRAM存储器。NAND Flash用于存放嵌入式操作系统的引导程序和内核文件，以及用户应用程序和其他在系统掉电后需要保存的数据。电源管理模块用来为系统各部分提供多组电源。

嵌入式的藏文阅读器系统在存储电子书、图片等多媒体文件时需要较多的存储空间，S3C2410内置一个USB设备接口，兼容USB 1.1规范标准，但不满足系统的设计需要，所以通过一个USB1.1主接口连接USB集线器的方式扩展出了4个USB设备接口，可支持

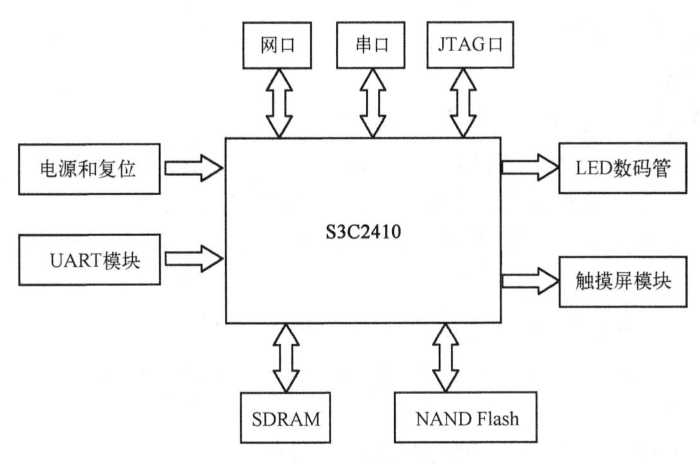

图 3-2　硬件原理框图

U 盘、移动硬盘等外围存储设备。同时为了保证系统能通过网络浏览信息、下载文件，在系统中添加了以太网控制芯片 DM9000 芯片，并设计了其外围电路，同时配以底层软件驱动程序。

由于 S3C2410 芯片内部触摸屏和 ADC 接口是集成在一起的，S3C2410 的触摸屏接口向外提供 4 个控制信号引脚和 2 个模拟信号输入引脚（AIN[7]和 AIN[5]），这 6 个引脚通过 4 个晶体管与触摸屏的 4 个引脚相连，其中通道 7（XP 或 AIN[7]）作为触摸屏接口的 *X* 坐标输入，通道 5（YP 或 AIN[5]作为触摸屏接口的 *Y* 坐标输入。

3.3.2　S3C2410 微处理器

本系统采用的微处理器为三星公司的 S3C2410，该处理器拥有：

- 内部 1.8 V，存储器 3.3 V，外部 I/O 3.3 V，16 KB 数据 Cache，16 KB 指令 Cache，MMU。
- 内置外部存储器控制器（SDRAM 控制和芯片选择逻辑）。
- LCD 控制器，1 个 LCD 专业 DMA。
- 4 个带外部请求线的 DMA。
- 3 个通用异步串行端口（IrDA1.0，16-Byte Tx FIFO 和 16-Byte Rx FIFO），2 通道 SPI。
- 一个多主 I^2C 总线，一个 I^2S 总线控制器。
- SD 主接口版本 1.0 和多媒体卡协议版本 2.11 兼容。
- 2 个 USB HOST，1 个 USB DEVICE（VER1.1）。
- 4 个 PWM 定时器和 1 个内部定时器。
- 看门狗定时器。
- 117 个通用 I/O。
- 56 个中断源。
- 24 个外部中断。
- 电源控制模式为标准、慢速、休眠、掉电。
- 8 通道 10 位 ADC 和触摸屏接口。

- 带日历功能的实时时钟。
- 芯片内置 PLL。
- 设计用于手持设备和通用嵌入式系统的功能。
- 16/32 位 RISC 体系结构，使用 ARM920T CPU 内核的强大指令集。
- 带 MMU 的先进的体系结构，支持 WinCE、EPOC32、Linux。
- 指令缓存、数据缓存、写缓存和物理地址 TAG RAM，减小了对主存储器带宽和性能的影响。
- ARM920T CPU 内核支持 ARM 调试的体系结构。
- 内部先进的位控制器总线（AMBA）（AMBA2.0，AHB/APB）。

3.4 嵌入式藏文电子阅读器的软件设计

嵌入式藏文电子阅读器是一种能够存储并显示各种格式电子读物、具有阅读管理及操作界面、以阅读为主要功能的专用显示设备，是一种新型的电子书显示介质和阅读载体。

3.4.1 嵌入式藏文电子阅读器的功能

嵌入式藏文电子阅读器具有如下的功能：

① 可以对所有符合藏文编码的文本文件进行浏览；
② 具有书签功能，可实现书签插入、删除及跳转操作，并支持电子书快速跳转；
③ 为满足阅读舒适度，能进行背景色的更改；
④ 阅读时，支持触摸屏及机械按键翻页功能。

3.4.2 系统主要功能模块的详细设计

1. 打开文件功能

选择文件，系统查看文件是否存在，文件不存在则直接退出，若存在就读入数据进行阅读。具体流程图如图 3-3 所示。

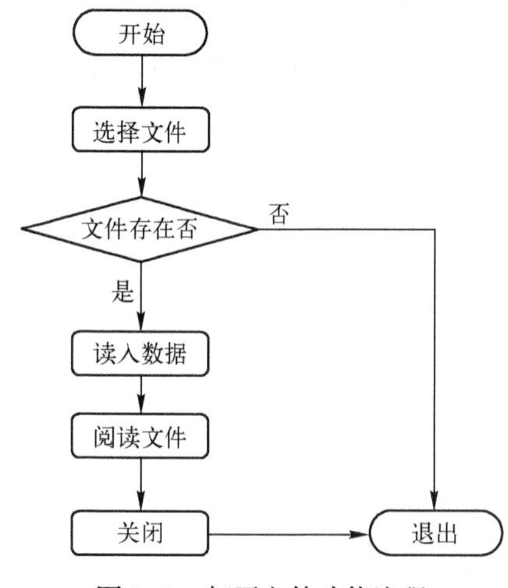

图 3-3 打开文件功能流程

2. 创建文件功能

创建文件，系统会检查文件在系统中是否已经存在，文件已经存在，则丢弃新创建文件的请求，直接对已有的文件进行编辑。如果系统中创建的文件不存在，则输入文件名，系统检查文件名是否合法，合法可进行保存，不合法则重命名，当保存文件时，系统会检查磁盘空间是否充足，充足则写入，否则丢弃。详细流程图如图 3-4 所示。

3. 修改文件功能

首先打开文件，系统会检查文件是否允许修改，允许则继续。修改完毕后选择是否保存，不保存就撤销操作，保存则输入文件名，系统检查文件名是否合

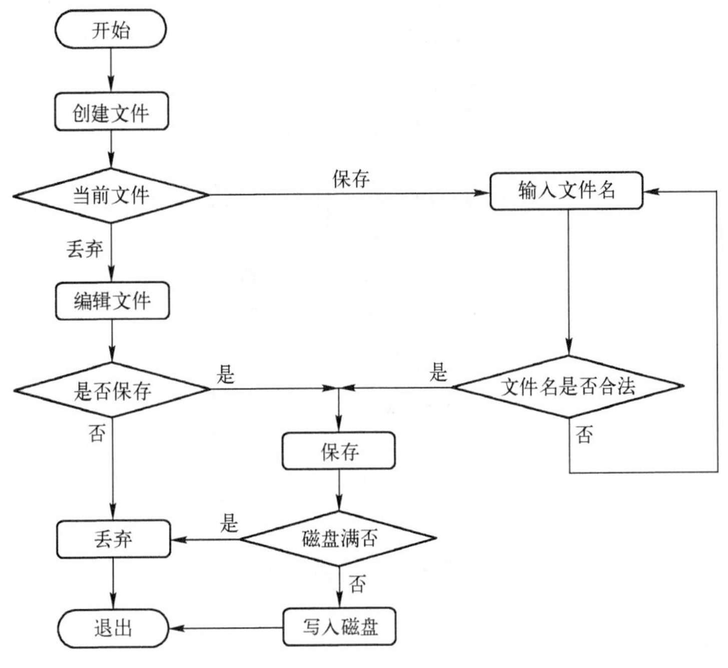

图 3-4　创建文件功能流程

法，合法进行保存，不合法则需要重命名。当保存文件时，系统会检查磁盘空间是否充足，充足则写入，否则丢弃。详细流程图如图 3-5 所示。

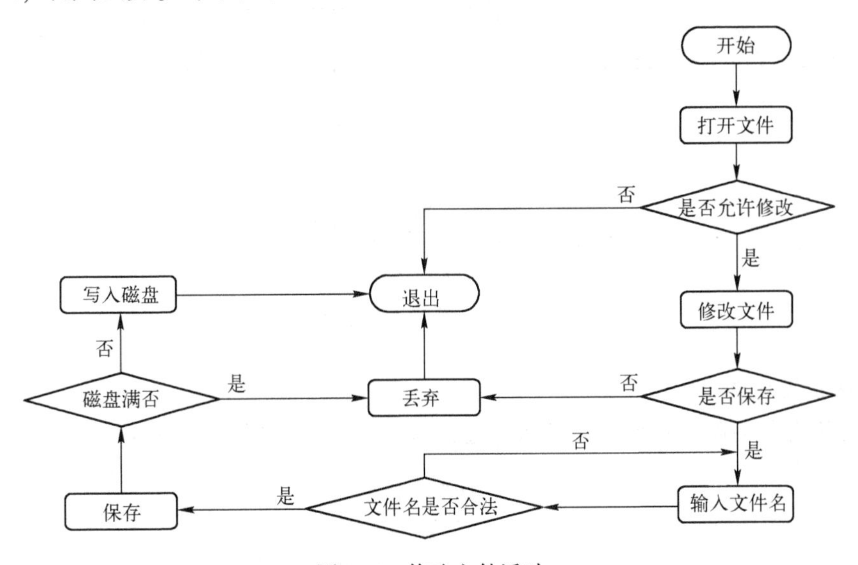

图 3-5　修改文件活动

4. 阅读状态功能

打开第一页，接下来可以选择翻页，也可以选择直接翻到第 n 页。阅读过程中可以进行上翻或下翻，还可以进行查找，输入查找内容，系统进行匹配，如果匹配成功，系统会跳转到内容所在页，否则不会跳转。详细流程图如图 3-6 所示。

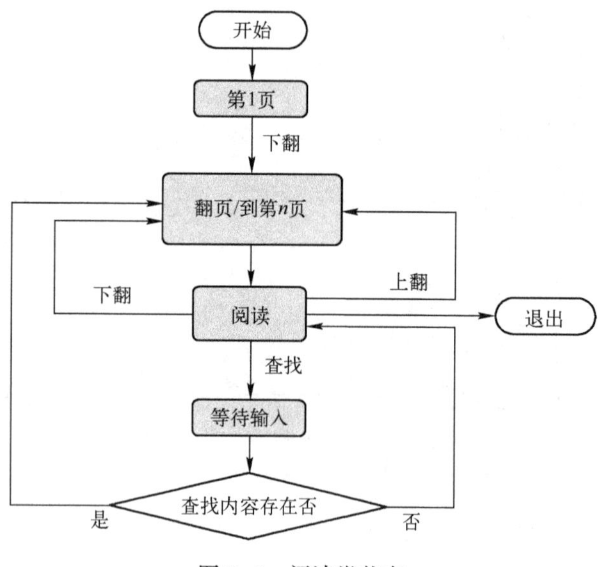

图 3-6 阅读类状态

5. 编辑状态功能

编辑文件分为两个大部分，分别为修改当前已有文件和创建新文件。修改当前文件时，修改完成后保存即可。创建新文件时，过程同上文创建文件功能相同。详细流程图如图 3-7 所示。

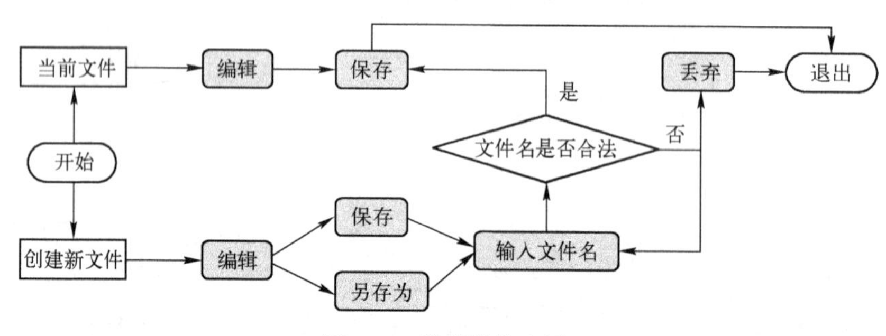

图 3-7 编辑类状态图

6. 文件状态功能

文件的状态分为闲置和使用中两种状态。详细流程图如图 3-8 所示。

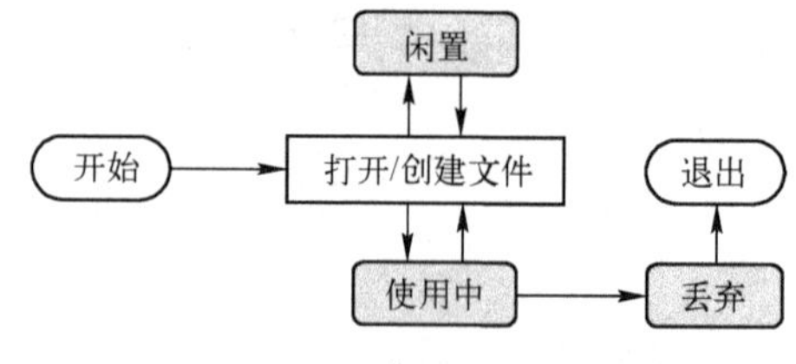

图 3-8 文件类状态图

3.5　实现原理

3.5.1　嵌入式藏文电子阅读器的实现

该电子阅读器是通过调用 Qt/Embedded 提供的类库和 API 函数来实现的。Qt/Embedded 提供了比较丰富的类 Win32 API 函数，同时 Trolltech 公司也提供了一个图形设计器 QT Designer，它有许多可以直接使用的控件，并可以对调用 QT/Embedded 类库编写的图形界面程序进行编译并运行，给开发图形界面带来了一定的方便。

3.5.2　藏文编码字符集在 QT 上的扩充

1. 藏文编码字符集扩充集国家标准

藏文编码字符集扩充集（简称“藏文扩充集”），包括 3 个部分：藏文基本集中的非组合用字符、藏文扩充集 A 的字符、藏文扩充集 B 的字符。藏文扩充集可以表示和交换所有现代藏文和 99%以上的古代藏文为载体的信息。

按照 Unicode4. 1 使用字符平面（planes of characters）对码点空间的分配情况的描述，可供使用的字符平面有 5 个：基本多文种平面（basic multilingual plane，BMP）、辅助多文种平面（supplementary multilingual plane，SMP）、辅助特别用途平面（supplementary special-purpose plane，SSP）、专用平面 A（private use area-A，PUA-A）和专用平面 B（private use area-B，PUA-B）。

藏文扩充集与藏文基本集最大的不同在于，它在 ISO/IEC10646 编码体系结构的框架内，对藏文中由基本字符纵向叠加而成、具有稳定结构且使用频繁的藏文和梵文藏字字丁进行编码。藏文扩充集 A 收录了 1 536 个纵向叠加字丁，编码范围为 0xF300～0xF8FF，位于 BMP 平面的专用区（private usearea）内；藏文扩充集 B 是藏文扩充集 A 的补充，收录了 5 702 个基本字符纵向叠加而成的结构稳定的梵文藏字字符，使用专用平面 A，其编码位置是 0xF0000～0xFl645。

以藏文字བསྒྲིགས为例，说明藏文扩充字符集标准对藏文字符的编码方式，如图 3-9 所示。

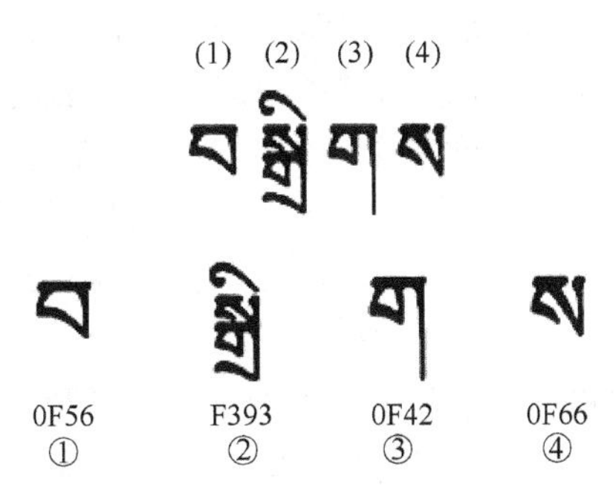

图 3-9　藏文字符的编码方式

藏文字丁①②③④的字符编码分别是 0x0F56、0xF393、0x0F42、0x0F66。

2. 在 Qt 上添加藏文扩充集 B 的支持

藏文扩充集 B 相对藏文扩充集 A、藏文基本集来说，具有一定的特殊性。藏文扩充集 B 位于 ISO/IEC 10646 标准 OF 平面，这对于软件系统的编码空间支持提出了较高的要求。对于仍采用 16 位编码系统的软件来说，由于其编码空间的局限（最多容纳 216 个字符），这类软件系统无法支持藏文扩充集 B。

实现 ISO/IEC 10646 标准辅助平面的支持通常采用 UTF-8、UTF-16 和 UTF-32 三种不同的内码方案，编码范围都是 0x0~0x10FFFF。UTF-8 和 UTF-16 是变长的编码方式，UTF-32 是定长的编码方式。UTF-8 占用 1~4 个 8 位编码单元；UTF-16 占用 1~2 个 16 位编码单元；UTF-32 占用 1 个 32 位编码单元。

UCS-2 编码是定长的编码，通常在计算机中占用 2 个字节。UTF-16 兼容 UCS-2 编码，即同一字符的 UCS-2 编码与 UTF-16 编码相同。UCS-2 和 UTF-16 的编码单元长度虽然都是 16 位的，但是它们的编码范围存在很大不同。UTF-16 通过代理对机制来表示 0x100000~0x10FFFF 码点区间，其编码映射关系如表 3-1 所示。

表 3-1 编码映射关系

码点的二进制表示	UTF-16
xxxxxxxxxxxxxxxx（BMP 平面字符）	xxxxxxxxxxxxxxxx
000uuuuuxxxxxxxxxxxxxxxx	110110wwwwxxxxxx 110111xxxxxxxxxx

其中 wwww=uuuuu-1。码点区间 0xD800~0xDFFF 被保留来构成代理对。扩充平面的第一个码点 0x10000 的 UTF-16 内码是 0xD800DC00；扩充平面最后一个码点 0x10FFFF 的 UTF-32 内码是 0xDBFFDFFF；由此可以看出，代理对的高 2 个字节（high pair）变化范围是 0xD800~0xDBFF，低 2 个字节（low pair）的变化范围是 0xDC00~0xDFFF。

3. 使用 UTF-16 扩充 Qt

下面通过分析如下的 Qt 代码段，找出其中存在的问题，并研究对 Qt 系统进行扩充的方案。上述的代码对字符数组 str 中的每个元素依次调用 visit 函数，程序中使用了 2 个重要操作。

字符定位操作：在 UCS-2 的情况下，定位后一个字符通过++运算符来完成。

取字符操作：在 UCS-2 的情况下，取字符编码的操作通过 * 运算符来完成。

从 Unicode 编码方案的兼容性角度来说，UTF-16 是兼容 UCS-2 并扩展了 UCS-2 的编码方案。因此，将 Qt 内码改造成为 UTF-16 应该是可行的，并且保持与原有系统的兼容性。但是，从实际可操作性上来说，此方案在软件实现方面存在较大的复杂性。

（1）字符定位操作

UTF-16 是变长的编码方式，对于基本平面内字符，需要 1 个 16 位编码单元；对于扩充平面字符，需要 2 个 16 位编码单元。因此，不能使用++运算符来实现字符的定位操作。

对于 UTF-16 编码来说，定位后一字符的接口定义如下：

```
const unsigned short * utf16_next_char (const unsigned short * ch,const unsigned short * end)
{
```

```
    //surrogate pair
      If( ( * ch)>=0xd800 &&( * ch)<0xdc00)
        If( (ch+1)<end && * (ch+1)>=0xdc00&& * (ch+1)<=0xe000)
         Return ch+2;     //surrogate pair 需要使用 2 个（16 位）编码单元
        Return ch+1;      //如果是 BMP 平面字符，只需要 1 个（16）位编码单元


}
```

（2）取字符操作

在处理 UTF-16 时，插入符位置和光标移动是常见的问题。在显示时，需要进行调整以避免将 4 字节的 surrogate pair 显示成为两个双字节字符。对于 UTF-16 编码来说，需要提供单独的接口来实现取字符编码的功能。

对于 UTF-16 编码来说，取字符编码的接口定义如下：

```
unsigned int utf16_next_char (const unsigned short * ch,const unsigned short * end)
{
  //surrogate pair
  If( ( * ch)>=0xd800 &&( * ch)<0xdc00)
    If( (ch+1)<end && * (ch+1)>=0xdc00&& * (ch+1)<0xe000)
      Return ( * ch-0xd800) * 0x400+( * (ch+1)-0xdc00)+0x10000;/ * 由 surrogate pair 编码序
列求码点 * /
    Return * ch;
}
```

使用 UTF-16 编码方式，应用自定义接口 utf16_next_char、utf16_get_char 来实现指针定位操作和取字符操作，Qt 代码段改写如下：

```
Unsigned short
str[10]={'A',0xd800,0xdc00,'D',0xd800,0xdc01,'G','H','I','J'};  / * 一个 UTF-16 编码的字符数
组 * /
Ushort * p=str;
While(p<&str[10])
  {visit(utf16_get_char(p,&str[10]));       // * p 代码取字符操作
p=utf16_next_char(p,&str[10]);              //p++代表的是调整 p 指向下一字符的起始地址
}
```

采用 UTF-16 编码方式，需要将程序中原来的处理 UCS-2 定长编码的操作符，替换为处理 UTF-16 变长编码的用户接口。这样的扩充方法导致代码修改量非常巨大，扩充难度很高。究其原因在于将处理定长编码程序升级到处理变长编码程序所带来的复杂性。

4. 使用 UTF-32 扩充 Qt

为了避免上述复杂性，使用 Unicode 标准的定长编码方式 UTF-32 来实现 Qt 对非 BMP 平面字符的支持。UTF-32 使用 4 字节来表示 Unicode 中的码点，需要改变的是数据类型的

声明，而无须改变程序细节。通常，使用 unsigned short 类型来存储 UCS-2 编码的字符；使用 unsigned int 类型来表示 UTF-32 编码的字符。

下面是使用 UTF-32 编码方式对 Qt 代码段进行的修改。

```
Unsigned int
str[10]={'A',0x10000,0x20000,'D',0xF0000,0xA0000,'G','H','I','J'};/ * 一个 UTF-32 编码的字符数组 * /
Uint  * p=str;
While(p<&str[10])
  {visit( * p);      // * p 代码取字符操作
p++;                 //p++代表的是调整 p 指向下一字符的起始地址
  }
```

在 Qt 程序中需要修改类型的地方包括：程序参数类型、函数局部变量类型等。原有 Qt 程序中的对 UCS-2 编码的一切操作，如：指针操作（如++，--运算符）、取字符操作（ * 运算符），对于 UTF-32 编码表示的字符类型，同样是有效的。

采用 UTF-32 编码方式扩充 Qt，使升级的复杂度大大地降低。

Qt 程序中藏文字符的支持，以一个简单的 Qt 程序为例说明。

```
int main(int argc, char * argv[])
{
    QApplication app(argc, argv);
    QTextCodec::setCodecForTr(QTextCodec::codecForName("gb18030"));
    QWidget * pWidget = new QWidget;
    QLabel label(pWidget);
    label. setText(QObject::tr("འཛམ་གླིང་གཅིག་རྨི་ལམ་གཅིག།"));
    QPushButton * btn = new QPushButton(QObject::tr("ངེས་པ།"), pWidget);
    QVBoxLayout * layout = new QVBoxLayout;
    layout->addWidget(&label);
    layout->addWidget(btn);
    pWidget->setLayout(layout);
    QObject::connect(btn, SIGNAL(clicked()), pWidget, SLOT(close()));
    pWidget->show();
    return app. exec();
}
```

其中，第 4 行代码“QTextCodec::setCodecForTr(QTextCodec::codecForName("gb18030"));”设置 QObject::tr()使用的字符集。字符集 GB18030 的正式国家标准，该标准 2024 修改单共收录了 88 115 个汉字及部首，同时还收录了藏文、蒙古文、维吾尔文等主要的少数民族文字。因此，如果不采用正确的字符集，Qt 应用程序中的藏文字符将显示为乱码。

3.5.3 移植搭建 Qt/Embedded 环境

按以下步骤移植搭建 Qt/Embedded 环境。值得注意的是，Qt 必须带有触摸屏库的源码包。具体的编译步骤如下。

解压源码包 tslib-1.4.tar.bz2，如下所示。

```
tar xjvf tslib-1.4.tar.bz2
```

生成 tslib1.4 目录，进入触摸屏库目录配置编译：

```
cd tslib-1.4/
export CC=arm-linux-gcc
./autogen.sh
echo "ac_cv_func_malloc_0_nonnull=yes" >arm-linux.cache
./configure --host=arm-linux --cache-file=arm-linux.cache -prefix=$PWD/../tslib1.4-install
make
make install
```

编译好后，在此目录的上级目录生成 tslib1.4-install 目录，解压 Qt 源码包，如下所示。

```
tar xjvf qt-embedded-linux-opensource-src-4.5.0.tar.bz2
```

进入源码包目录 qt-embedded-linux-opensource-src-4.5.0，进入配置编译，如下所示。

```
cd qt-embedded-linux-opensource-src-4.5.0
./configure -prefix /mnt/nfs/QtEmbedded-4.5.0 -embedded arm -qt-kbd-usb -qt-mouse-tslib-I/
home/sprife/qt4/for_arm/tslib1.4-install/include -L/home/sprife/qt4/for_arm/tslib1.4-install/lib
```

配置好后，编译 Qt 库，如下所示。

```
make
make install
```

库环境编译结束，在此基础上可编译电子阅读器的源程序。

3.5.4 应用程序的编译

电子阅读器的源码分为两个部分，一部分是桌面程序 desktop，另一部分是电子阅读器的实现代码程序 qreader。

解压应用程序源码包 desktop.tar.bz2，如下所示。

```
tar jxvf desktop.tar.bz2
cd desktop
```

使用/mnt/yaffs/ QtEmbedded-4.5.0/bin/目录下 qmake 工具获得 Makefile 文件，如下所示。

```
/mnt/yaffs/ QtEmbedded-4.5.0/bin/qmake-project
/mnt/yaffs/ QtEmbedded-4.5.0/bin/qmake
make
```

3.5.5 程序运行

使用NFS共享目录方式挂载方式验证代码，此程序的运行目录必须是/root/M-6-1，源文件即源代码中图片及其他资源目录的设置要一致。如果想修改其目录，必须手动修改源程序中相应的内容，再重新编译，然后再设置相应的环境变量。具体步骤如下。

首先建立NFS共享目录/arm2410 s，在NFS共享目录下建立QtEmbedded-4.5.0实验目录。

```
cd /arm2410s
```

直接将M-6-1.tar.bz2包解压到NFS共享目录/arm2410 s下，启动ARM设备，挂载NFS。

```
tar-jxvf M-6-1.tar.bz2
ifconfig eth0 192.168.1.199      //配置开发板端的IP地址，使其和个人计算机在同一网段
mount-t nfs -o nolock,rsize=4096,wsize=4096 192.168.1.140:/arm2410s/mnt/nfs
```

进入NFS目录，将M-6-1文件复制到开发板的/root目录下，如下所示。

```
cp  -raf  /mnt/nfs/M-6-1  /root
cd  /root/M-6-1
```

这时可以直接运行脚本play.sh运行程序。

接着执行环境变量脚本配置，如下所示。

```
export QTDIR=$PWD
export LD_LIBRARY_PATH=$PWD/m61lib                      //链接库的绝对路径
export TSLIB_TSDEVICE=/dev/event0
export TSLIB_PLUGINDIR=$PWD/m61lib/ts                   //触摸屏所需库的位置
export TSLIB_CONSOLEDEVICE=none
export TSLIB_CONFFILE=$PWD/etc/ts.conf                  //触摸屏的配置文件
export POINTERCAL_FILE=$PWD/etc/ts-calib.conf
export QWS_MOUSE_PROTO=tslib:/dev/event0
export TSLIB_CALIBFILE=$PWD/etc/ts-calib.conf
export LANG=zh_CN
export FONTCONFIG_FILE=$PWD/etc/fonts/fonts.conf        //字体的配置
export MAGIC=$PWD/bin/magic.mgc                         //运行file命令时所需的魔法数字文件
exportLD_LIBRARY_PATH=$PWD/plugins/imageformats:$LD_LIBRARY_
    PATH                                                //支持多种格式所需的插件
export QT_PLUGIN_PATH=$PWD/plugins/                     //插件所在的目录
export HOME=/root      //再编译antiword源码包，本系统中将./anword文件夹存放在/root下了，
所以必须将HOME变量设置为/root.
export QT_QWS_FONTDIR=$PWD/m61lib/fonts
```

修改 fonts. conf 配置文件，增加如下内容。

```
<!--
  Accept alternate 'Tibetbt' spelling, replacing it with 'sans-serif'
-->
    <match target=" pattern" >
        <test qual=" any"  name=" family" >
            <string>Tibetbt</string>
        </test>
        <edit name=" family"  mode=" assign" >
            <string>Tibetbt</string>
        </edit>
    </match>

        </test>
        <edit name=" family"  mode=" assign" >

            <string>Tibetbt</string>
        </edit>
    </match>
```

执行可执行程序，如下所示。

```
cd bin
./desktop -qws &
./reader
```

3.6　系统运行效果展示

本章设计完成后进行了一系列的测试来验证系统预期的设计目的。测试表明，本系统能成功地完成预期功能：

① 可以对所有符合藏文编码的文件进行浏览；

② 具有书签功能，可以实现书签插入、删除及跳转操作，并支持电子书快速跳转；

③ 为满足阅读舒适度，加入背景色可更改功能；

④ 阅读电子书的时候支持触摸屏及机械按键翻页功能。

测试结果如图 3-10、图 3-11 和图 3-12 所示。

图 3-10　藏文电子阅读器首页

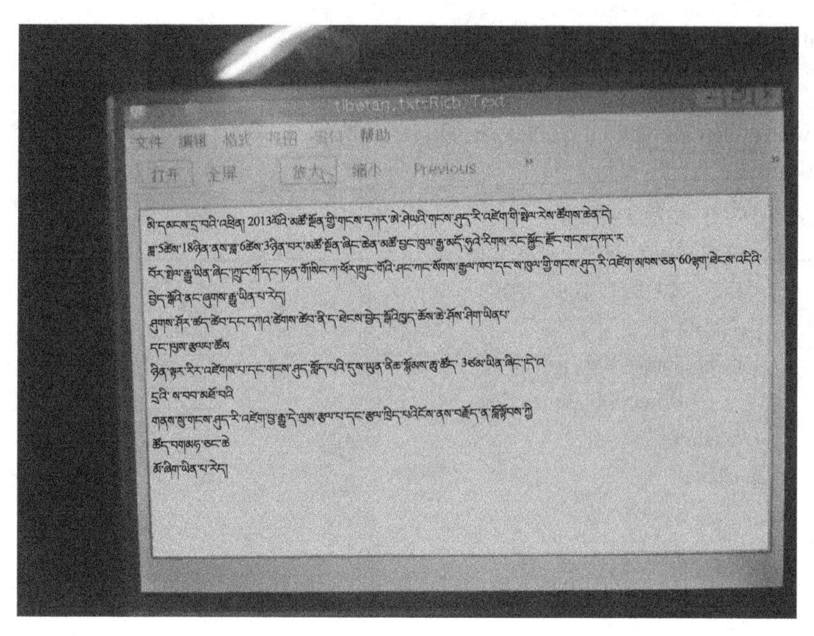

图 3-11　藏文电子阅读器阅读界面

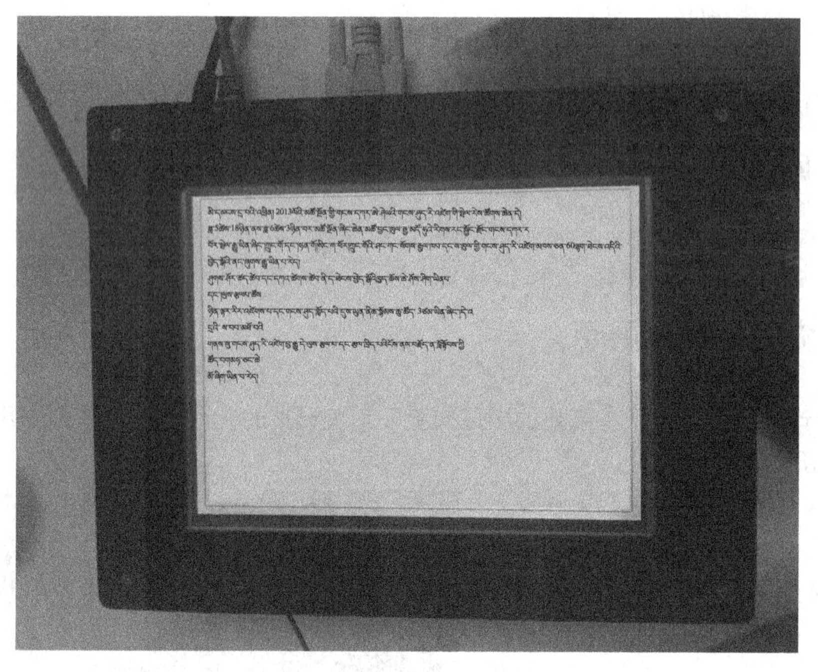

图 3-12　藏文电子阅读器效果展示

3.7　总结

本章介绍了在嵌入式平台下，藏文电子阅读器的设计与实现，主要的特色和创新体现在以下几个方面：

① 修改并配置了阅读器的字体库，使其能支持藏文环境下的电子文档阅读、编辑功能；

② 实现了界面和阅读环境的藏化，以及核心功能的藏化；

③ 实现了书签功能，便于定位和阅读；

④ 使用 Qt Linguist 藏化了阅读器源代码中所有可见的字符串；最终实现了全藏文的阅读器界面，以及藏文文档的流畅阅读，系统运行稳定。

由于少数民族信息化相对薄弱，嵌入式藏文电子阅读器的推出，将有效地解决民族信息化中遇到的语言瓶颈，推动民族文字信息化的发展，本设计的实现可以有效推动藏区的信息化建设。

第 4 章　智能药箱系统设计

为解决当前市场上智能药箱的不足，并考虑到老年病人增多的趋势，本章将 ARM9 的 S3C2410 微处理器端作为控制中心，与运行 Android 操作系统的智能手机终端相结合，开发了一款综合智能药箱。在 ARM 控制端能实现定时及语音提醒病人吃药，对药箱内环境进行检测，同时能判断药箱是否被打开，是否已经吃药等功能；实现与监护人运行 Android 操作系统的智能手机终端的绑定，监护人通过手机终端可以实现实时和定时地监控老年人的服药状况，以便及时地拨打电话进行通知提醒等功能。实验结果表明，该系统运行稳定，可实现预期的基本功能。

4.1　引言

4.1.1　研究背景及意义

随着全球人口老龄化趋势的发展，老人福祉科技已成为近年来各国科技领域的热点。正确按时服药与老人的生活质量休戚相关。

虽然目前市场上也出现了定时语音药盒，但功能不够齐全，不具备智能化。例如：没有报警提醒功能；没有药箱环境检测功能，易使药物变质；没有药箱是否被打开的判断功能，无法确定是否已经吃药；最主要的是没有与监护人的手机进行绑定，不便于监护人进行实时的监控，了解老年人的服药状况，以便及时地拨打电话进行通知；监护人无法通过手机端实现定时等功能。为解决当前市场上药箱的不足，并考虑到老年病人增多的趋势，开发一款具有监控、提示和信息集成功能的智能药箱，对提高老年人的生活质量具有重要的作用。

4.1.2　国内外研究现状

20 世纪 90 年代初期，老人福祉科技的概念产生于欧洲，其宗旨是通过科学技术提高老人的生活质量。

1. 国外研究现状

国外已经有商业的用于服药跟踪的系统，例如，加拿大安大略省的 Information Mediary Corp 开发了一种名为 MedicECM 的电子监控器，用来跟踪药品的售后使用。通过药品包装上的 RFID 标签来记录病人服药的时间，但是该系统对药品的包装有特定的要求，有一定的局限性，而且无法及时智能地做出反馈。

2. 我国药箱需求人群分析

据统计，2023 年中国 60 岁及以上人口达到 29 697 万，占全国人口的 21.1%；预计到 2050 年，老年人口总量将超过 4 亿，老龄化水平推进到 30%以上。由以上数据可知，我国老年人对药物需求逐年增加，对药箱需求的增加成为必然，药箱的人性化、智能化设计也愈显迫切。目前国内在这方面的研究不多见，市场上有的产品一般都只是附带一个倒计时提醒的功能。

4.2　系统总体架构

本系统的总体架构如图 4-1 所示，三星公司生产的 S3C2410 芯片是整个系统的核心，结合 GPRS 技术实现短信的收发及信息提醒等功能。本系统可以实现智能药箱的基本功能，在系统初始化完成、运行用户端应用程序之后，用户可以通过 4×4 小键盘上相应的功能键来实现与监护人手机号的绑定，同时可以设置系统的实时时钟；用户也可以通过小键盘上相应的功能键，设置用户每日的服药时间，并能在 LCD 液晶显示屏上显示。

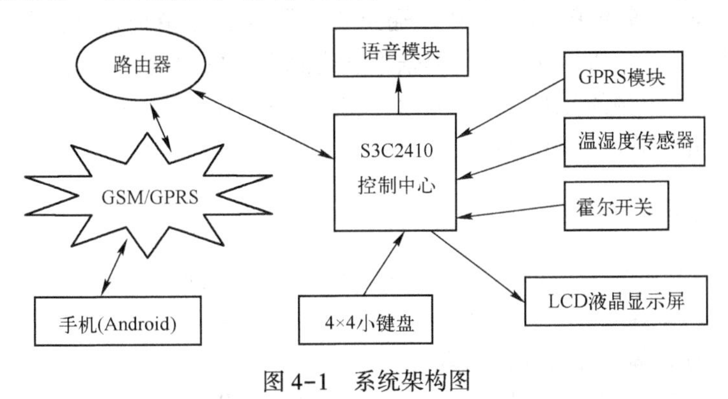

图 4-1　系统架构图

本系统通过温湿度传感器检测药箱的温湿度信息，防止药物变质；同时通过霍尔开关来感知用户是否打开药箱；并能通过语音模块的设计，实现本地的报警响铃，以提醒用户按时服药。

本系统设计中最大的特点，是结合了嵌入式系统发展的未来趋势 Android 手机终端，通过 GPRS 模块与 Android 手机的结合，可以实现监护人端通过手机终端对智能药箱的定时、延迟和通知的功能；同时 ARM 端的是否服药的信息，也可以通过短信的方式反馈到监护人端的手机，实现了对老年人服药过程的监控、电话提醒等功能，可以保障老年人能按时服用药物。

4.3　系统硬件设计

1. S3C2410 微处理器

本系统采用 S3C2410 微处理器，其具体功能见 3. 3. 2 节。

2. 图形交互硬件

图形界面方面，选取 LCD 液晶显示器进行用户交互图形界面的开发。同时结合 Android 系统的手机用户界面，实现与智能药箱的交互。

4.4　智能药箱软件设计

智能药箱软件设计主要由 ARM 端和手机端（Android）两部分组成，系统总体结构如图 4-2 所示。

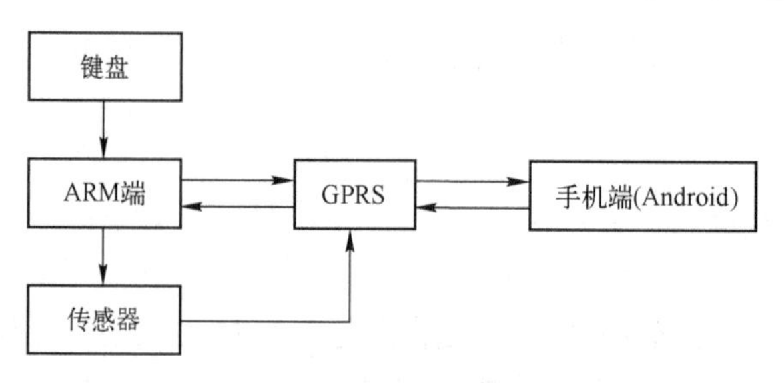

图 4-2 系统总体结构

ARM 端是以 Linux 系统为软件平台、以魔法师 ARM 为硬件平台设计的系统设置端，主要用于设置系统时间、用户的联系方式、显示系统时间、当下温度、定时（最多设置三个时间）、提醒用户吃药等功能。在 ARM 端通过传感器判断药箱是否被打开，打开则表示吃药了，没打开则表示没吃药，并且将判断信息发送到绑定的手机。手机 Android 端 App 是用 Java 语言编写的一款小型的软件，安装在手机上，主要用于设置手机端定时（最多定三次时间）、延迟、通知用户吃药等功能。

4.4.1 ARM 端设计

ARM 端功能设计如图 4-3 所示。其中包含设置系统时间、绑定手机、显示温度、设置定时和到时提醒五个功能。

1. LCD 液晶显示屏的功能及流程图

LCD 液晶显示屏的主要功能由系统时间的设置、手机用户的绑定、定时时间的设置、显示当前温度与时间等组成。其流程图如图 4-4 所示。

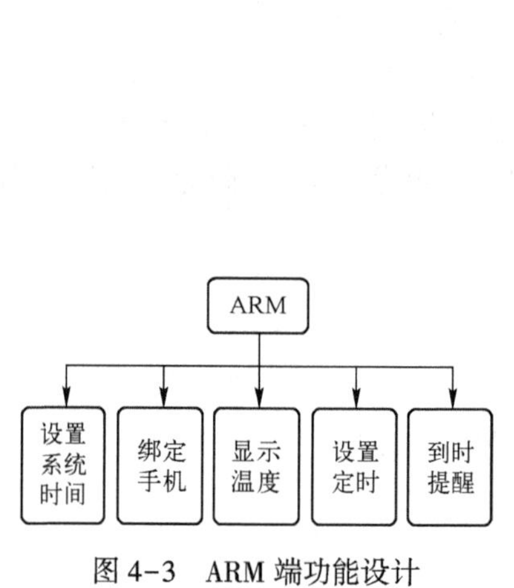

图 4-3 ARM 端功能设计

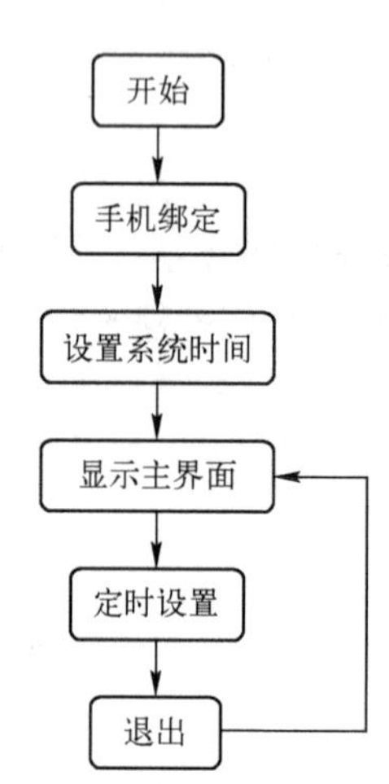

图 4-4 LCD 显示流程图

2. 键盘

键盘的主要功能如下。

S1~S10 表示 0~9 的数字键。

S11、S12 用于更改绑定的手机号码。

S16 用于确定输入的系统时间。

S13 用于确认输入的定时时间。

S14 用于退出输入模式，显示主界面。

S15 进入定时模式。

3. GPRS 功能及流程图

GPRS 的主要功能是接收 ARM 端传感器的相关信息，发送短信到系统绑定的手机号码，接收手机端相关信息并发送给 ARM 端。ARM 端接收到消息后进行判断，并做出相应的响应。其流程图如图 4-5 所示。

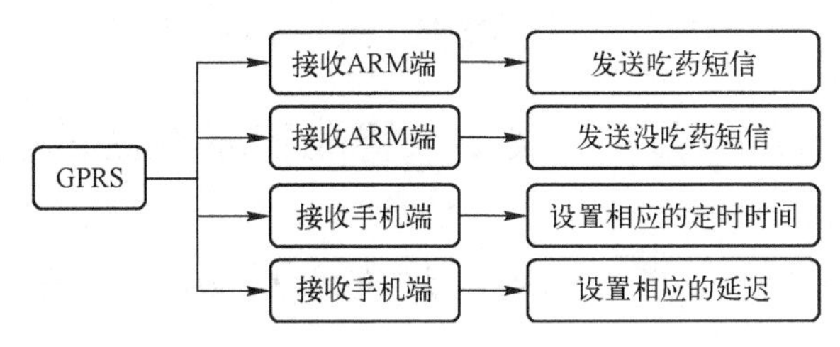

图 4-5　GPRS 功能流程图

4. 温湿度传感器

温湿度传感器的主要功能是获取当前的温度和湿度显示。其功能流程图如图 4-6 所示。

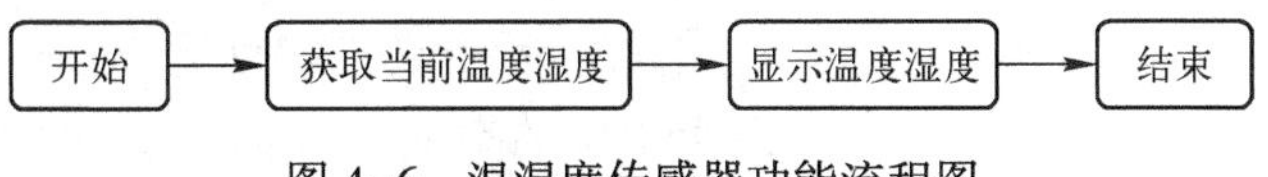

图 4-6　温湿度传感器功能流程图

5. 霍尔开关

霍尔开关的主要功能是判断药箱是否被打开，若被打开则表明已经吃药了，若是没被打开则表明没有吃药。其功能流程图如图 4-7 所示。

6. 语音模块

语音模块的主要功能是当定时时间到时发出一个报警响铃。其功能流程图如图 4-8 所示。

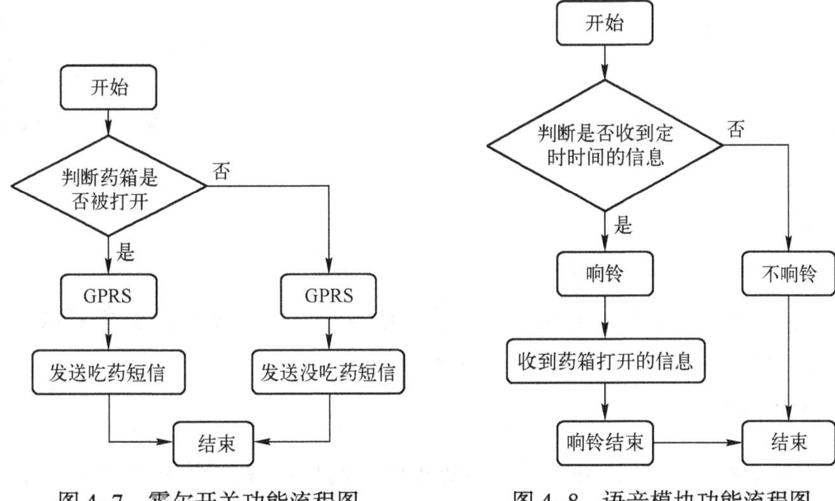

图 4-7　霍尔开关功能流程图

图 4-8　语音模块功能流程图

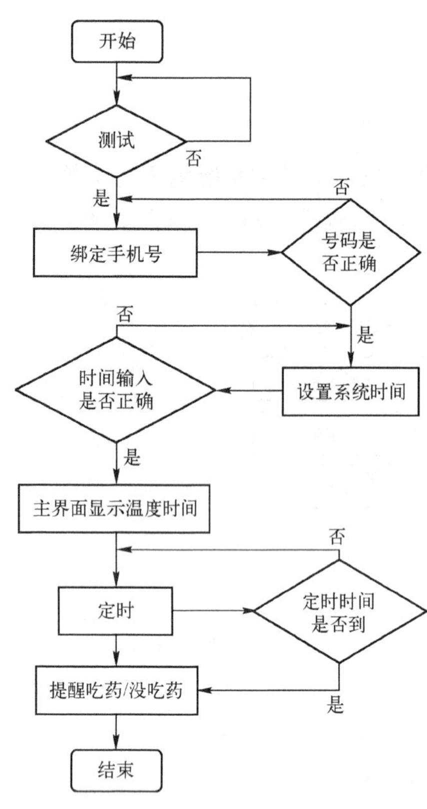

图 4-9 ARM 端总流程图

7. ARM 端总体流程图

ARM 端总体流程图如图 4-9 所示。

4.4.2 手机端功能设计

手机端主要是以 Linux 系统为平台，以 Java 语言为编程基础开发的，方便用户使用的一款小型的软件，与 ARM 相结合完成定时、吃药提醒等功能。其功能如图 4-10 所示。

4.5 智能药箱系统的实现原理

4.5.1 Fedora 14 的安装

在一台计算机上安装 Fedora 14，选择 Custom 定制安装，在选择软件包时最好选择安装所有包，需要的空间大约 2.7GB，如果选择最后一项 everything，即完全安装，将安装 3 张光盘的全部软件，需要的空间大约 5G。因此建议提前为 Fedora 14 的安装预留大约 5~15GB 的空间，具体视用户的硬盘空间大小来确定。在安装完 Fedora 后还要安装 Linux 的编译器和开发库以及 ARM-Linux 的所有源代码，这些包总共需要的安装空间大约为 800MB。

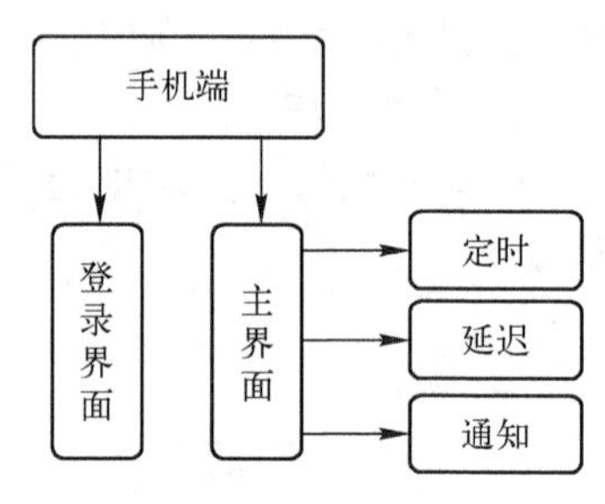

图 4-10 手机端功能

开发工具软件的安装步骤如下。

将光盘插入 CDROM，然后执行以下命令：

```
mount /dev/cdrom /mnt
```

若系统不识别/dev/cdrom 的话，可以输入以下命令，假设 CDROM 为从盘，即为/dev/hdb，则：

```
mount -t iso9660 /dev/hdb /mnt
```

输入指令：

```
cd /mnt/cdrom
cd /linux v1.0/
./install.sh 找到 install 文件运行
```

安装脚本程序将自动建立/UP-Magic 目录，并将所有开发软件包安装到/UP-Magic 目录下，同时自动配置编译环境，建立合适的符号连接。

4.5.2 开发环境配置

网络的配置包括 IP 地址、NFS 服务和防火墙。网络配置主要是要安装好以太网卡，对于一般常见的 RTL8139 网卡，Fedora 14 可以自动识别并自动安装好，完全不要用户参与，因此建议使用该网卡。然后配置宿主机 IP 为 192.168.1.1。如果是在有多台计算机使用的局域网环境中使用此开发设备，IP 地址可以根据具体情况设置，如图 4-11 所示。双击设备 eth0 的蓝色区域，进入以太网设置界面。其中的 IP 根据自己的需要设置，但要保证是跟主机处于同一网段。

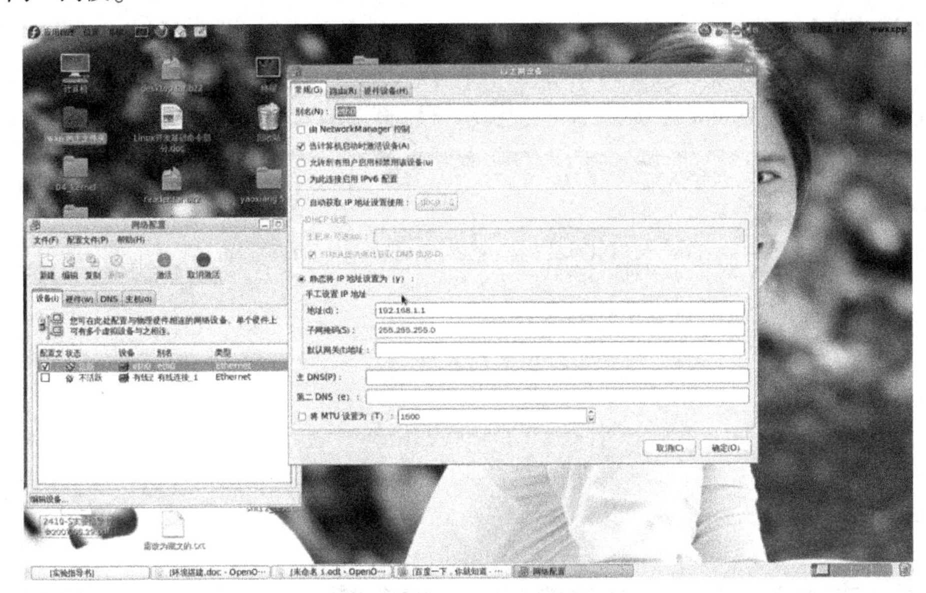

图 4-11　IP 以太网设置界面

Fedora 14 默认打开了防火墙，因此拒绝全部外来的 IP 访问，这样其他网络设备根本无法访问它，即无法用 NFS 挂载它，许多网络功能都无法使用。因此，在网络安装完毕后，应立即关闭防火墙。操作如下：单击 Fedora 系统任务栏的防火墙图标，打开防火墙配置窗口，单击工具栏下的“禁用”按钮，如图 4-12 所示。

图 4-12　防火墙配置

在系统设置菜单中选择服务器设置菜单，再选中服务菜单，取消 iptables 服务，并确保 nfs 选项选中。

4.5.3 配置 Minicom

在 Linux 操作系统 X windows 界面下建立终端（右击桌面，在快捷菜单中选择“新建终端”），在终端的命令行提示符后输入 minicom，回车，就会看到 Minicom 的启动画面，如图 4-13 所示。若没有启动 X windows，则在命令行提示符后直接输入 minicom 即可。

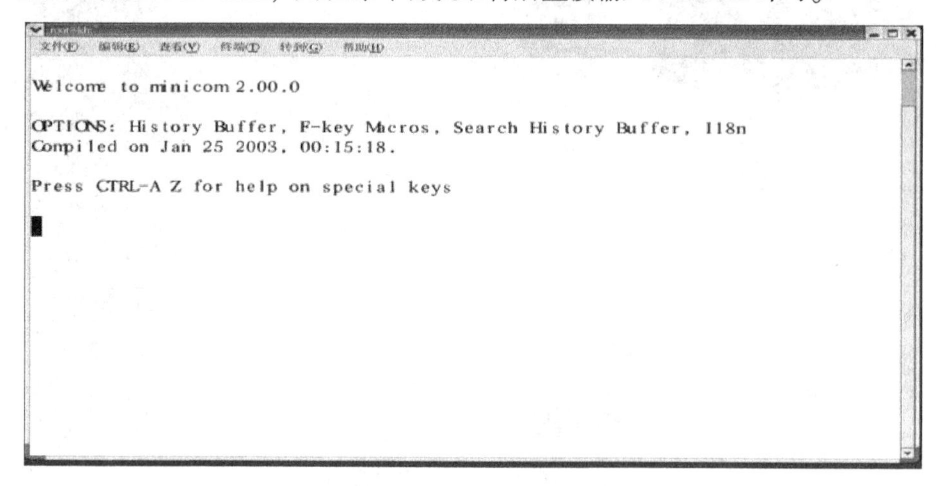

图 4-13　启动 Minicom

Minicom 启动后，先按 Ctrl+A 键，再按 Z 键（注意不是连续按，松开 Ctrl+A 键后才按 Z 键），进入主配置界面，如图 4-14 所示。

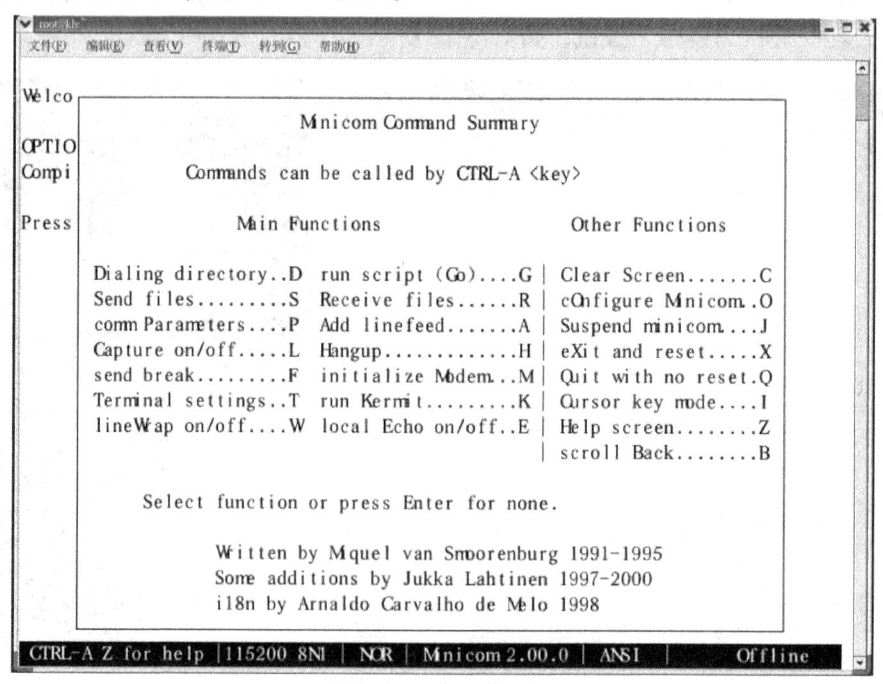

图 4-14　主配置界面

在主配置界面中，按 O 键，进入 minicom 配置界面。此时，按上下键选中 Serial port setup，进入端口设置界面，如图 4-15 所示。

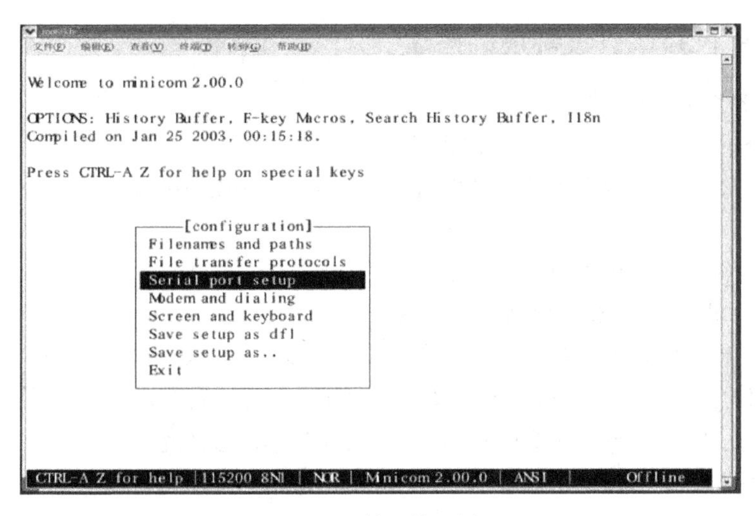

图 4-15　端口设置界面

然后，将串行端口的属性修改为如下值。

（在 Change which setting 后按哪个字母就进入对应项的配置，如按 A 进行端口号配置。）

A（Serial Device）:/dev/ttyS0（端口号使用串口 1）。

E（BPS/par/bits）：115200 8N1。

F、G：硬件流、软件流都改为 NO。

若要使用个人计算机的串口 2 来接板子的串口 1 做监控，改为:/dev/ttyS1 即可。

改好后按 Esc 键退出来到如图 4-16 所示界面，选择 Save setup as dfl 保存退出，以后只要启动 Minicom 就是该配置，无需再做改动。

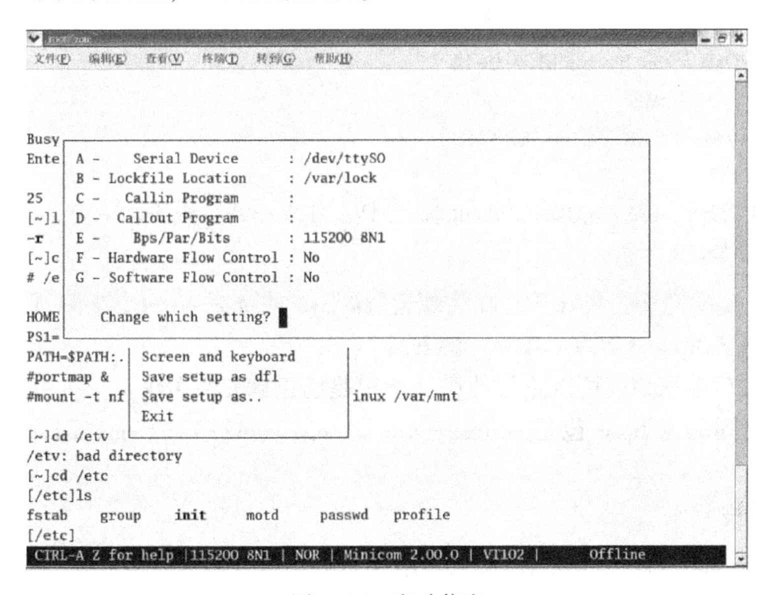

图 4-16　启动信息

配置完成后，用串口线连接好个人计算机和魔法师创意实训平台。启动开发板，即可在Minicom上看到启动信息，并可以执行操作控制。

4.5.4 Linux 下 Java 开发环境的搭建

1. Linux 下 JDK 的安装

直接到官方网站下载 JDK 的二进制可执行文件即可。

本次下载的 JDK 安装文件名称为 jdk-1_5_0_14-linux-i586-rpm. bin，把它保存在/tools 目录中。

打开一个终端，依次输入以下命令。

cd /tools：进入 JDK 安装包所在的目录。

ls -l：列出该目录下文件的信息，看 JDK 安装文件是否具有可执行权限。

chmod 755 jdk-1_5_0_14-linux-i586-rpm. bin：若无执行权限，则执行这一步。

. /jdk-1_5_0_14-linux-i586-rpm. bin：执行 JDK 安装文件。

ls -l：再次查看/tools，发现多了一个 JDK 的 rpm 包。

rpm -ivhjdk * . rpm：安装 JDK 的 rpm 包。

如果以前安装过 JDK，则强行安装：

```
# rpm -ivh --force jdk * . rpm;
# cd /usr/java
```

成功安装后，可以在/usr 文件下看到一个 Java 文件。

然后配置环境变量。在 Linux 下配置环境变量，需要修改 /etc/profile 文件。

首先用 vi 编辑器打开该文件进行编辑（添加环境变量）：

```
# vi /etc/profile
```

然后在文件的最尾部加入以下代码：

```
JAVA_HOME=/usr/java/jdk1. 5. 0-14
export JAVA_HOME
  PATH=$JAVA_HOME/bin:$PATH
export PATH
CLASSPATH=. :$JAVA_HOME/lib/dt. jar:$JAVA_HOME/lib/tools. jar
export CLASSPATH
```

到这里，JDK 就完全安装好了。在终端运行# java 或 # javac 命令来测试是否安装成功。

2. Linux 下 Eclipse（JAVA IDE）的安装

Eclipse 下载后解压缩就可以正常使用（前提是已正确安装 JDK）。

本次下载得到的 Eclipse 包是 eclipse-java-europa-fall2-linux-gtk. tar. gz，同样保存在/tools 目录中。

执行以下命令：

```
# gunzip eclipse-java-europa-fall2-linux-gtk. tar. gz
```

之后会发现有一个 eclipse-java-europa-fall2-linux-gtk. tar 包。

解压并安装：

```
# tar -xvf eclipse-java-europa-fall2-linux-gtk. tar
```

这样 Eclipse 的安装就完成了，在 /tools/eclipse 下可找到它。

3. Tomcat 的安装

本次下载的包是 apache-tomcat-5. 5. 26. tar. gz，同样把它放在/tools 目录下，然后在终端执行命令：

```
# tar -zxvf apache-tomcat-5. 5. 26. tar. gz
```

这样就在/tools 目录下多了一个 apache-tomcat-5. 5. 26 文件夹，TOMCAT 就安装好了。

接下来还需要设置一下环境变量。用 vi 编辑器打开该文件进行编辑（添加环境变量）：

```
# vi /etc/profile
```

然后在文件的最尾部加入以下代码：

```
CATALINA_HOME=/tools/apache-tomcat-5. 5. 26
export CATALINA_HOME
```

保存后退出。

至此，TOMCAT 的安装已经完成。可测试是否安装成功．在终端运行命令：

```
# /tools/tomcat * /bin/startup. sh 开启 TOMCAT 服务器
```

然后打开浏览器，输入 http://localhost:8080，如果看到那只小猫，就证明安装成功了！

4.6　系统效果展示图

系统运行效果如图 4-17、图 4-18 和图 4-19 所示。

图 4-17　系统运行效果图 1

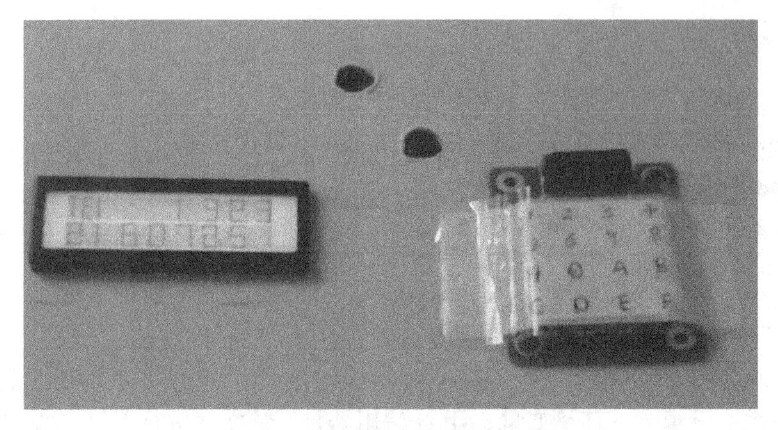

图 4-18　系统运行效果图 2

图 4-19　系统运行效果图 3

4.7　总结

本章设计的这款智能药箱，不仅能定时语音提醒老年人吃药，促使老年人养成按时吃药的习惯，而且还能对药箱内环境进行检测，以保证药物的有效时间更长。同时，通过与监护人的手机进行绑定，便于监护人进行实时的监控，了解老年人的服药状况，如果没有定时服药，可及时地拨打电话通知；监护人通过手机端可实现定时等功能。

第 5 章　基于 Qt 的桌面常用软件设计

随着嵌入式技术的日新月异，以及人民生活水平的不断提高，人们更多地渴望生活便捷、高效、智能化。基于此，本章设计了一款基于 Qt 的桌面常用软件，该软件包括文本编辑器和画图工具，功能完善，简单易用。可以移植到基于 ARM 系统的终端下，便于日常文本编辑和制图。

5.1　引言

5.1.1　Qt 概述

Qt 是跨平台的应用程序和用户界面框架。它包括跨平台类库、集成开发工具和跨平台集成开发环境。使用 Qt，只需一次性地开发应用程序，无须重新编写源代码，便可跨不同桌面和嵌入式操作系统部署这些应用程序。

1. Qt 的开发工具

Qt 的开发工具主要包括：GUI Designer、国际化工具、HTML 帮助系统、Visual Studio 和 Eclipse 集成跨平台构建工具 Qt Creator。

Qt Creator 是专为满足 Qt 开发人员需求而量身定制的跨平台集成开发环境。Qt Creator 可在 Windows、Linux/X11 和 Mac OS X 桌面操作系统上运行，供开发人员针对多个桌面和移动设备平台创建应用程序。

2. Qt 编程核心技术

（1）Qt 对象模型

元对象系统：是标准 C++的一个扩展，使 Qt 能够更好地实现 GUI 图形用户界面编程。使用元编译器（meta-object compiler，MOC）产生能被标准 C++编译器访问的附加 C++代码。带有 MOC 预编译器的 C++基本上提供面向对象的灵活性，并保持了 C++的执行效率和扩展性。

信号和插槽：在 Qt 程序中，利用信号（signal）和插槽（slot）机制进行对象间的通信事件处理的方式是回调。当对象状态发生改变的时候，发出 signal 并通知所有的 slot 接收，尽管它并不知道哪些函数定义了 slot，而 slot 也同样不知道要接收怎样的 signal。signal 和 slot 机制真正实现了封装的概念，slot 除了接收 signal 之外和其他的成员函数没有什么不同，而且 signal 和 slot 之间也不是一一对应的。

属性：属性也是一个类的成员，在类声明中用宏 Q_PROPERTY 来声明，只能在继承于 QObject 的子类中声明。

（2）QObject 类

QObject 是 Qt 类体系的唯一基类，是 Qt 各种功能的源头活水，就像 MFC 中的 CObject 和 Dephi 中的 TObject。

对象树：QObject 在对象树中组织它们自己。当以另外一个对象作为父对象来创建一个 QObject 时，它就被添加到父对象的 children( )列表中，并且当父对象被删除的时候，它也会被删除。这种机制很好地适合了图形用户界面应用对象的需要。

事件：由窗口系统或 Qt 本身对各种事务的反应而产生。当用户按下、释放一个键或鼠标按钮，就产生一个键盘或鼠标事件；当窗口第一次显示，就产生一个绘图事件，从而告知最新的可见窗口需要重绘自身。大多数事件是因响应用户的动作而产生的，但还有一些事件，比如定时器等，是由系统独立产生的。

QApplication 和 QWidget 都是 QObject 类的子类。QApplication 类负责 GUI 应用程序的控制流和主要的设置，它包括主事件循环体，负责处理和调度所有来自窗口系统和其他资源的事件，并且处理应用程序的开始、结束及会话管理，还包括系统和应用程序方面的设置。对于一个应用程序来说，建立此类的对象是必不可少的。QWidget 类是所有用户接口对象的基类，它继承了 QObject 类的属性。组件是用户界面的单元组成部分，它接收鼠标、键盘和其他从窗口系统来的事件，并把它自己绘制在屏幕上。QWidget 类有很多成员函数，但一般不直接使用，而是通过子类继承来使用其函数功能。例如，QPushButton、QlistBox 等都是它的子类。

5.1.2 ARM11 的概述

ARM11 系列微处理器是 ARM 公司新指令架构——ARMv6 的第一代设计实现。该系列主要有 ARM1136J、ARM1156T2 和 ARM1176JZ 三个内核型号，分别针对不同应用领域。

ARM11 处理器是为了有效地提供高性能处理能力而设计的。在这里需要强调的是，ARM 并不是不能设计出运行在更高频率的处理器，而是在处理器能提供超高性能的同时，还要保证功耗、面积的有效性。ARM11 优秀的流水线设计是这些功能的重要保证。

ARM11 处理器的流水线和以前的 ARM 内核不同，它由 8 级流水线组成，比以前的 ARM 内核提高了至少 40%的吞吐量。8 级流水线可以使 8 条指令同时被执行。

从通常的角度说，过长的流水线往往会削弱指令的执行效率。一方面，如果随后的指令需要用到前面指令的执行结果作为输入，它就需要等到前面指令执行完毕。ARM11 处理器通过向前传递来避免这种流水线中的数据冲突，它可以让指令执行的结果快速进入到后面指令的流水线中。另一方面，如果指令执行的正常顺序被打断（如出现跳转指令），普通流水线处理器往往要付出更大的代价，ARM11 通过实现跳转预测技术来保持最佳的流水线效率。这些特殊技术的使用，使 ARM11 处理器优化到更高的流水线吞吐量的同时，还能保持和 5 级流水线（如 ARM9 处理器中的流水结构）一样的有效性。

5.2 系统方案

本系统实现了在 Qt4 下设计一款集文本编辑器、画图工具于一身的软件，该系统简单易用，功能完善，是一款较完美的应用程序。各个模块的功能如下。

1. 文本编辑器

本系统实现的文本编辑器的主要功能包括文本的新建、打开、保存、增删，以及显示最近打开的文档等操作。除此之外，还实现了文本的查找、复制、粘贴和全选功能。

2. 画图工具

本系统实现的画图工具的主要功能包括绘制基本图形、选择画笔、选择画刷、选择字形等；绘制点、直线、折线、不规则多边形、扇形和圆等基本图形。其中，画笔包括颜色、宽度和类型的选择，画刷包括颜色和类型的选择。除此之外，还可以对绘制的图片进行保存、清空操作，并可以打开一个图片，对图片进行修改。

3. 嵌入式开发板运行的桌面常用软件

Linux 主系统下设计好的桌面常用软件程序，在 Qt/E 下编译后，生成可在开发板上运行的嵌入式软件程序，便可在开发板上运行桌面常用软件。

5.3　系统功能模块设计

5.3.1　系统功能

本系统实现了文本编辑器和画图工具功能，每种小工具所含的具体功能如图 5-1 所示。

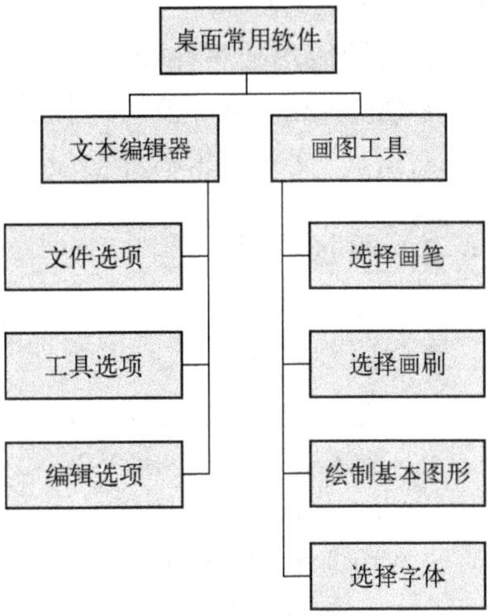

桌面常用软件
文本编辑器
画图工具
文件选项
工具选项
编辑选项
选择画笔
选择画刷
绘制基本图形
选择字体

图 5-1　系统功能

5.3.2　桌面常用软件总体功能模块及说明

桌面常用软件总体功能包括文本编辑器和画图功能，其详细的功能说明见表 5-1。

表 5-1　桌面常用软件总体功能及说明

总体功能	具体功能名称	功能说明
文本编辑器	文件选项	文件选项菜单包含新建、打开、关闭、保存、另存为、退出功能；同时还显示每种功能所对应的快捷键，用户可以通过相应的快捷键实现相应的快键功能
	工具选项	工具选项菜单包含查找和打印文档功能。对于查找文件功能，实现了查找文件目录下包含指定文件，指定文件的文本；同时还可以查找该目录路径下文件夹中的文本文件，并显示给用户
	编辑选项	编辑选项菜单包含撤销、全选、复制功能
画图工具	选择画笔	在调色板中，可以选择画笔的颜色、宽度和样式
	选择画刷	可在调色板中选择画刷的颜色和样式
	选择字体	在菜单栏或工具栏中选择字体
	绘制基本图形	在菜单栏或工具栏中选择基本图形

5.4　实现原理

5.4.1　建立 Qt4 工程及系统界面

1. 创建新工程

启动 Qt Creator 集成开发环境，右击 File，选择 New File or Project 命令，在工程类型中选择 C++ Project 选项，创建新的工程。

2. 新建应用程序

工程创建完成后，需要新建类和文件。本系统工程包括 8 个类和 2 个文件，具体是：MainWindow（主窗口类）、TextEdittor（文件编辑器窗体类）、FindFileForm（文件编辑器查找窗体类）、DrawEditor（画图工具窗体类）、Form（画布类）、Palette（调色板类）、PreviewLabel（预览类）、QpenStyleDelegate（画笔样式委托类）、images. qrc（资源文件）及 main. cpp（主文件）。

3. 绘制应用程序界面

在 Qt Creator 的“设计”模式下，使用可视化界面设计器完成系统主界面设计（mainwindow. ui）、文本编辑器界面设计（texEditor. ui）和画图工具界面设计（draweditor. ui）。

5.4.2 添加代码

MainWindow 主窗体类中添加的代码如下：

```
#ifndef MAINWINDOW_H
#define MAINWINDOW_H
#include <QtGui>
#include <QtGui/QDialog>
namespace Ui{
class MainWindow;
}
class MainWindow : public QMainWindow
{
Q_OBJECT
public:
MainWindow(QWidget * parent = 0);
~MainWindow();
private slots:
void click_Btn1();                     //显示文本编辑器主界面
void click_Btn3();                     //显示画图小工具主界面
private:
Ui::MainWindow * ui;
};
#endif                                 //MAINWINDOW_H
```

在 MainWindow 主窗体类 mainwindow. cpp 文件中添加头文件：

```
#include "draweditor.h"                //声明画图小工具类
#include "textEditor.h"                //声明文本编辑器类
```

在 MainWindow 主窗体类 mainwindow. cpp 文件中构造函数定义：

```
MainWindow::MainWindow(QWidget * parent)
  : QMainWindow(parent),
    ui(new Ui::MainWindow)
{
    ui->setupUi(this);
     //信号与槽函数映射
```

```
connect(ui->toolButton1,SIGNAL(clicked()),this,SLOT(click_Btn1()));
connect(ui->toolButton3,SIGNAL(clicked()),this,SLOT(click_Btn3()));
}
MainWindow::~MainWindow()
{
    delete    ui;
}

void MainWindow::click_Btn1()
{
    TextEditor  * TextEditor1=new TextEditor();
    TextEditor1->show();              //文本编辑器界面显示
}
}
void MainWindow::click_Btn3()
{
    Draweditor  * Draweditor1= new Draweditor();
    Draweditor1->show();              //画图小工具界面显示
}
```

主文件 main. cpp 代码如下：

```
#include <QtGui/QApplication>
#include "mainwindow.h"
int main(int argc, char * argv[])
{
    QApplication a(argc, argv);      //设置编码格式
QTextCodec::setCodecForTr(QTextCodec::codecForName("GBK"));
QTextCodec::setCodecForCStrings(QTextCodec::codecForName("GBK"));
    MainWindow as;
    as.show();
    return a.exec();
}
```

本系统不仅实现了简单的文件编辑和画图功能，而且实现了对文件属性的设置，核心代码如下：

```
void FindFileForm::showFiles(const QDir &dir, const QStringList &files)
{
    for (int i = 0; i<files.size(); ++i)
    {
        QString strFilePath = dir.absoluteFilePath(files[i]);    //获取文件的绝对路径
QFile file(strFilePath);                                         //定义 QFile 对象
QFileInfo fileInfo(file);                                        //定义 QFileInfo 对象文件信息
qint64 size = fileInfo.size();                                   //获取文件大小
```

```
QDateTime dateTime = fileInfo.created();                           //获取文件创建的时间
QString strDateTime = dateTime.toString(tr("yyyy MM 月 dd 日 hh:mm"));
QString strPermission;                                              //文件的权限
 if(fileInfo.isWritable())                                          //判断文件是否可写
        strPermission = ("w");                                      //设置文件权限可写
if(fileInfo.isReadable())
        strPermission.append(" r");
if(fileInfo.isExecutable())
        strPermission.append(" x");
QTableWidgetItem *fileNameItem = new QTableWidgetItem(strFilePath);
        fileNameItem->setFlags(Qt::ItemIsEnabled);
        QTableWidgetItem *sizeItem = new QTableWidgetItem(tr("%1 KB")
                        .arg(int((size + 1023) / 1024)));
        sizeItem->setTextAlignment(Qt::AlignRight | Qt::AlignVCenter);
        sizeItem->setFlags(Qt::ItemIsEnabled);
        QTableWidgetItem* createdItem = new QTableWidgetItem(strDateTime);
        QTableWidgetItem* permissionItem = new QTableWidgetItem(strPermission);
   int row = ui->resultTableWidget->rowCount();
   ui->resultTableWidget->insertRow(row);
   ui->resultTableWidget->setItem(row, 0, fileNameItem);
   ui->resultTableWidget->setItem(row, 1, sizeItem);
   ui->resultTableWidget->setItem(row, 2, createdItem);
   ui->resultTableWidget->setItem(row, 3, permissionItem);
   }
```

5.4.3 编译和运行

将设计好的程序用编译好的 QT/E 进行重新编译，生成可在开发板上运行的可执行文件。

设计好的程序放在目录/arm2410cl/Trolltech/qt-embedded-4.4.0 下，执行步骤如下。

① 进入设计好的程序目录。

② 使用/home/sprife/qt4/for_arm/qt-embedded-linux-opensource-src-4.4.0/bin/qmake -project 命令生成工程文件。

③ 再执行/home/sprife/qt4/for_arm/qt-embedded-linux-opensource-src-4.4.0/bin/qmake 命令。

④ 最后执行 make 命令，查看当前目录，可以发现生成可在开发板上运行的可执行文件。

⑤ 将 Felora14 下的共享目录挂载到开发板上：

```
mount -o nolock,wsize=4096,rsize=4096 192.168.0.121:/arm2410cl /mnt/nfs
```

⑥ 进入开发板的目录/mnt/nfs/arm2410cl/Trolltech/qt-embedded-4.4.0/，使用环境变量 cat start.sh 配置脚本设置；将以下环境配置命令执行一遍，再进入到编译好的程序目录

下，执行 ./SoftwareAssistant-qws 命令即可在开发板上操作设计的程序。

```
export QTDIR=$PWD
export LD_LIBRARY_PATH=$PWD/lib
export TSLIB_TSDEVICE=/dev/event0
export TSLIB_PLUGINDIR=$PWD/lib/ts
export TSLIB_CONSOLEDEVICE=none
export TSLIB_CONFFILE=$PWD/etc/ts.conf
export POINTERCAL_FILE=$PWD/etc/ts-calib.conf
export QWS_MOUSE_PROTO=tslib:/dev/event0
export TSLIB_CALIBFILE=$PWD/etc/ts-calib.conf
export LANG=zh_CN
```

5.5　系统运行效果展示

系统主界面如图 5-2 所示，画图界面如图 5-3 所示。

图 5-2　系统主界面

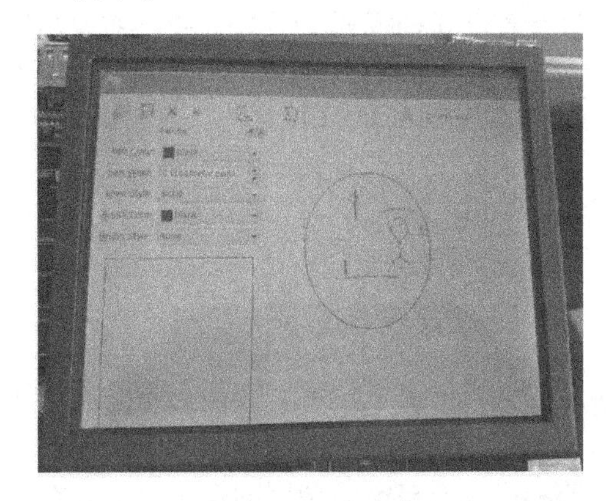

图 5-3　画图界面

5.6　总结

本系统实现了简单的文件编辑和画图功能。文本编辑器可实现文本的新建、打开、保存、增删，以及显示最近打开的文档等操作。除此之外，还可进行文本的查找、复制、粘贴和全选操作；画图工具可实现基本图形的绘制、画笔选择、画刷选择、字形选择等；可以绘制点、直线、折线、不规则多边形、扇形和圆等基本图形。除此之外，还可以对绘制图片进行保存、清空操作，并可以打开一个图片，对图片进行修改。另外，基于 Qt 的桌面常用软件，还实现了对文件属性的设置。总之，本系统功能齐全，简单易用，可操作性强。

第6章　基于机器人的移动智能药箱系统设计

当今社会中，由于医护人员紧缺，常会出现不能及时为病人提供服务的情况。针对医院护士能否及时为病人送药及病人能否完全遵循医嘱按时服药的问题，本章自主研发了一款基于机器人的移动智能药箱系统，并在此基础上进行了机器人与智能药箱串口通信，以及自动躲避障碍物的研究。本系统以机器人开发平台和高性能 ARM 处理器 S3C2410 为核心，进行基于机器人的移动智能药箱系统设计。实验结果表明，ARM 控制端能实现与机器人控制端的信号通信、定时、语音提醒病人吃药、对药箱内环境进行检测、蜂鸣器报警、通过射频刷卡获取打开药箱权限，以及判断药箱是否被打开等功能；机器人控制端能实现与 ARM 控制端进行信号通信、通过声呐测距模块和惯导定位模块相结合自动识别障碍物、根据接收到的信号进行智能送药操作。另外，还可实现与监护人的手机终端绑定，监护人通过手机终端可以实时监控病人的服药状况，并及时进行反馈。

6.1　引言

6.1.1　研究背景及意义

随着科技的迅速发展，智能药箱的应用不仅限于家用方面，还向解决医疗机构因医护人员紧缺而不能及时为病人提供服务等问题的方向发展。智能药箱的研究目前仅停留在提醒病人用药和提高药箱空间利用的合理性上，在药箱自动行走并躲避障碍物及自我定位的方向上还是一个崭新的研究方向，在这些方向上有很大的发展空间。

如果你忘记买东西，你可能会对自己生气，但没有什么大的影响，然而如果你忘记按时吃药，这可能就会引发严重后果。基于国内外智能药箱的发展现状及趋势，为了解决医疗机构医务人员的紧缺及考虑到病人能否完全遵循医嘱按时服药的问题，本章开发出一款基于机器人平台的可以自行控制行走并可以自动躲避障碍物的移动智能药箱。机器人的出现和应用，极大地推动了工业生产、航空航天、军事、医疗等领域的发展，也大大地方便了人们的生活。移动机器人是机器人学的一个重要分支，其自主机器人更是研究热点，是一类能通过传感器感知环境和自身状态，对复杂环境进行自主分析、判断和决策，实现面向目标的自主运动，从而完成一定作业功能的机器人系统。移动机器人与智能药箱通过串口进行信号通信，智能药箱以 ARM 微处理器为主控制器。ARM 微处理器资源丰富，具有很好的通用性，以其高速度、高性能、低价格、低功耗等优点广泛应用于各个领域。另外，利用 ARM 处理器设计的智能药箱系统还具有很好的移植性。

6.1.2　国内外研究现状

在美国拉斯维加斯举行的 2014 年国际消费电子产品展会上，美国一家名为 AdhereTech 的科技公司推出了一款智能药箱，如图 6-1 所示。它能追踪病人的服药情况，可以在忘记服药的情况下予以提醒，可以通过一款与之匹配的软件记录病人的服药情况。其目的是确保用户遵守医嘱，减少因忘记服药或剂量错误带来的损失。这款产品能无线连接至云计算服务，收集使用量数据，并确保病人按时服药。

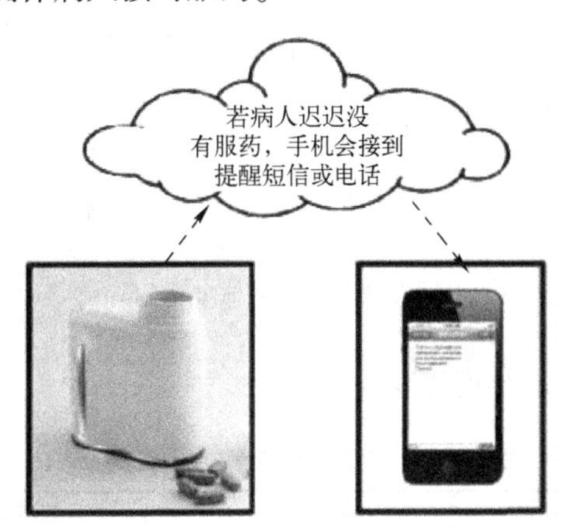

图 6-1　AdhereTech 公司推出的智能药箱

2014 年剑桥大学的一个学生团队曾在 Kickstarter 上进行众筹，打算将一种智能药盒 Memo Box 投入市场。它可以与用户的手机连接，用以监测使用药物的剂量，并且在没有带着盒子出门的时候，远程进行标记。Memo Box 也会记录它打开的时间，使用这项数据能给内置的学习算法提供帮助，让它决定甚至预计用户是否忘记服药，并通过报警提醒他们。

此外，加拿大安大略省的 Information Mediary Corp 开发了一种名为 Med-icECM 的电子监控器，用来跟踪药品的售后使用，通过药品包装上的 RFID 标签来记录病人服药的时间。

目前，国内外市面上一些电子小药箱主要集中在提醒、便携等功能方面，不能满足大型医疗机构的需求，无法解决医疗机构医务人员紧缺和不能及时为病人提供服务等问题。所以基于机器人的移动智能药箱系统的设计研究是非常有价值的。

6.2　基于机器人的移动智能药箱的总体设计

6.2.1　系统总体架构设计

移动智能药箱控制系统主要由硬件平台和软件平台两大部分组成。硬件平台主要包括 ARM 处理器、温度传感器、烟雾传感器、蜂鸣器、接近开关/红外反射、键盘、语音模块、LCD 屏显示模块、小电机模块、射频模块、X2BOT 处理器、电机驱动模块、惯导定位模块、声呐测距模块和 GPRS 模块等。软件平台包括 Linux 操作系统、Windows 7 操作系统、Visual

Studio 2008、MRPT 和 VNC 等。系统总体架构图如图 6-2 所示。

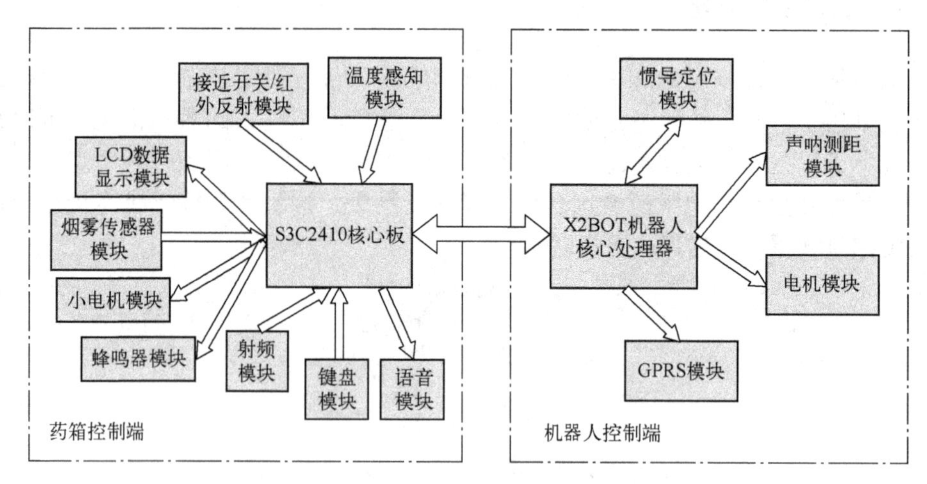

图 6-2 系统总体架构图

移动智能药箱软件平台的结构如表 6-1 所示。

表 6-1 移动智能药箱软件平台的结构

药箱软件平台	Fedora 14
	MINICOM
	Arm-Linux 交叉环境
X2BOT 机器人软件平台	Windows 7
	Visual Studio 2008
	VNC
	Python 2. 6
	MRPT 1. 0. 2
	OpenCV 2. 4

Visual Studio 2008：编译调试程序。

VNC：用户计算机连接无线路由，通过 VNC 登录机器人内系统界面，用户可以操作机器人内系统软件进行开发。

Python 2. 6：提供的机器人 Python 类 demo，比如 IOCP 应用，可轻松构建基于内存池的多客户端 Web socket 服务器。

OpenCV 2. 4：开源计算机视觉算法库。

MRPT 1. 0. 2：开源移动机器人变成工具集。

本系统的总体流程图如图 6-3 所示。

在机器人控制端设计了基于 C#的医护智能系统，能够方便地从数据库中获取环境信息和位置信息、修改送药信息和用户密码。该医护智能系统的结构图如图 6-4 所示。

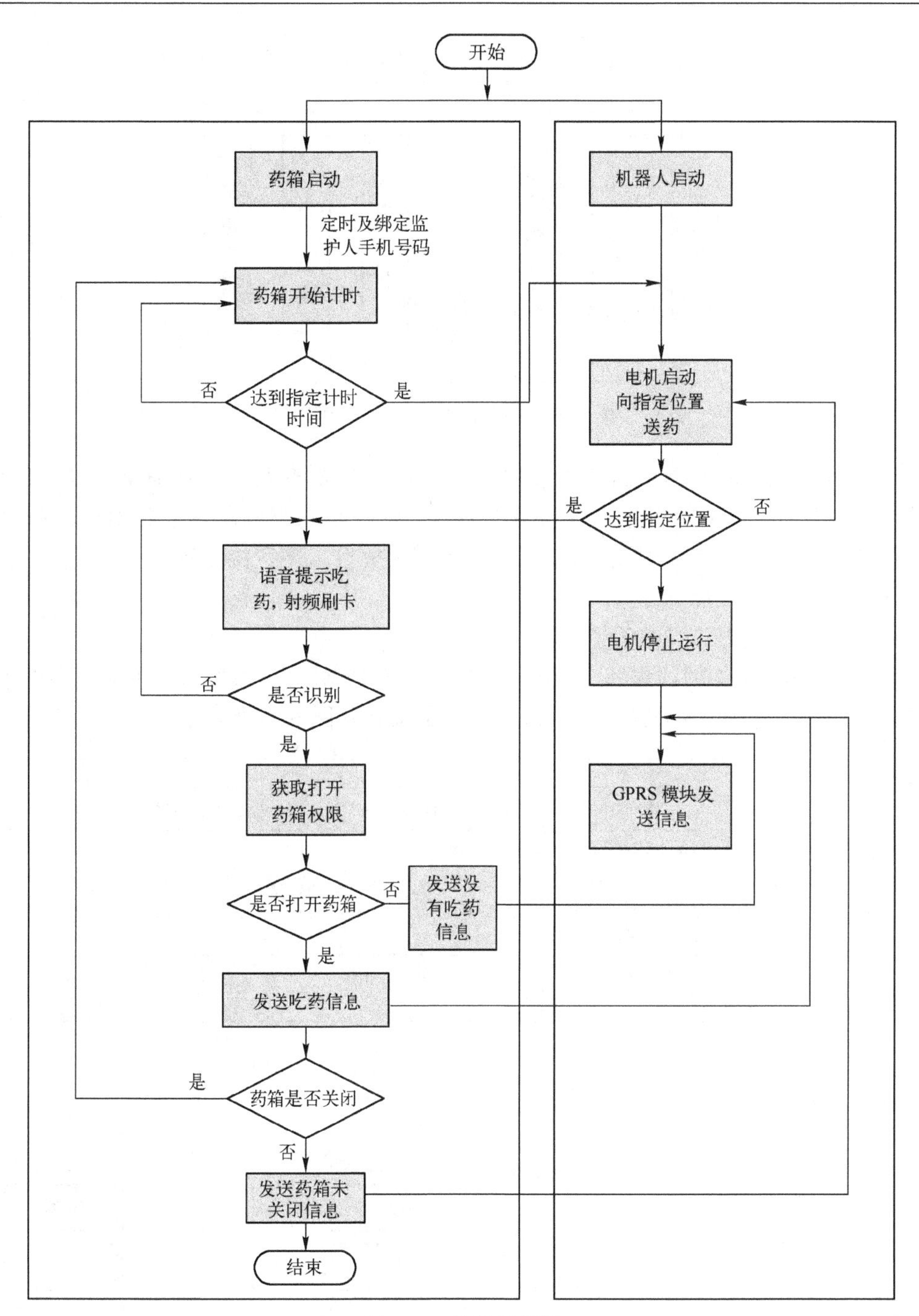

图 6-3　总体流程图

6.2.2　基于机器人的移动智能药箱平台概述

三星公司生产的 S3C2410 微处理器和北京智能佳科技有限公司生产的 X2BOT 机器人实验平台是整个系统硬件设计的核心。本设计选用 ARM9 系列的 S3C2410 作为药箱的主控制器。其特点主要有低功耗、低成本、处理速度快等。基于 ARM 构建的嵌入式系统使药箱功能有更好的扩展性和可移植性。本设计选用 X2BOT 开发平台作为移动机器人的主控制器。

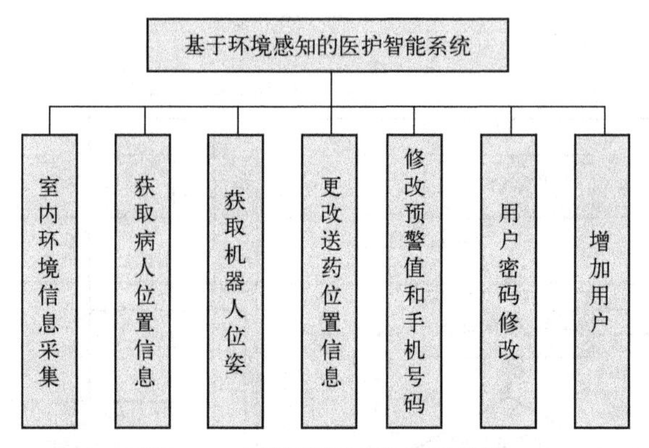

图 6-4 医护智能系统的结构图

X2BOT 是一款轮式移动机器人开源开发平台，其特点主要有两轮差速驱动、高续航能力、丰富的扩展接口、稳固的机械架构、适用于室内环境。与同类机器人平台相比，X2BOT 内置高精度惯导定位模块，可为机器人提供局部区域的完全自主定位信息。

1. S3C2410 微处理器

详见 3. 3. 2 中有关 S3C2410 微处理器的内容。

随着 ARM 体系结构的加强和主频的不断提高，ARM 处理器可以进行更为复杂的数据处理，将有更广泛的应用。S3C2410 微处理器的内部结构如图 6-5 所示。

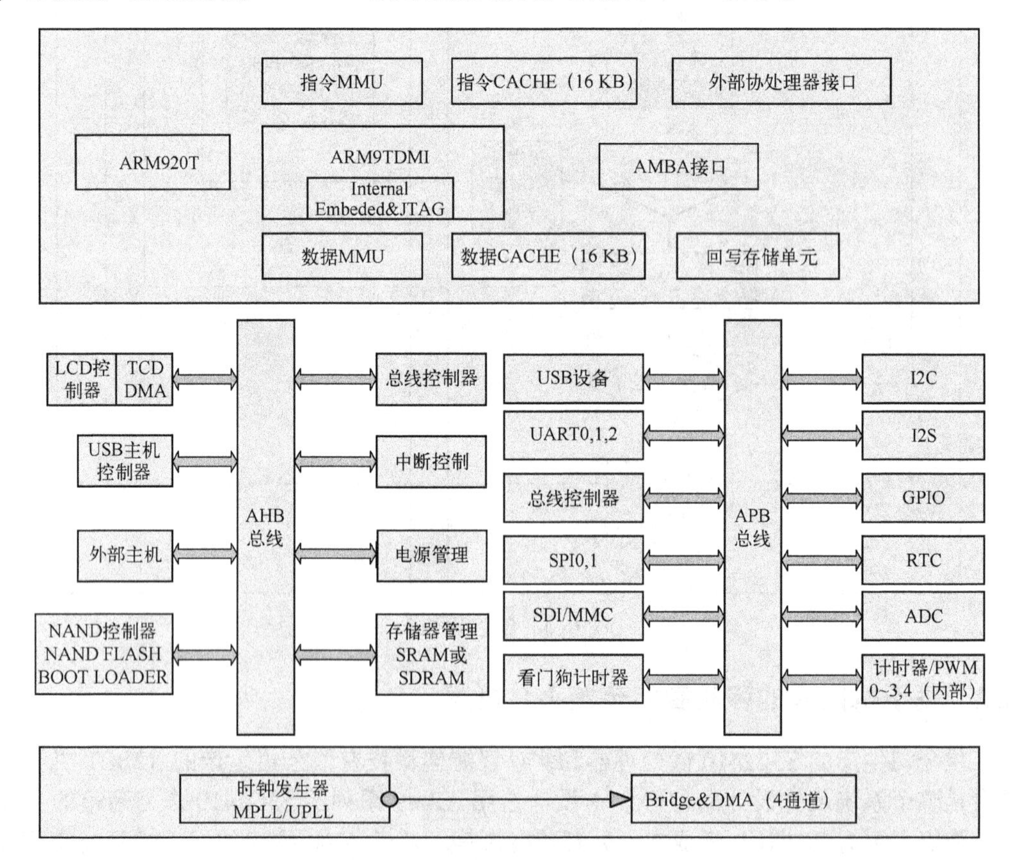

图 6-5 S3C2410 微处理器的内部结构

2. X2BOT 机器人实验平台概述

该机器人实验平台内部主机 CPU 配备 i5 处理器、64 GB SSD 固态硬盘、4 GB DDR3 内存和 MiniPCIe WiFi 网卡。其接口主要有：2 个 USB 3.0 接口、4 个 USB 2.0 接口、2 个 RS232 接口、1 个 RS485 接口、1 个 VGA 接口（显卡上输出模拟信号的接口）、1 个 HDMI 接口（高清晰度多媒体接口）、1 个 LAN 接口（局域网接口）、1 个 Audio 接口等。X2BOT 机器人控制系统结构图如图 6-6 所示。

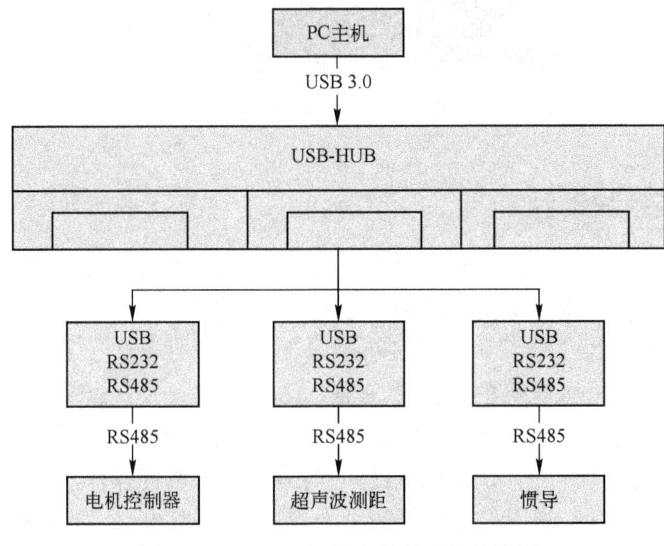

图 6-6　X2BOT 机器人控制系统结构图

移动机器人的运动方式有轮式、履带式和步行方式，本章设计的机器人采用轮式结构。其机械参数如表 6-2 所示。

表 6-2　移动机器人的机械参数

尺　寸	长宽高：464 mm×492 mm×314 mm
	底盘高度：44.5 mm
	轮胎直径：195 mm
	顶板厚度：4 mm
重　量	本体重量：15 kg
	额定负载：20 kg
两轮差速驱动	最大线速度：1.8 m/s
	最大角速度：480°/s
	最大爬坡角度：22°
	最小摆动半径：310 mm

电源系统是整个机器人系统的基础，其稳定工作对整个机器人的稳定工作起着至关重要

的作用。该机器人内置过充过放过流保护板：磷酸铁锂电池 24 V/20 Ah。最大电流为 20 A，充电时间为 3 h，续航时间为 6 h。电源外接接口如图 6-7 所示。

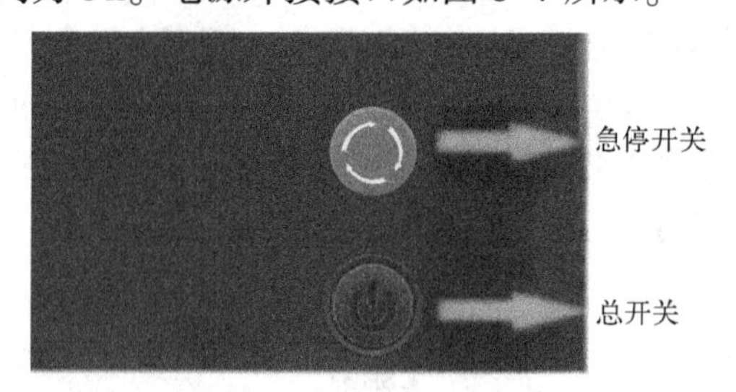

图 6-7　电源外接接口

6.2.3　系统功能模块设计

本系统主要分为药箱端和机器人端两个基本的控制端，通过串口进行通信，实现基本的移动智能药箱的功能。在药箱端，通过 4×4 小键盘上相应的功能键来设置系统的实时时钟，实现与监护人手机终端的绑定，并且通过小键盘上相应的功能键，设置用户每日的服药时间。通过温湿度传感器检测药箱的温湿度信息，防止药物变质。药箱打开没有关闭的情况下，蜂鸣器会发出报警声音。通过射频模块进行刷卡操作，判断是否具有打开药箱权限。通过接近开关/红外反射模块来感知用户是否打开药箱进行了服药操作。通过语音模块的设计，实现本地的报警响铃，以提醒用户按时服药。当到达服药时间时，智能药箱端会向机器人端发送信号，机器人端接收到信号后自行启动，并在行驶过程中自动躲避障碍物向指定的病人方位进行送药。当到达指定位置时停止，启动计时器及启动语音提醒病人吃药，并根据感知模块判断病人是否吃药，同时将是否吃药的情况通过机器人端发送给监护人。计时器时间过后，机器人继续行走，为下一个病人服务，直到最后一个病人之后，返回到起始位置等待下一个送药时间段。

1. GPRS 模块

GPRS 扩展板采用的 GPRS 模块的型号为 SIM300-E，是 SIMCOM 公司推出的 GSM/GPRS 双频模块。该扩展板需要单独的 5V2A 直流电源供电。SIM300-E 提供标准的 RS232 串行接口，用户可以通过串行口使用 AT 命令完成对模块的操作。该模块支持外部 SIM 卡，可以直接与 3.0 V SIM 卡或者 1.8 V SIM 卡连接。模块自动监测和适应 SIM 卡类型。GPRS 模块的实现需要一个可用的 SIM 卡，在网络服务计费方面和普通手机类似。GPRS 模块实物图如图 6-8 所示。

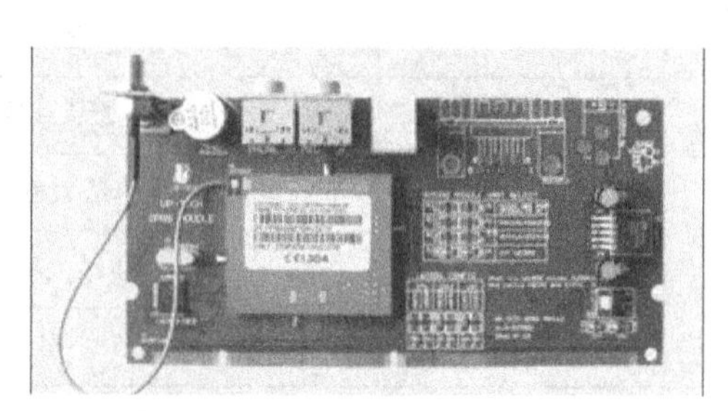

图 6-8　GPRS 模块实物图

GPRS 模块和应用系统是通过串口进行连接的，控制系统可以发给 GPRS 模块 AT 命令的字符串来控制其行为。GPRS 模块具有一套标准的 AT 命令集。用户可以直接将扩展板和计算机串口相连，打开超级终端并正确设置端口和如下参数：波特率为 115 200 bps，数据位为 8，关闭奇偶校验，数据流采用硬件方式，停止位为 1。然后，可以在超级终端里输入 AT 命令子集。

2. LCD 触摸屏模块设计

（1）采用 SPI 转并行数据控制方式

主要技术参数和性能如下。

电源：VDD：+3.0~+5.5 V（电源低于 4.0 V LED 背光需另外供电）。

显示内容：122（列）×32（行）点（全屏幕点阵）。

2M ROM（CGROM）总共提供 8 192 个汉字（16×16 点阵）。

16K ROM（HCGROM）总共提供 128 个字符（16×8 点阵）。

2 MHz 频率。

LCD 触摸屏模块实物图如图 6-9 所示。

图 6-9　LCD 触摸屏模块实物图

（2）LCD 触摸屏的功能

LCD 触摸屏的功能主要有系统时间的设置、手机用户的绑定、定时时间的设置、显示当前温度与时间。LCD 触摸屏功能流程图如图 6-10 所示。

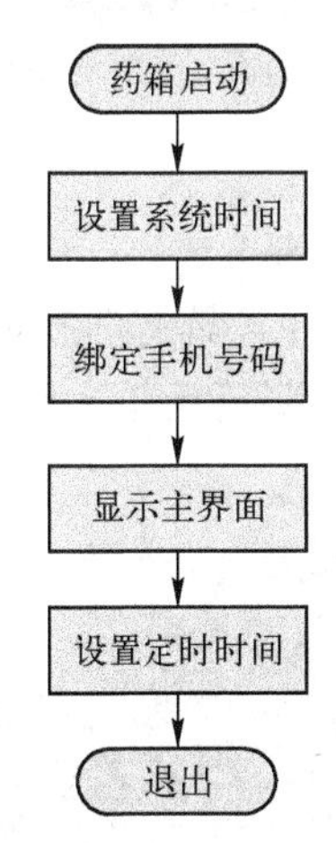

图 6-10　LCD 触摸屏功能流程图

3. 4×4 键盘设计

采用行列扫描方式，共 16 个轻触按键。主要按键功能如下。

S1~S10：表示 0~9 的数字键。

S11、S12：更改绑定的手机号码。

S13：确认输入的定时时间。

S14：退出输入模式，显示主界面。

S15：进入定时模式。

S16：确定输入的系统时间。

4×4 键盘模块实物图如图 6-11 所示。

图 6-11　4×4 键盘模块实物图

4. 温湿度传感器模块设计

该模块用于相对湿度和温度测量、全量程校准、全静态时序控制、数字格式输出，具有自动休眠功能，体积小，功耗低，采取通用型输入输出（general-purpose input/output，GPIO）静态驱动方式。温湿度传感器模块实物图如图 6-12 所示。

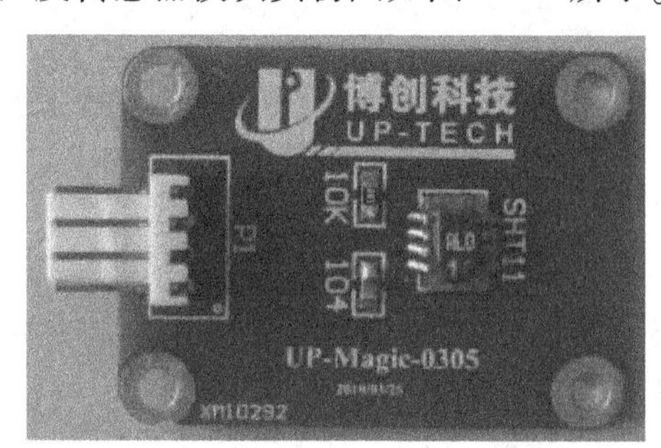

图 6-12　温湿度传感器模块实物图

5. 接近开关/红外反射模块设计

该模块采用串行外设接口（serial peripheral interface，SPI）转并行数据控制方式，只需少量接线就可以实现数码管控制功能，并且具有静态显示功能。红外反射使用 TCRT5000 型红外反射式传感器，触碰开关经 BAV99 降压后输入给 CPU。接近开关/红外反射模块实物图如图 6-13 所示。

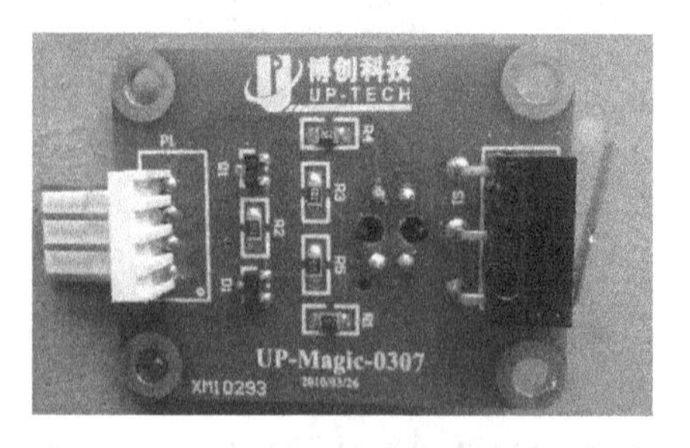

图 6-13　接近开关/红外反射模块实物图

通过接近开关判断药箱是否被打开，其功能流程图如图 6-14 所示。

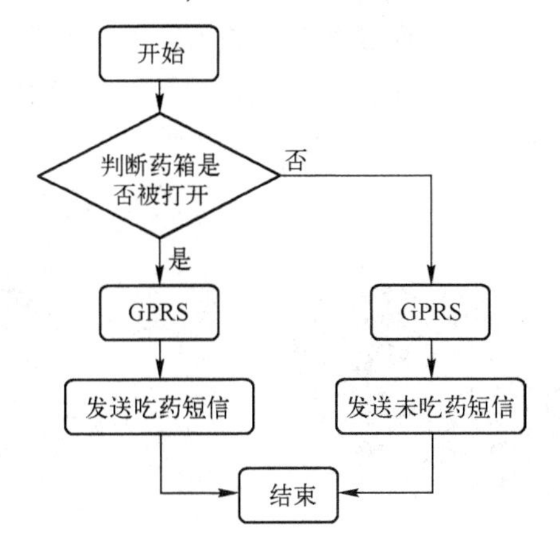

图 6-14　接近开关/红外反射模块功能流程图

6. 语音模块设计

语音模块实物图如图 6-15 所示。

图 6-15　语音模块实物图

语音模块的主要功能是定时时间到时发出一个报警响铃。其功能流程图如图 6-16 所示。

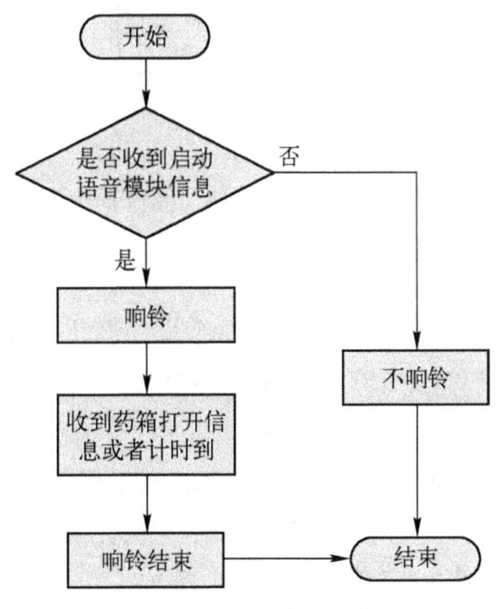

图 6-16　语音模块功能流程图

7. 射频模块设计

射频模块用于进行刷卡操作以判断是否具有打开药箱的权限。当读取到卡里的信息正确时，小电机启动并开始转圈，此时绳子拉紧将铁片拉起，则具有打开药箱权限。射频模块实物图及小电机模块实物图分别如图 6-17、图 6-18 所示。

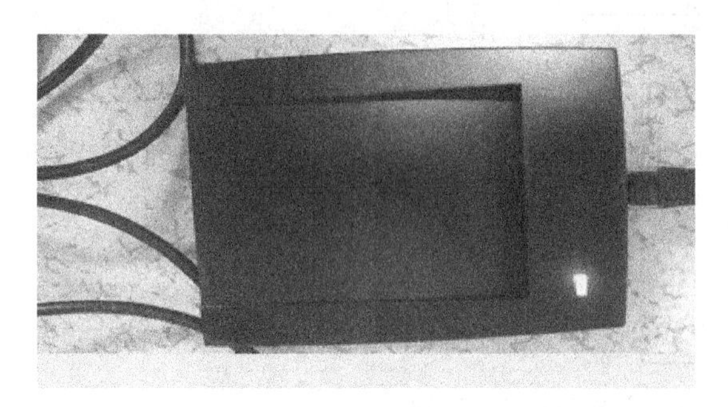

图 6-17　射频模块实物图

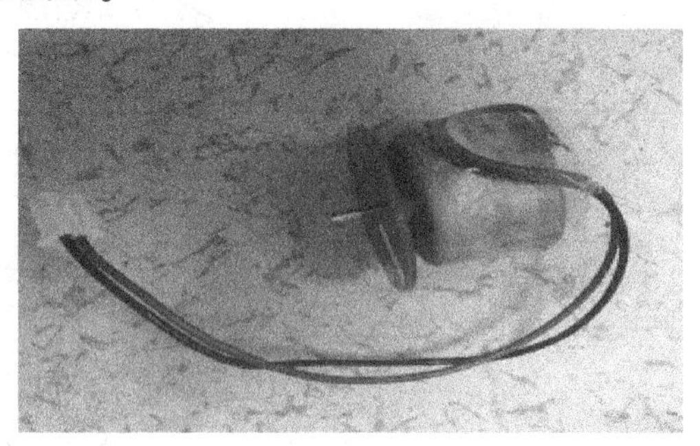

图 6-18　小电机模块实物图

射频模块功能流程图如图 6-19 所示。

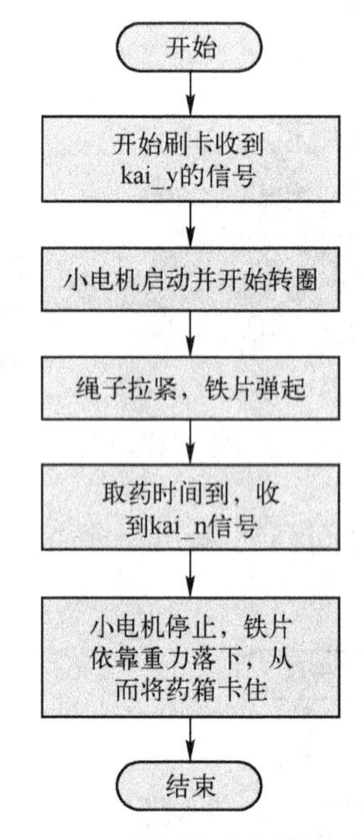

图 6-19　射频模块功能流程图

8. 烟雾传感器模块设计

该模块用于检测药箱周围的环境。当烟雾传感器和温度传感器检测到的数据超过一定范围时，蜂鸣器发出报警声。烟雾传感器模块实物图如图 6-20 所示。

9. 蜂鸣器模块设计

该模块使用 GPIO 控制蜂鸣器、LED，经过大电流三极管驱动保证声音的强度和 LED 的亮度，用来报警提示。当药箱被打开但未被关闭时，或者当传感器检测到的数据超过一定范围时，该模块启动。蜂鸣器模块实物图如图 6-21 所示。

图 6-20　烟雾传感器模块实物图

图 6-21　蜂鸣器模块实物图

6.2.4　其他关键技术

1. 多传感器信息融合技术

多传感器信息融合技术是基于一个系统中使用多个传感器而展开的信息处理方法。在环境和对象很复杂且具有不确定性时，单一传感器只能获得片面的、局部的、有限的环境特征信息。由于传感器还受到其自身品质性能、原理缺陷的影响，采集到的信息往往带有较大的不确定性，因而通常会在一个系统中使用多种传感器以相互补充、校准。移动智能药箱上的传感器习惯上分为内部传感器和外部传感器两类。内部传感器用于检测自身状态，多为检测位置和角度的传感器；外部传感器用于感知外部环境，如温度传感器。外部传感器又可分为接触式传感器和非接触式传感器，接触式传感器主要是轻触开关一类的敏感元件，如霍尔开关传感器；非接触式传感器主要是一些测量距离的传感器，如超声波测距传感器。

多传感器信息融合的基本原理就像人脑综合处理信息一样，充分利用多个传感器资源，通过对这些传感器所观测到的信息的合理支配和使用，把多个传感器在空间或时间上的冗余或互补数据依据某种规则来进行组合，以获得被测对象的统一解释或描述。多传感器信息融合技术可以对不同类型的数据和信息在不同层次上进行综合，信息融合的目标是通过各传感器分离观测信息，以及通过信息的优化组合获得更多的有效信息。它的最终目的是利用多个传感器共同或组合操作的优势，来提高整个系统的有效性。

2. 电机模块

电机系统主要由空心杯有刷电机、减速传动器、编码器、电机控制器组成。左、右两套形成差分驱动模式。

Moto4BOT_BS2410 是一款专为轮式机器人运动控制而设计的电机控制器，适用于直流有刷电机，供电电压为 24 V 宽压（18~36 V），最大持续驱动电流为 10 A，峰值驱动电流可达 20 A。电机模块基于 RS485 通信接口，便于 PC 端串联控制多个电机控制器。电机模块配置参数如下。

```
driver = CMoto4BOT
sensorLabel = Moto4BOT
processRate = 40 ; Hz
COM_port_WIN = COM4
COM_port_LIN = /dev/ttyUSB0
COM_baudrate = 115200 ; bps
MaxMotorSpeed = 6000 ; rpm 最大转速
```

MotorReductRatio = 36 ;减速比
WheelRadius = 0.096 ; m 轮子半径
WheelSpacing = 0.442 ; m 轮子间距

Moto4BOT_BS2410 仅提供一种通信接口，即 RS485。通信报文采用定长报文，即收发报文长度相等且固定为 21 B。通信模式采用主从模式，Moto4BOT 电机控制器作为从机，每次通信必须由主机发起，从机收到主机报文后立即返回 ACK 报文。ACK 报文中的控制段有一个错误标志，用于指示主机报文的操作是否成功，成功为 0，失败为 1。失败时，数据段为错误码，可以判断是哪种错误。

将报文按照字节数组表示为 FrameBytes[21]，如表 6-3 所示。

表 6-3 FrameBytes[21]表示

	报头	寻址段	数据段 [0]	数据段 [1]	控制段	校验	报尾
长度	2 B	4 B	4 B	4 B	4 B	1 B	2 B
位置	[0..1]	[2..5]	[6..9]	[10..13]	[14..17]	[18]	[19..20]

3. 惯导定位传感器

Gyro4BOT 是一款适合于室内平坦地面、轮式差分驱动、机器人专用的陀螺仪惯性导航定位模块。Gyro4BOT 内部采用自适应扩展卡尔曼滤波算法及多传感器信息融合算法，可提供高达 50 Hz 的高精度实时导航定位数据。

Gyro4BOT 包含核心板和传感器接口板两部分。传感器接口板具有增量式光电编码器接口 2 个、标准 RS232 串口 2 个（主串口为正常工作时用户接收系统定位数据、发送校正信息的串口；配置串口提供系统配置相关功能）。Gyro4BOT 模块实物图如图 6-22 所示。

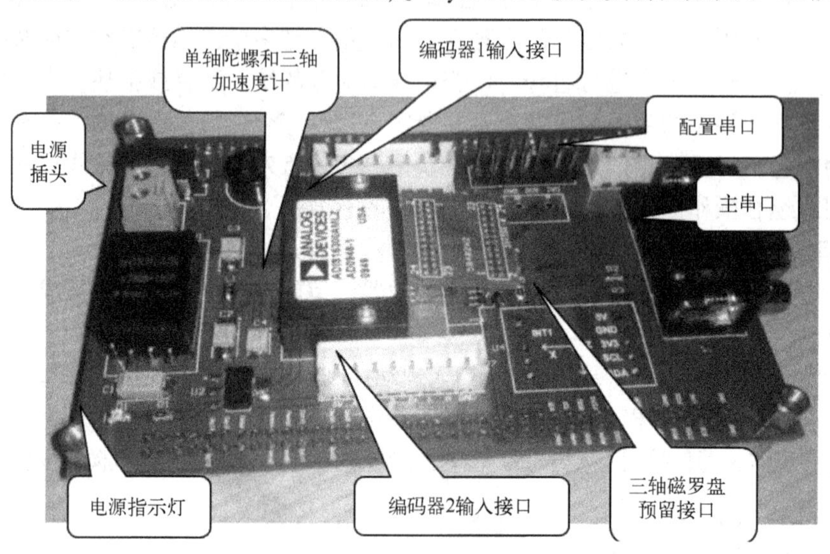

图 6-22 Gyro4BOT 模块实物图

利用 Gyro4BOT 惯导系统输出定位信息之前，需根据特定的机器人底盘设置系统参数，这些参数包括：左、右轮的直径（mm），左、右轮之间的距离（mm），左、右轮编码器的反向标志。

其中，左、右轮的直径和左、右轮之间的距离可采用毫米尺测量获得，左、右轮编码器的反向标志用来对编码器的正反向进行设置。

（1）配置参数

```
driver = CGyro4BOT
sensorLabel = Gyro4BOT
processRate = 50 ; Hz
COM_port_WIN = COM5
COM_port_LIN = /dev/ttyUSB0
COM_baudrate = 115200 ; bps
pose_x = 0
pose_y = 0
pose_z = 0
pose_yaw = 0
pose_pitch = 0
pose_roll = 0
```

X2BOT 机器人的惯导模块 Gyro4BOT 配置好后，用户不需要再配置，可直接使用。当前配置为：轮子直径 192 mm，轮子间距 422 mm，编码器线数 2500，编码器 1 反向。

（2）坐标系定义

为了提高定位精度，优化定位解算方法，采用了针对高速、低速自适应的编码器解算方法，分别输出左轮速度、左轮里程、右轮速度、右轮里程等参量。同时，采用多传感器信息融合定位算法，计算出俯仰、倾斜、航向角及 x 轴、y 轴位移。“位姿重置”按钮用于手动将内部位姿重置为 0。重置后 x、y、θ 都为 0。其坐标系定义如图 6-23 所示。

Gyro4BOT 惯导系统使用如图 6-23 所示的大地坐标系描述机器人车体的位置，P 点为当前机器人两个驱动轮连线中点的位置，可用(X_n,Y_n)描述 P 点在该坐标系下的位置，而机器人车体的朝向可用 θ_n 描述，θ_n 为车体纵向对称轴线与 O_nY_n 轴正向的夹角，以顺时针方向为正，范围为 $0\sim2\pi$。

因此，机器人在大地坐标系下的位姿可用三元组(X_n, Y_n,θ_n)来描述，系统输出的定位数据均依照该描述方式。

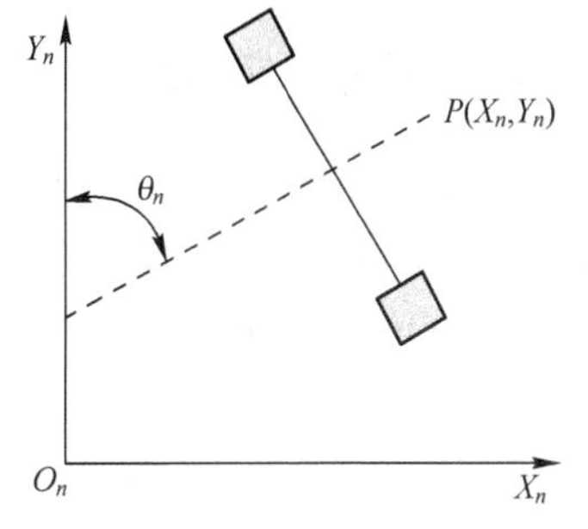

图 6-23　坐标系定义

4. 超声波测距模块

X2BOT 配备有 6 个 Sonar4BOT 机器人超声波测距模块，用来判断与周围环境中障碍物之间的距离。Sonar4BOT 超声波测距模块板载微处理器，用中断方式完成测距计算，得到高精度测距结果。超声波测距的基本参数如表 6-4 所示。

表 6-4　超声波测距的基本参数

测距范围	1～250 cm
检查频率	>50 Hz
测距精度	1 cm
通信波特率	115 200 bps
盲区距离	0～1 cm
可配置 ID 范围	1～15

配置参数如下。

```
driver = CSonar4BOT
sensorLabel = Sonar4BOT
processRate = 10 ; Hz
COM_port_WIN = COM3
COM_port_LIN = /dev/ttyUSB0
COM_baudrate = 115200 ; bps
maxRange = 2.5f ; In meters
minRange = 0.01f ; In meters
; The order in which sonars will be fired, indexed by their ID addresses
[1,6]
firingOrder = 1 4 6 2 5 3
; The poses of the sonars: x[m] y[m] z[m] yaw[deg] pitch[deg] roll[deg]
pose1 = 0.137 -0.167 0.266 -90 0 0
pose2 = 0.241 -0.127 0.266 -45 0 0
pose3 = 0.280 -0.043 0.266 0 0 0
pose4 = 0.280 0.043 0.266 0 0 0
pose5 = 0.241 0.127 0.266 45 0 0
pose6 = 0.137 0.167 0.266 90 0 0
```

6.3　软件开发环境的安装和配置

6.3.1　配置 Minicom

在 Linux 操作系统 X Window 界面下建立终端（在桌面上单击鼠标右键，选择新建终端），在终端的命令行提示符后输入“minicom”，回车后出现 Minicom 的启动画面。若没有启动 X Window，则在命令行提示符后直接输入“minicom”即可。Minicom 启动界面如图 6-24 所示。

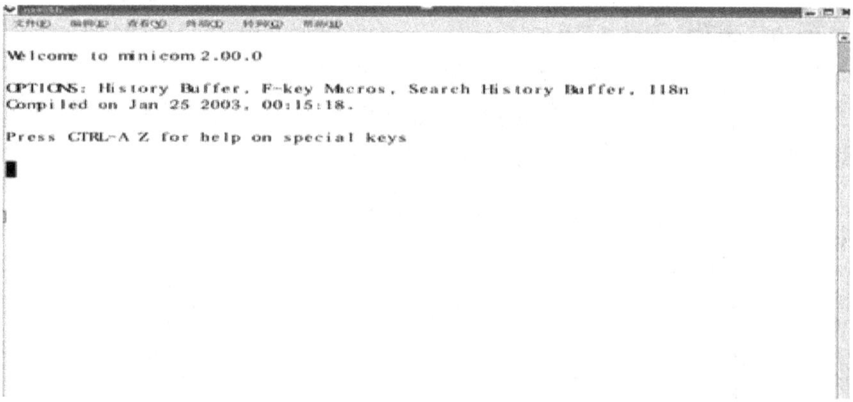

图 6-24　minicom 启动界面

Minicom 启动后，先按下 Ctrl+A 键不放，接着再按 Z 键，进入主配置界面，如图 6-25 所示。

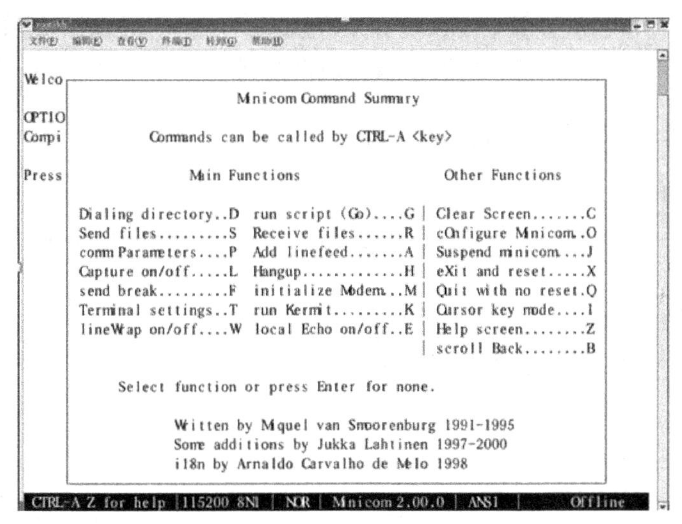

图 6-25　主配置界面

按 O 键进入 Configure Minicom 配置界面，按上、下键选择 Serial port setup，进入端口设置界面，如图 6-26 所示。

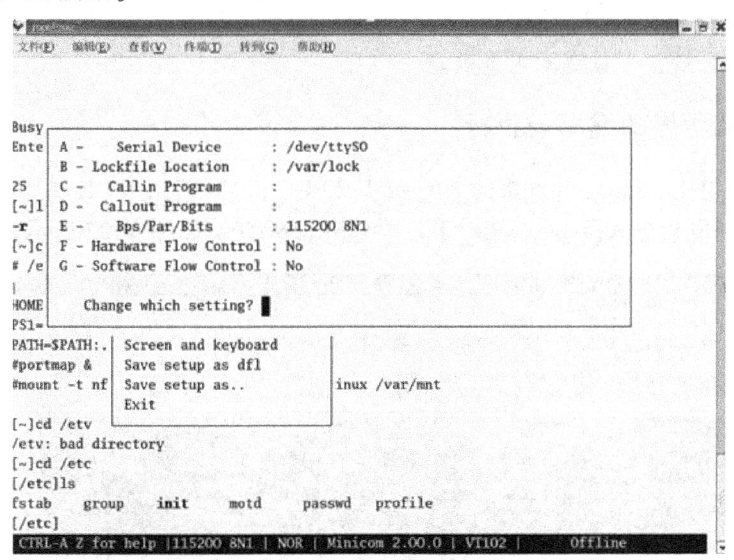

图 6-26　端口设置界面

在 Change which setting?后输入某个选项前的字母就进入某个选项的配置。修改方法如下。

A-Serial Device：/dev/ttyS0（端口号使用串口 1）。若要使用 PC 机的串口 2 来连接板子的串口 1 作为监控，改为：/dev/ttyS1 即可。

E-Bps/Par/Bits：115200 8N1

F- Hardware Flow Control：No

G-Software Flow Control：No

修改好后按 Esc 键，选择 Save setup as dfl 保存退出。以后只要启动 Minicom 就是该配置，无须再做改动。

配置完成后，用串口线连接好 PC 机和 UP-Magic 开发板，然后启动 UP-Magic 开发板，即可在 Minicom 上看到启动信息，并可以执行操作控制。

6.3.2 Arm-Linux 交叉环境的建立

1. 获取交叉编译工具链

登录 http://www.arm.linux.org.uk，或者以 FTP 的方式登录 ftp.arm.linux.org.uk，下载 cross-3.3.2.tar.bz2。

2. 建立交叉编译环境

建立交叉编译环境目录和修改环境变量。

```
#mkdir /usr/local/arm
#cd /usr/local/arm
#tar jxvf cross-3.2.2.tar.bz2
#cd /etc
#vi profile
```

打开 profile 文件并且设置 pathmunge/$SOURCEPATH。其中，$SOURCEPATH 为刚创建的 arm-linux 工具所在的目录，即 pathmunge/usr/local/arm/3.2.2/bin。

重启或注销系统，工具链即可生效。

6.3.3 药箱端程序的编写与执行

用网线连接好 Up-Magic 开发板的 NIC-1 口和 PC 机的网口，将 IP 配置为在同一网段，重启 Up-Magic 开发板进入[/mnt/yaffs]下。设置开发板 IP，如图 6-27 所示。

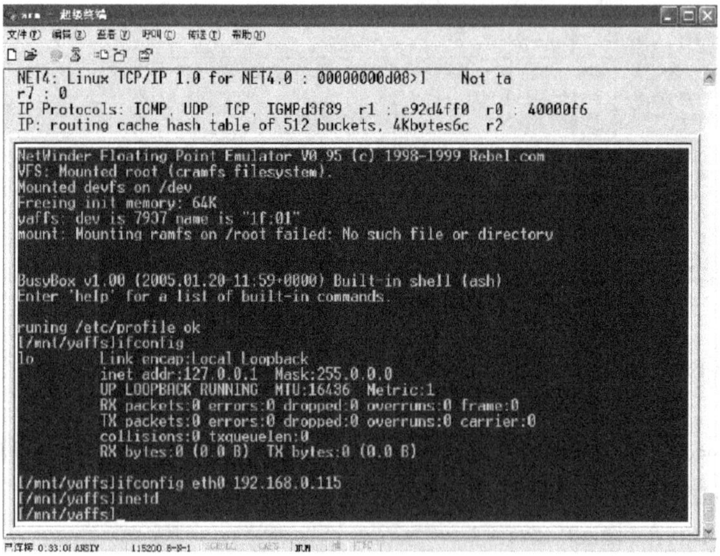

图 6-27 设置开发板 IP

```
Ifconfig eth0 192.168.0.115
```

打开FTP软件Flashfxp，单击“FTP”菜单中的“Quick Connect”菜单项，打开“Quick Connect”对话框，在“server or URL”栏中输入192.168.0.115，在“user name”中输入root，在“Password”中不用输入，设置用户名为root，密码为无，连接进入FTP，如图6-28所示。

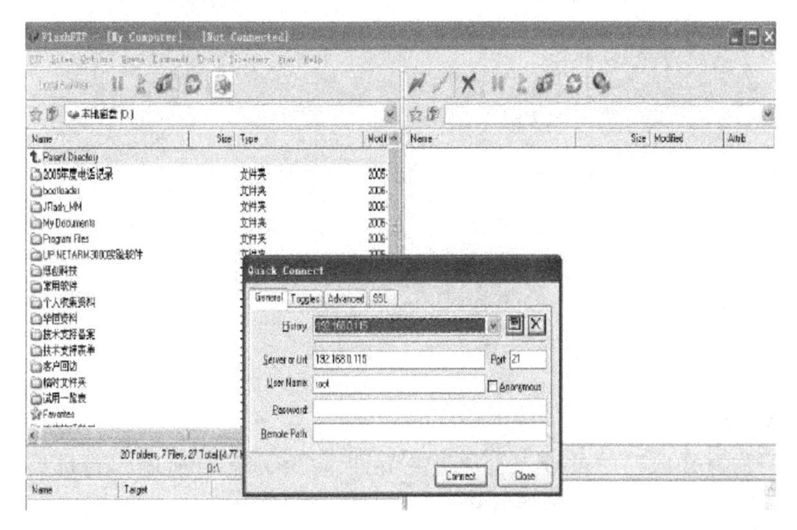

图6-28 FTP连接界面

选择要上传的文件yidongyaoxiang.tar，并上传到Up-Magic开发板的/var下。3 min左右上传完毕。这时千万不要重启开发板，然后切换到var文件夹下进行解压，其命令为：

```
tar xjvf yidongyaoxiang.tar -C /mnt/yaffs
```

解压完成后，转到mnt/yaffs目录，并执行以下可执行文件：

```
#cd mnt/yaffs
#./yidongyaoxiang
```

6.4 ASP.NET应用程序

6.4.1 基于机器人的移动智能药箱模块划分

查询模块：主要包括3个子模块（查看或编辑病人位置信息，查看环境、位姿和状态信息，查看或编辑预警信息）。

资料上传下载模块：管理员可对资料进行上传并下载，普通用户只可以对资料进行下载。

测试视频：播放作品的运行视频。

6.4.2 界面设计

当用户运行程序时，首先进入的是登录界面，选择用户类型（包括普通用户和管理员用户)，如图 6-29 所示。如果输入的用户编号和密码与数据库中的数据相匹配，则可以登录，否则无法登录。

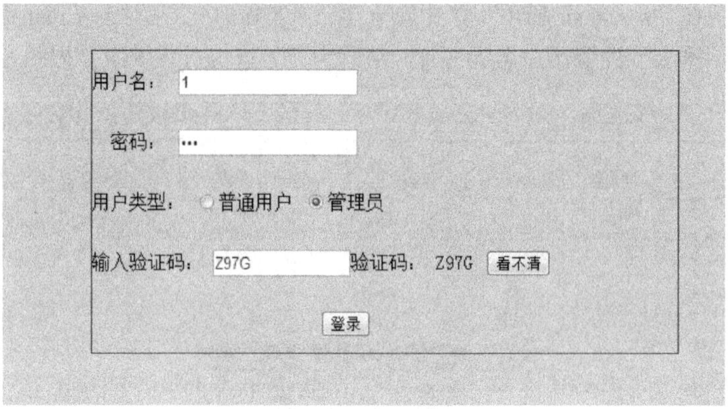

用户名：1
密码：•••
用户类型：普通用户 管理员
输入验证码：Z97G 验证码：Z97G 看不清
登录

图 6-29 登录界面

1. 主界面设计

以管理员身份登录成功后可进入管理员主界面，如图 6-30 所示。管理员主界面主要包括查询、用户管理、资料上传下载等功能。

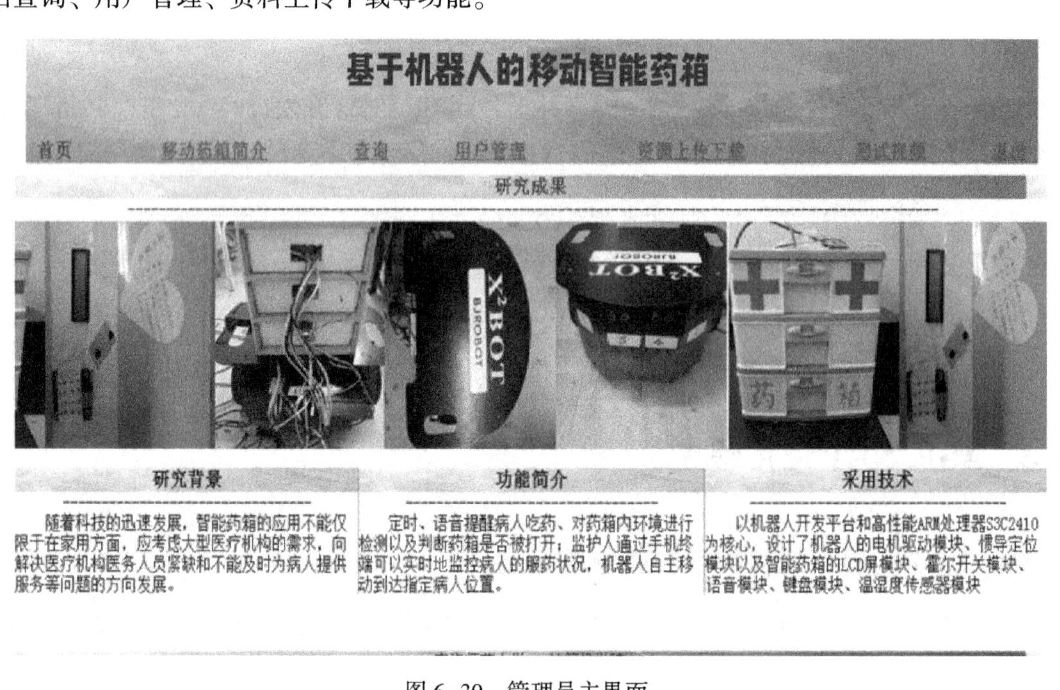

图 6-30 管理员主界面

以普通用户身份登录成功后可进入普通用户主界面，如图 6-31 所示。普通用户主界面主要包括查询、资料下载等功能。

2. 管理员模块界面设计

(1) 移动药箱简介界面

移动药箱简介界面如图 6-32 所示。该界面简单介绍了机器人和硬件模块的相关信息。

基于机器人的移动智能药箱

首页　移动药箱简介　查询　资源下载　测试视频　退出

研究成果

研究背景

随着科技的迅速发展，智能药箱的应用不能仅限于在家用方面，应考虑大型医疗机构的需求，向解决医疗机构医务人员紧缺和不能及时为病人提供服务等问题的方向发展。

功能简介

定时、语音提醒病人吃药、对药箱内环境进行检测以及判断药箱是否被打开；监护人通过手机终端可以实时地监控病人的服药状况，机器人自主移动到达指定病人位置。

采用技术

以机器人开发平台和高性能ARM处理器S3C2410为核心，设计了机器人的电机驱动模块、惯导定位模块以及智能药箱的LCD屏模块、霍尔开关模块、语音模块、键盘模块、温湿度传感器模块

图 6-31　普通用户主界面

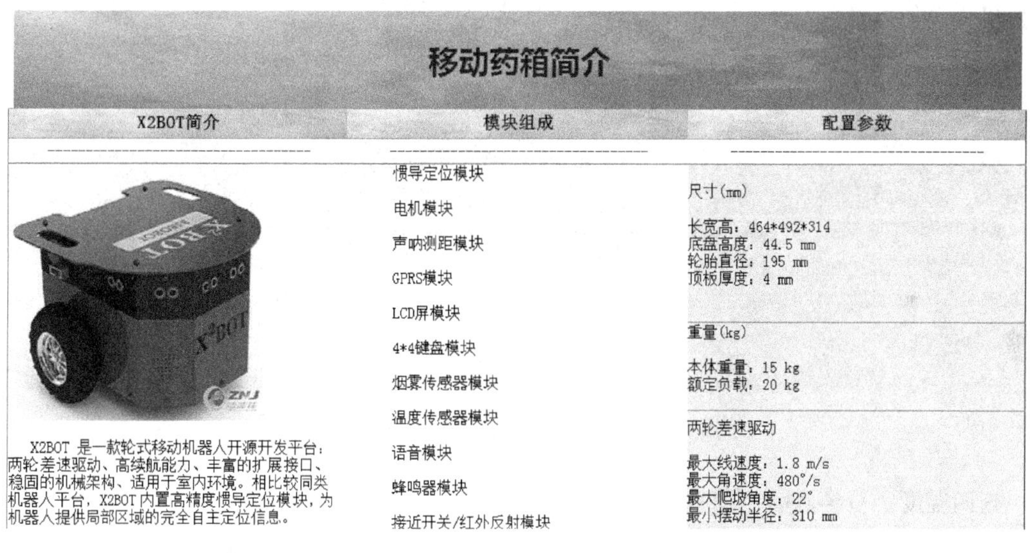

移动药箱简介
X2BOT简介
模块组成
配置参数
惯导定位模块
电机模块
声呐测距模块
GPRS模块
LCD屏模块
4*4键盘模块
烟雾传感器模块
温度传感器模块
语音模块
蜂鸣器模块
接近开关/红外反射模块
尺寸(mm)
长宽高：464*492*314
底盘高度：44.5 mm
轮胎直径：195 mm
顶板厚度：4 mm
重量(kg)
本体重量：15 kg
额定负载：20 kg
两轮差速驱动
最大线速度：1.8 m/s
最大角速度：480°/s
最大爬坡角度：22°
最小摆动半径：310 mm
X2BOT 是一款轮式移动机器人开源开发平台：两轮差速驱动、高续航能力、丰富的扩展接口、稳固的机械架构、适用于室内环境。相比较同类机器人平台，X2BOT 内置高精度惯导定位模块，为机器人提供局部区域的完全自主定位信息。

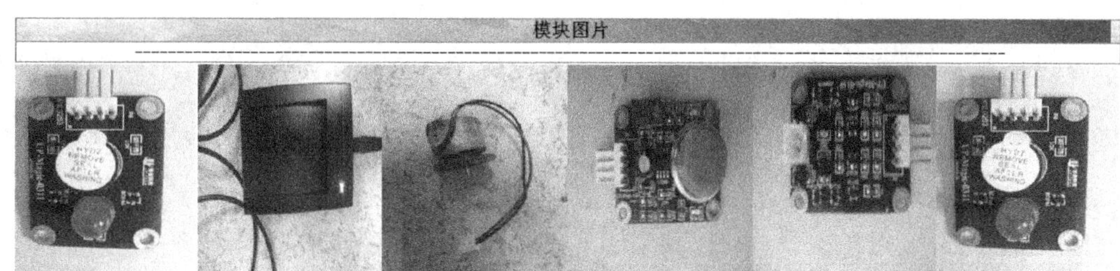

图 6-32　移动药箱简介界面

（2）管理员查询界面

管理员查询界面如图 6-33 所示。该界面主要包括查看或编辑病人位置信息，查看温度、位姿和状态信息，查看或编辑预警信息，查看环境信息等。

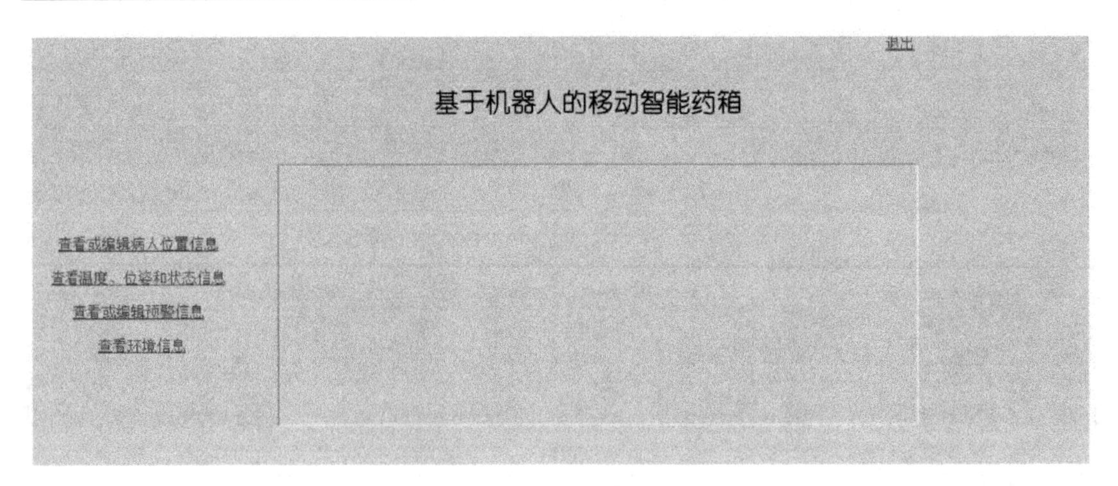

图 6-33 管理员查询界面

查询或编辑病人位置信息界面如图 6-34 所示。

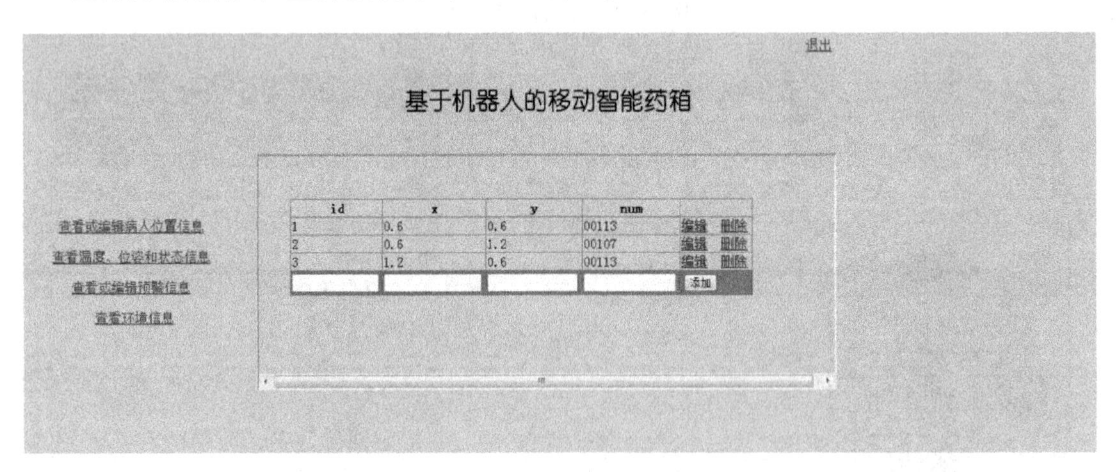

id	x	y	num	
1	0.6	0.6	00113	编辑 删除
2	0.6	1.2	00107	编辑 删除
3	1.2	0.6	00113	编辑 删除

图 6-34 查询或编辑病人位置信息界面

查询温度、位姿和状态信息界面如图 6-35 所示。

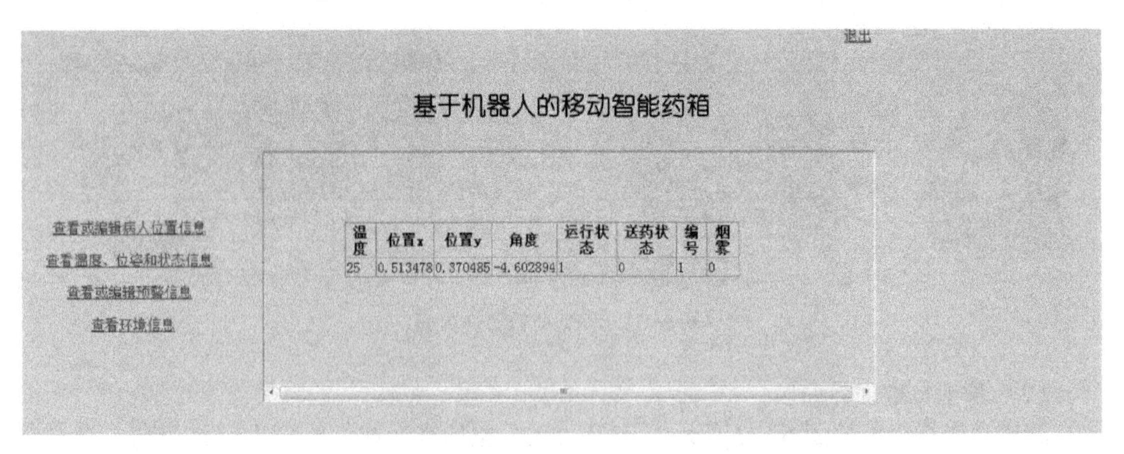

温度	位置x	位置y	角度	运行状态	送药状态	编号	烟雾
25	0.513478	0.370485	-4.602894	1	0	1	0

图 6-35 查询环境、位姿和状态信息界面

查看或编辑预警信息界面如图 6-36 所示。

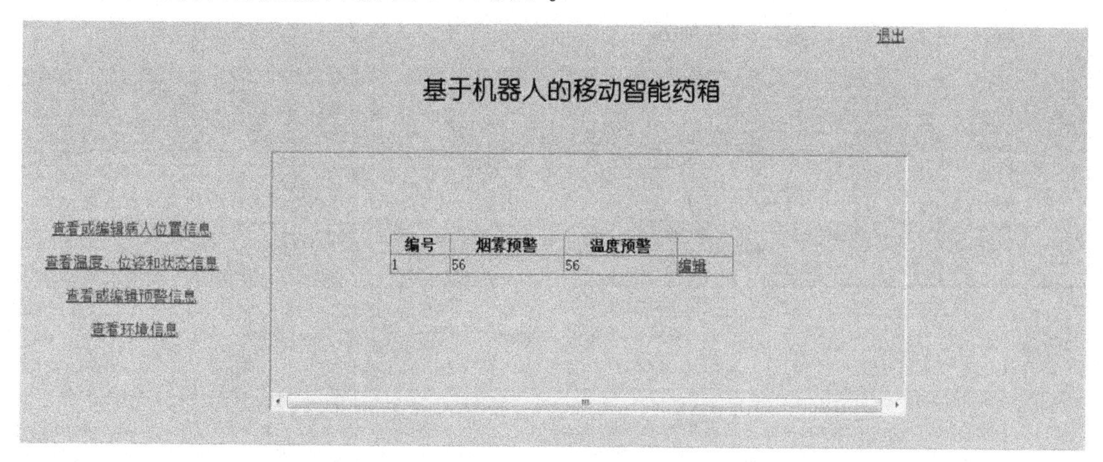

图 6-36　查看或编辑预警信息界面

查看环境信息界面如图 6-37 所示。

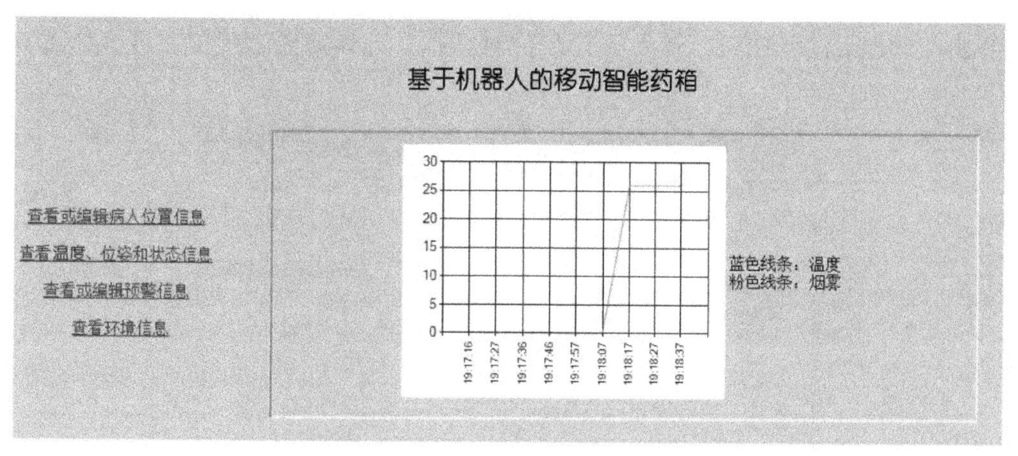

图 6-37　查看环境信息界面

(3) 管理用户界面

管理用户界面如图 6-38 所示。该界面主要对普通用户的账号和密码进行修改。

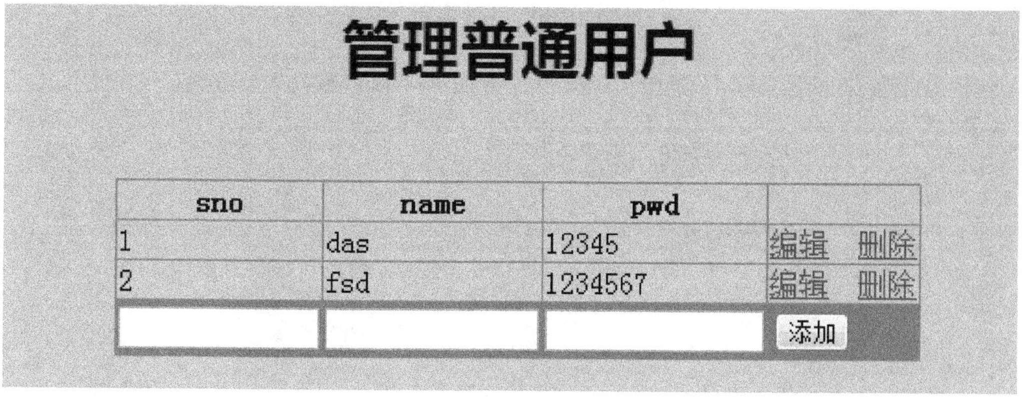

管理普通用户

sno	name	pwd	
1	das	12345	编辑　删除
2	fsd	1234567	编辑　删除
			添加

图 6-38　管理用户界面

（4）资料上传下载界面

资料上传下载界面如图 6-39 所示。

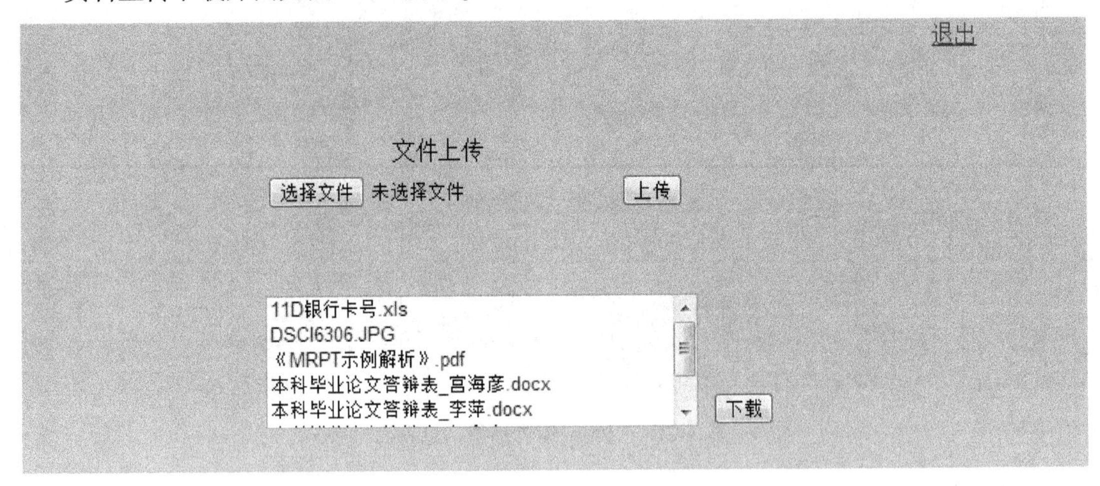

图 6-39 资源上传下载界面

单击“选择文件”按钮，弹出“打开”对话框，选择需要上传的文件，如图 6-40 所示。

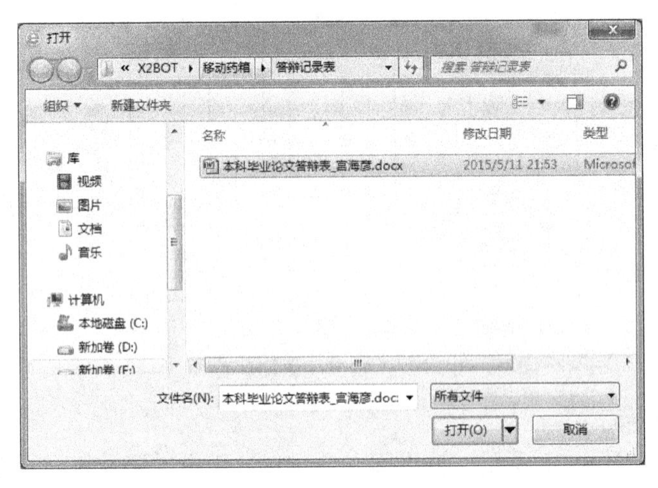

图 6-40 文件选择

选择好上传文件后，单击“上传”按钮，会提示“执行成功”，如图 6-41 所示。

图 6-41 “执行成功”提示

单击“下载”按钮，在打开的“新建下载任务”对话框中可选择文件进行下载，如图 6-42 所示。

图 6-42　下载文件

（5）测试视频界面

测试视频界面如图 6-43 所示。该界面播放该设计的测试视频。

图 6-43　测试视频界面

单击“测试”按钮后提示是否确定退出回登录界面，如图 6-44 所示。

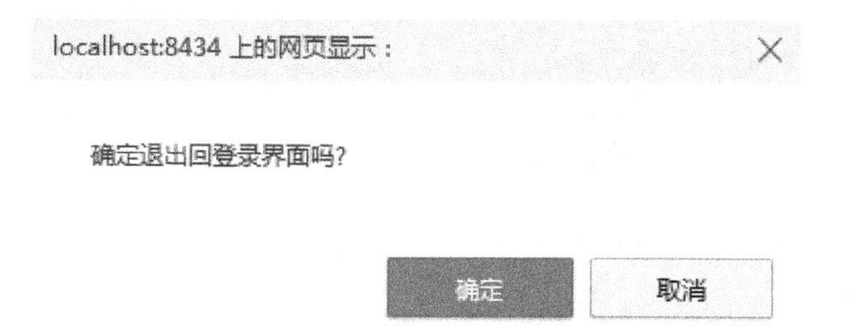

图 6-44　退出提示

3. 普通用户模块界面设计

(1) 移动药箱简介界面

移动药箱简介界面参见图 6-32 所示。该界面简单介绍了机器人和硬件模块的相关信息。

(2) 普通用户查询界面

普通用户查询界面如图 6-45 所示。该界面主要包括查看病人位置信息，查看温度、位姿和状态信息，查看预警信息，查看环境信息。

图 6-45 普通用户查询界面

查询病人位置信息界面如图 6-46 所示。

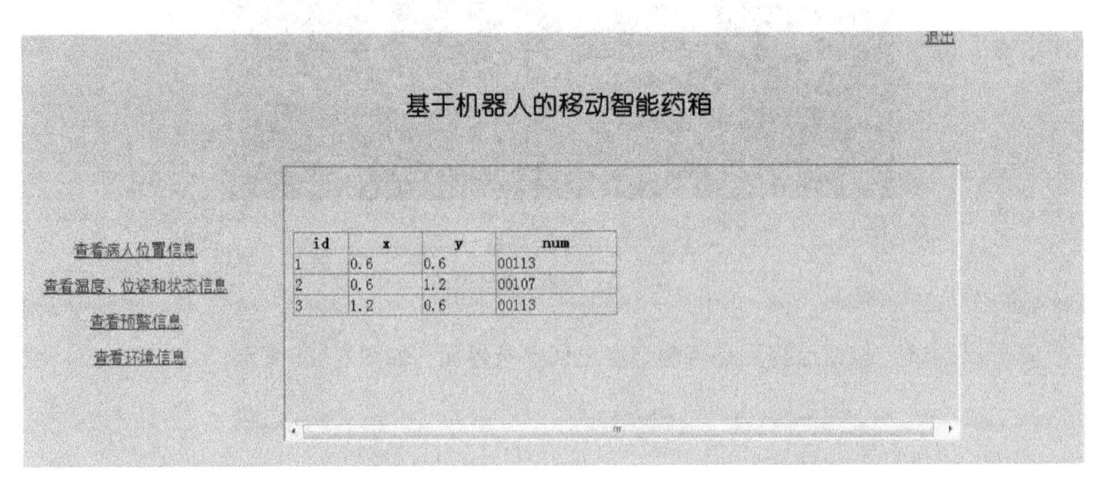

图 6-46 查询病人位置信息界面

查询温度、位姿和状态信息界面如图 6-47 所示。

查看预警信息界面如图 6-48 所示。

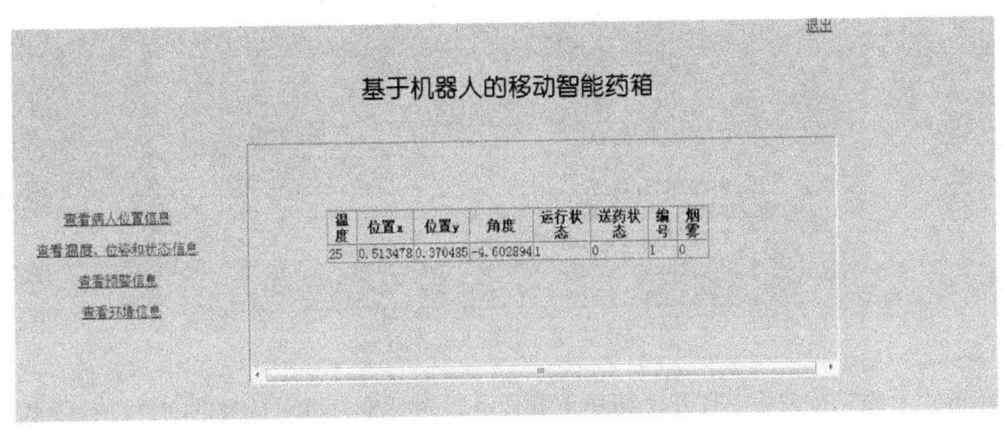

温度	位置x	位置y	角度	运行状态	送药状态	编号	烟雾
25	0.513478	0.370485	-4.602894	1	0	1	0

图 6-47　查询温度、位姿和状态信息界面

退出

基于机器人的移动智能药箱

查看病人位置信息
查看温度、位姿和状态信息
查看预警信息
查看环境信息

烟雾预警	温度预警	编号
56	56	1

图 6-48　查看预警信息界面

查看环境信息界面如图 6-49 所示。

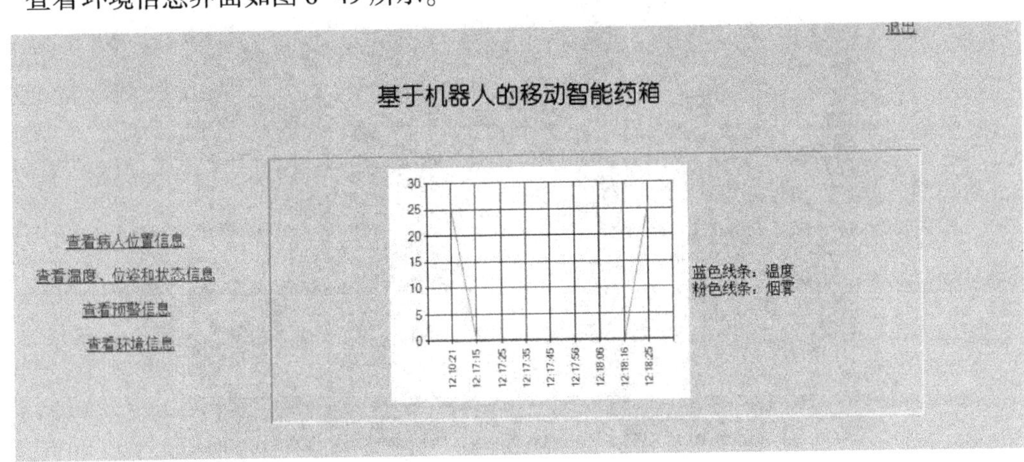

图 6-49　查看环境信息界面

(3) 资料下载界面

资料下载界面如图 6-50 所示。

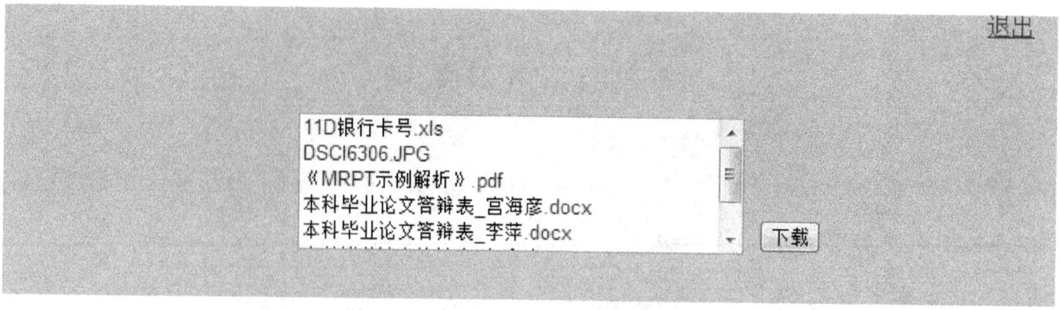

退出

11D银行卡号.xls
DSCI6306.JPG
《MRPT示例解析》.pdf
本科毕业论文答辩表_宫海彦.docx
本科毕业论文答辩表_李萍.docx

下载

图 6-50　资源下载界面

单击“下载”按钮后，打开“新建下载任务”对话框，可对选择的文件进行下载，如图 6-51 所示。

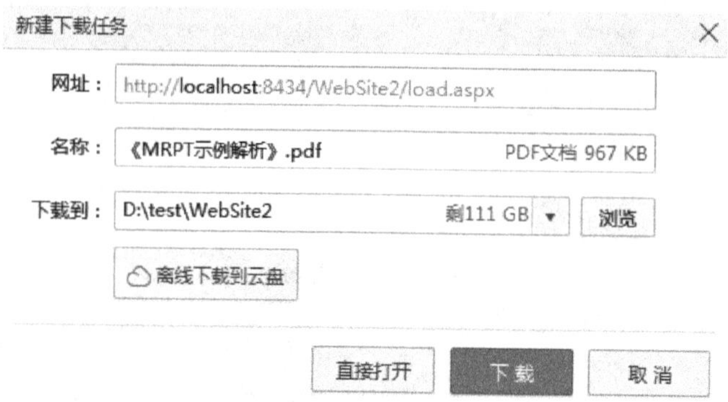

新建下载任务

网址：http://localhost:8434/WebSite2/load.aspx

名称：《MRPT示例解析》.pdf　　PDF文档 967 KB

下载到：D:\test\WebSite2　　剩111 GB　　浏览

离线下载到云盘

直接打开　　下载　　取消

图 6-51　下载文件

（4）测试视频界面

测试视频界面如图 6-52 所示。该界面播放该设计的测试视频。

图 6-52　测试视频界面

单击“测试”按钮后提示是否“确定退出回登录”主界面，如图 6-53 所示。

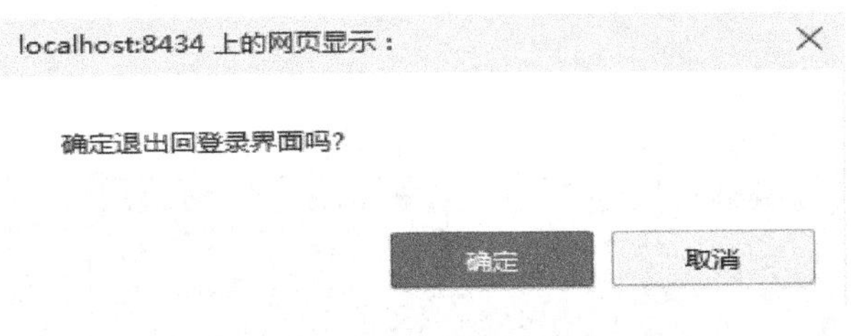

图 6-53　退出提示

6.5　Android 应用程序

6.5.1　Android 应用程序模块划分

病人位置模块：对病人位置信息进行查询、增加、删除、修改操作。

机器人位姿模块：对机器人行走过程的位姿进行查看。

环境信息模块：对环境信息（温度、烟雾）进行查看。

预警信息模块：对环境预警信息（温度、烟雾）进行查看和修改。

6.5.2　界面设计

当用户在 Android 模拟器上运行程序时，首先进入的是主界面，如图 6-54 所示。

图 6-54　Android 应用程序主界面

1. 病人位置界面设计

单击“病人位置”按钮后，可以对病人位置信息进行查询、增加、删除、修改操作，界面如图 6-55 所示。

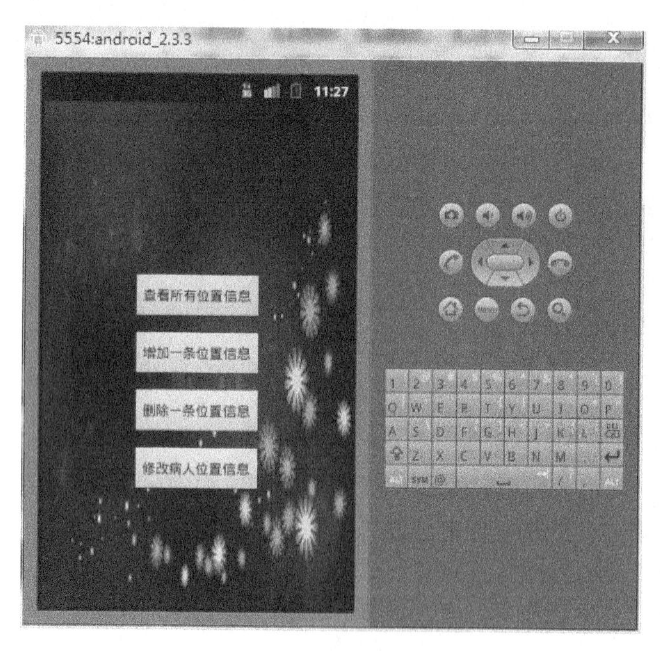

图 6-55　病人位置相关操作

单击“查看所有位置信息”按钮后，界面如图 6-56 所示，可对所有位置信息进行查询。

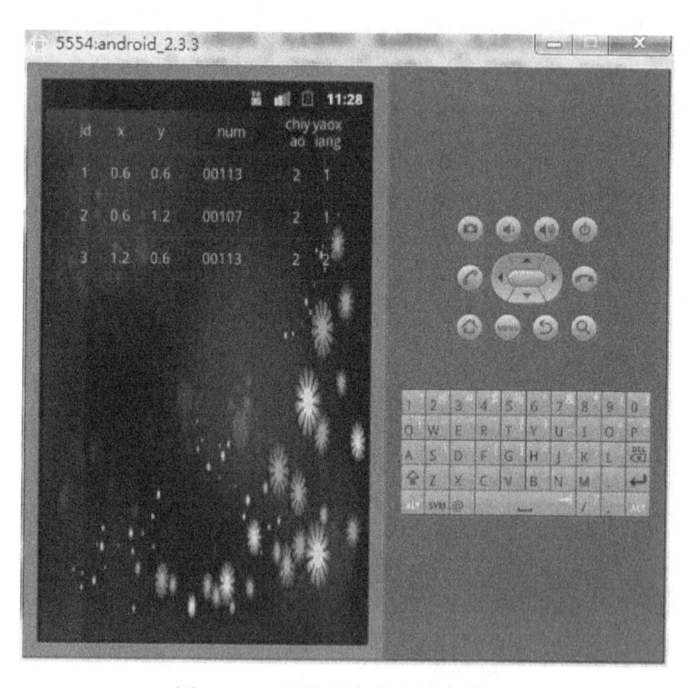

图 6-56　查看所有病人位置信息

单击“增加一条位置信息”按钮后，界面如图 6-57 所示，可对位置信息进行添加。

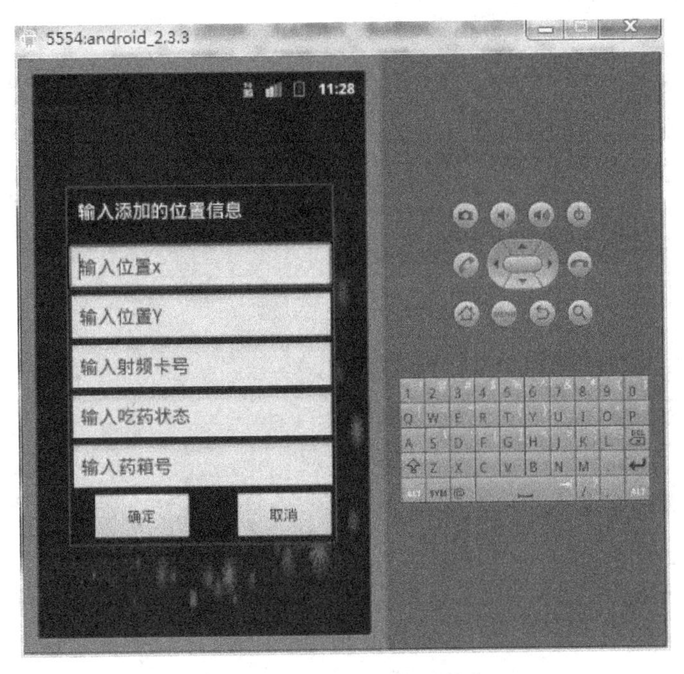

图 6-57　添加病人位置信息

单击“删除一条位置信息”按钮后，界面如图 6-58 所示，可对病人位置信息 ID 进行删除。

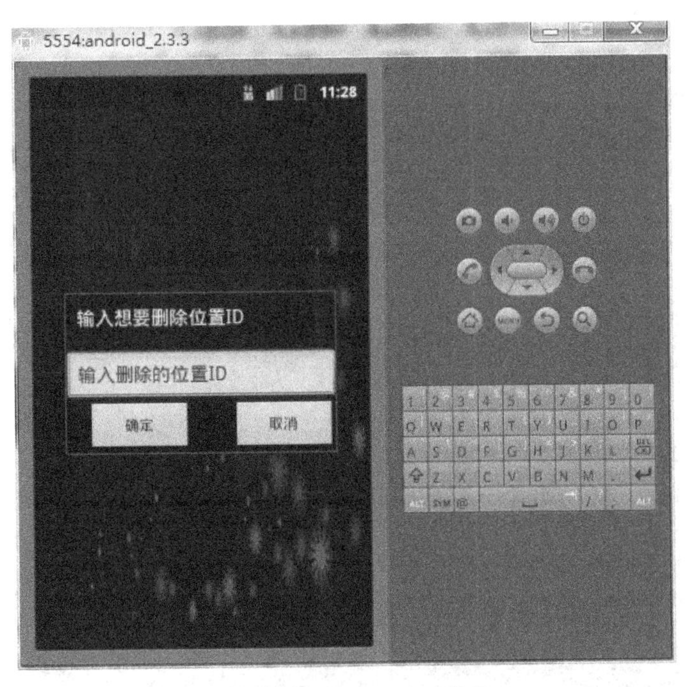

图 6-58　删除病人位置信息

单击“修改病人位置信息”按钮后，界面如图6-59所示，可对位置信息进行修改。

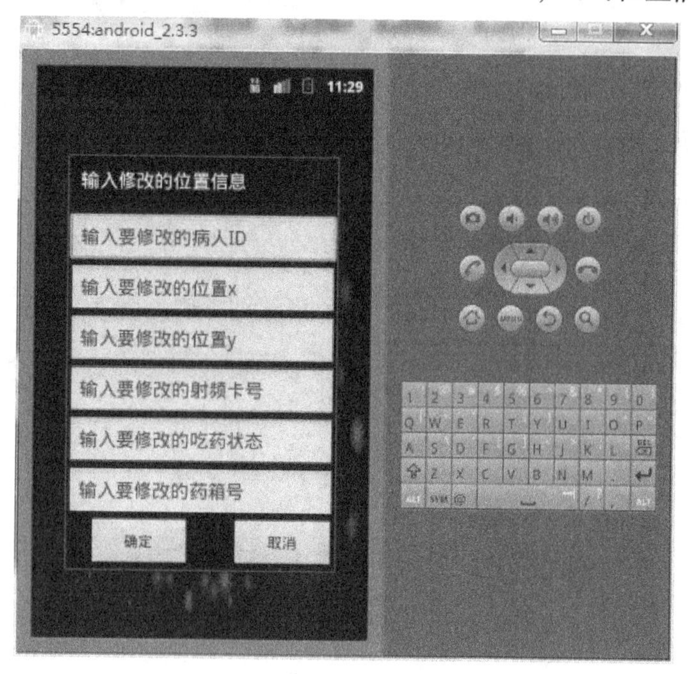

图6-59　修改病人位置信息

2. 机器人位姿界面设计

单击“机器人位姿信息”按钮后，界面如图6-60所示，可对机器人行走过程中的位姿进行查询。

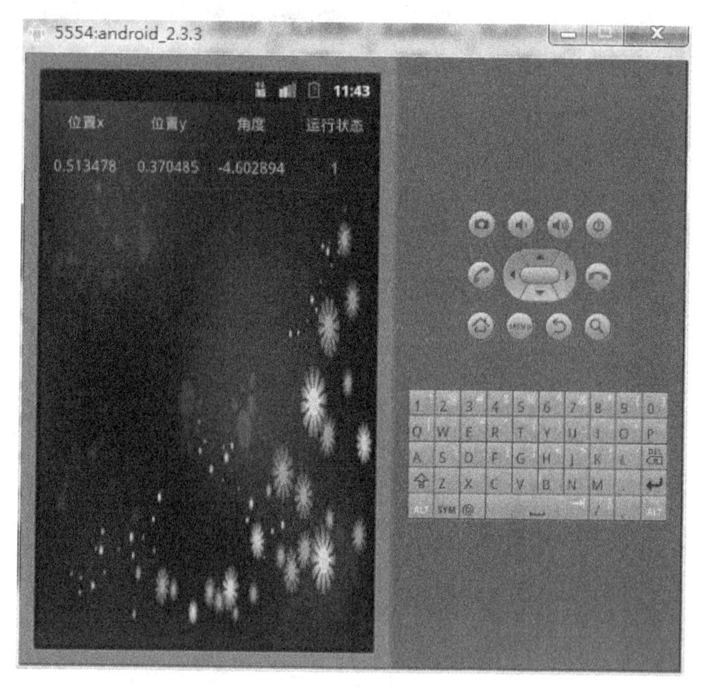

图6-60　查询机器人位姿信息

3. 环境信息界面设计

单击“环境信息”按钮后，界面如图 6-61 所示，可对环境信息（温度、烟雾）进行查看监测。

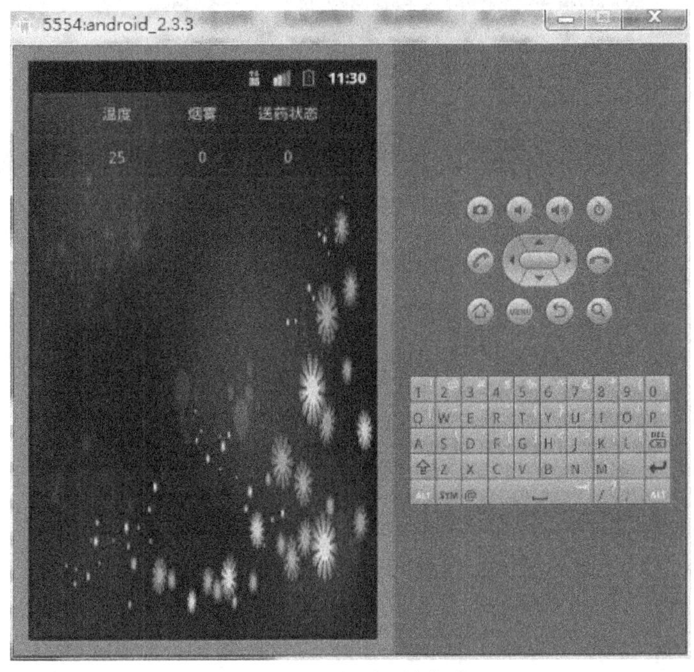

图 6-61　查看环境信息

4. 预警信息界面设计

单击“预警信息”按钮后，界面如图 6-62 所示，可对环境预警信息进行查询和修改。

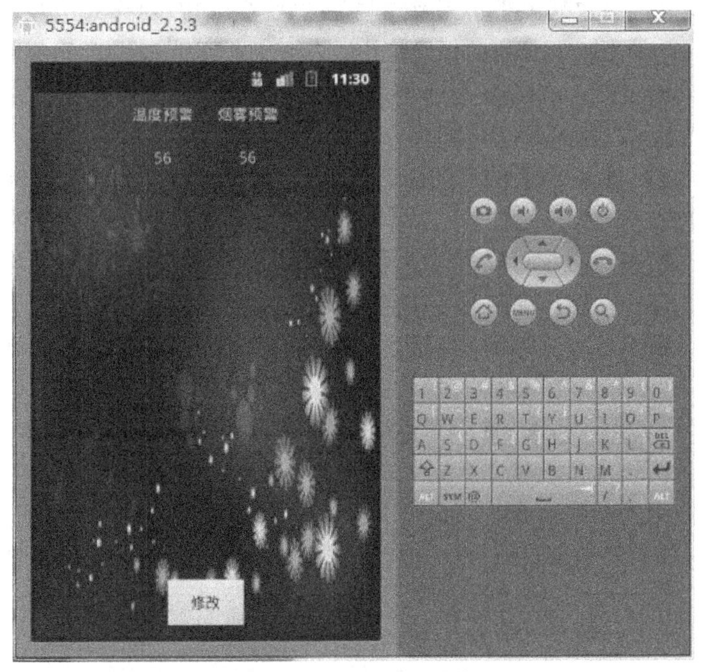

图 6-62　查看环境预警信息

单击“修改”按钮后，界面如图 6-63 所示，可对环境预警信息进行修改。

图 6-63 修改环境预警信息

6.6 总结

本章针对传统药箱的不足，设计出一款基于机器人的移动智能药箱，可以有效地缓解医疗机构因医护人员繁忙导致病人得不到及时服务的状况，以及对病人是否及时服药起到监护作用，从而对病人的健康起到一定的保障作用。本章总体上完成以下几项工作：

① 在基于 ARM9 的 S3C2410 微处理器上进行了多个传感器的设计，以及对机器人平台的定位技术和电机驱动技术进行了详细设计；

② 将 ARM 端与机器人平台进行了串口通信，以方便二者之间相互反馈信息，从而达到及时处理数据的功能；

③ 机器人在送药的过程中可以自动躲避障碍物，到达指定位置；

④ 通过 GPRS 模块实现向绑定的手机终端发送短信的功能；

⑤ 通过机器人的定位技术判断是否到达指定位置，同时根据电机驱动单元自行控制行走或停止；

⑥ 实现了定时启动、语音提醒、温度和烟雾检测、蜂鸣器报警等功能；

⑦ 利用射频识别技术，通过刷卡操作来获取打开药箱的权限；

⑧ 为了便于数据的查询和修改，设计了 ASP 网站和 Android 应用程序。

在本设计中，没有对药品进行分类，在下一步的研究过程中将会添加这一功能。

第7章　水质检测系统设计

随着社会经济的快速发展，工农业、社会用水的大量排放导致水环境的污染日益严重，我国水资源环境面临巨大挑战，所以一款简便的智能水质检测系统显得十分有必要。本章设计的智能水质检测系统以UP-Magic魔法师开发板的S5PV210微处理器作为控制中心，采用pH传感器、TDS传感器和浊度传感器分别检测水样中的pH值、溶解固体总量（total dissolved solids，TDS）和浑浊度等，并在LCD显示屏上显示实时数据。实验结果表明，该系统能正常采集水样的各项指标，并且能在LCD端正常显示，各种指标的精确度较高。

7.1　引言

7.1.1　研究背景及意义

我国人口基数大，用水量多，水资源短缺，正处于严重缺水期，我国的人均水资源占有量只占世界人均占有量的四分之一，被联合国列为13个贫水国家之一。

在我国水资源面临如此严峻形势的情况下，如何保护现有的水资源显得尤为重要。特别是青藏高原的三江源地区，应该重点保护。然而，近几年来，青藏高原受全球干旱化、人类活动等因素影响，自然生态环境不断恶化——冰川迅速消退，河流枯竭，湖泊萎缩，三江源地区的地下水也在不断地减少，水环境也遭受畜牧、采矿等人为活动的破坏，因此要更好地保护高原的生态环境，保证青藏高原这座高原水塔的可持续使用。

目前，我国仍有些城市饮用水水质达不到直饮要求。水质达不到要求，会给人体带来很多危害。若水质过硬，可引起结石；如果水中含有有机化合物，就会引起体内致癌物的变异；如果水中的重金属含量超标，就会导致中毒；如果水中的微生物超标，就会引起细菌感染、寄生虫病等病症。因此，设计一款简单、智能的水质检测系统是非常必要的。通过它可以快速地分析出水样的基本信息，从而判断出水样是否受到污染，是不是可以作为日常用水来使用。

7.1.2　国内外的研究现状

1. 国外的研究现状

19世纪末期到20世纪初期，水质检测系统发展较为缓慢。以美国为例，由于技术上的原因，到了20世纪30年代，仍是采用一些简单的化学方法，如重量法、比色法、容量法等。直到20世纪40年代，水质检测系统才逐步采用分光光度法、电化学法等方法，但是大部分检测还是以化学法为主。

在20世纪40—50年代，出现了水质检测车，适用于现场检测；后续出现了更加简便的水质检测箱，它与水质检测车的功能相似，但比水质检测车在使用上更加方便快捷，便于个人携带进行野外现场检测。不过因为现场的检测操作困难，而且需要携带大量的测试试剂，要求现场操作人员技术过硬，所以水质检测箱只适用于专业人员，这也极大地限制了水质检测箱的普及。在此期间，美国哈希公司研发的 DREL 系列水质分析产品是知名的专业品牌。

20 世纪 60 年代，由于半导体技术的发展，水质检测仪器的结构产生了巨大变化。美国 YSL 公司首次采用了 CLARK 电极对水中的氧含量进行测定。1966 年弗兰特和罗斯成功研制出了选择性氟离子电极。自此，水质检测仪便采用了这项技术，并在此基础上迅速发展。

20 世纪 70 年代，欧美国家都采用了水质检测仪来测量水质的基本情况，但是水质检测仪仅能检测出短期内的水质状况，存在一定的缺陷。在技术方面，美国首次采用离子选择性电极，制造出了世界第一款便携式 pH 测试仪，这种仪器具有很高的灵敏度，体积相比之前的产品小了很多，更便于携带，测试速度更快，更适用于现场操作。

20 世纪 90 年代后期，全球科技大发展，许多新型技术、新型产业纷纷涌现，水质检测仪也得到了长足的发展，大量便携式、性能优异的水质检测仪问世，这极大地方便了后续的水质检测工作。这期间的水质检测仪主要分为两大类。一类是单参数检测仪，只能检测水样中的某一个特定的参数。这种检测仪功能简单、价格低廉，在某些特殊的水样检测中，可以很方便地检测出特定的参数值。在早期开发中，大部分都是此类产品。另一类是多参数检测仪，能同时检测水样中的多个参数。这类仪器内部装有不同种类的传感器，能在同一时间对各种水质的多个指标进行测量，具有良好的应用前景，因此多参数检测仪成为后来的一种潮流。

2. 国内的研究现状

与国外相比，国内的水质检测技术相对滞后。随着我国技术产业的不断完善，水质检测系统也在原有的基础上做了升级，但比国际上的水平仍有较大的差距。20 世纪 80 年代，国内的水质检测系统还停留在人工检测的基础上，所以当时在实验分析阶段，浪费了大量财力、物力，回报率不高。2005 年，我国自主研发出了无线水质检测仪，包含一些简单的参数检测，但由于无线通信的不稳定，仍无法满足远程数据采集设备的要求。

之后，在全球技术大发展的环境下，随着计算机技术、单片机技术、传感器技术、嵌入式技术不断进步，国内的水质检测仪也不断发展，我国自主研发的水质检测仪在原有的基础上也有了很大程度的创新，更适用于我国水质环境的检测。

7.2 系统总体设计方案

本系统总体设计方案的实现，即系统框架图如图 7-1 所示。

水质检测系统的硬件实现是基于北京博创公司生产的 UP-Magic 魔法师开发板，采用三星公司的 S5PV210 嵌入式微处理器，通过 pH 传感器模块、溶解固体总量（TDS）传感器模块和浊度传感器模块分别检测水中的 pH 值、TDS 值、浊度值及温度等多个参数。在电路的连接方面，pH 传感器连接到 UP-Magic 魔法师开发板的 P4 端口，以获取 pH 数据；TDS 传感器连接到 UP-Magic 魔法师开发板的 P8 端口，以获取 TDS 数据；浊度传感器连接到 UP-Magic 魔法师开发板的 P5 端口，以获取浊度数据。

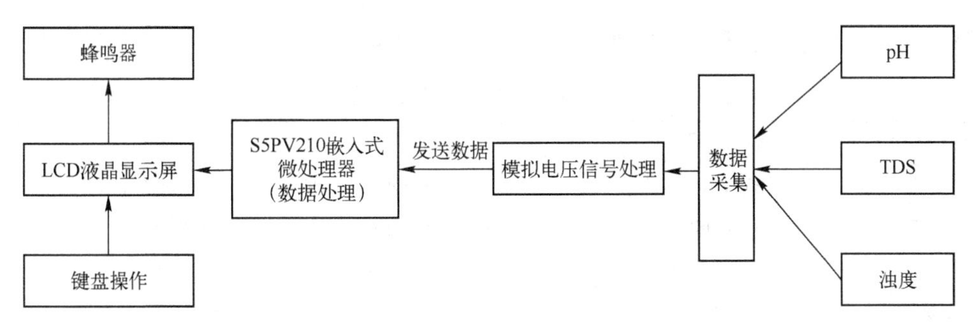

图 7-1　系统架构图

本系统的软件实现是基于嵌入式 Linux 作为系统的软件平台，使用传感器将采集到的数据传送给 S5PV210 微处理器进行处理，并利用 LCD 触摸屏，实时显示传感器检测到的数据。

7.3　水质检测系统的硬件设计

嵌入式系统硬件包括开发板、S5PV210 芯片、pH 传感器模块、浊度传感器模块、TDS 传感器模块。开发板硬件设备如图 7-2 所示。

图 7-2　UP-Magic 开发板（S5PV210）

7.3.1　S5PV210 芯片简介

S5PV210 芯片包含以下功能部件：

① 使用 Cortex-A8 内核，包括 32 位的 Cache 和 32 位的 TCM；

② 内部含外部存储器控制器；

③ LCD 显示屏；

④ 输入输出口（P1～P8 端口）；

⑤ 64 个中断源；

⑥ 10 位/12 位 ADC 和触摸屏接口。

UP-Magic210 魔法师开发板的硬件资源如表 7-1 所示。

表 7-1　UP-Magic210 魔法师开发板的硬件资源

配置名称	型　号	说　明
CPU	S5PV210	Cortex-A8 CORE 800/1000 MHz UFP/SIMD
USB 接口	1+1 PORT	USB 2.0 OTG，1 个 USB HOST 1.1
LCD	3.5 寸触摸屏	320×240 16 bit
以太网	DM9000	支持 100BASE-T
按键和 LED		5 个 LED 和 1 个中断按键

7.3.2　pH 传感器模块简介

1. pH 传感器模块的构成

pH 传感器模块的构成如图 7-3 所示。

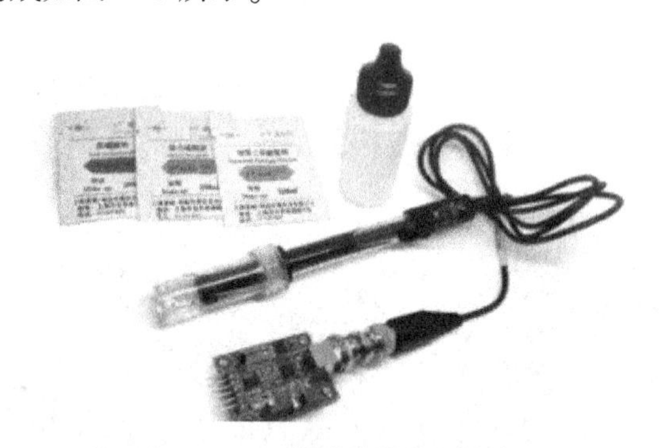

图 7-3　pH 传感器模块的构成

2. pH 传感器模块的实现原理

pH 指溶液的酸碱度，是水环境的一个检测值。pH 传感器模块使用率高、价格合适、实用性强，可以快速高效地检测出数据且准确率高。pH 传感器模块内部可以输出 0~5 V 模拟电压信号。根据模数转换原理将模拟电压值转换为可使用的数据值。pH 传感器模块的引脚分布如图 7-4 所示。

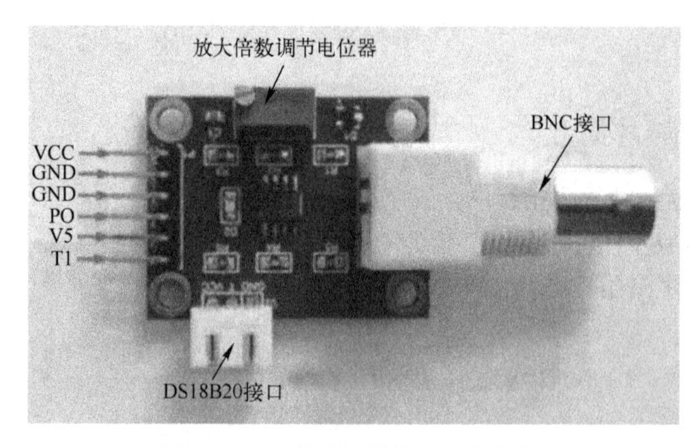

图 7-4　pH 传感器模块的引脚分布

pH 传感器模块各引脚的功能如图 7-5 所示。

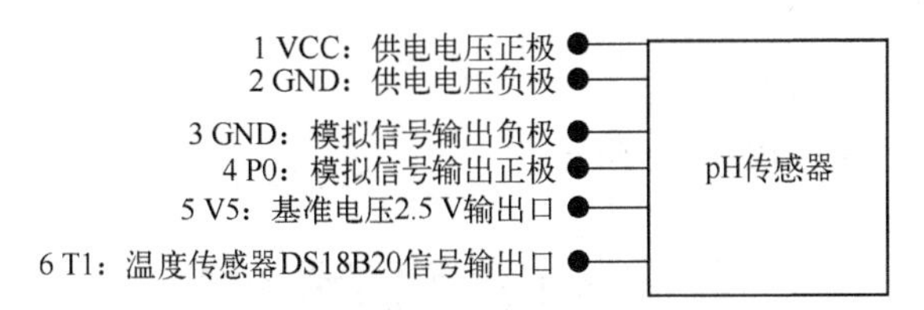

图 7-5　pH 传感器模块各引脚的功能

pH 传感器模块的硬件实现原理如图 7-6 所示。

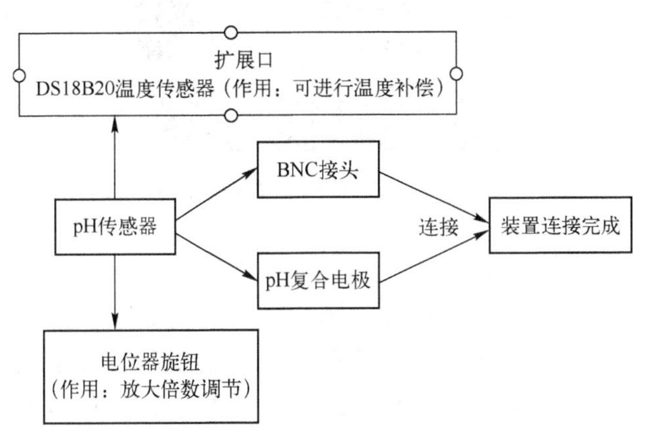

图 7-6　pH 传感器模块的硬件实现原理

3. pH 传感器模块的硬件连接图

pH 传感器模块连接完成后，需要连接到 UP-Magic 开发板上，与开发板的 P4 端口相连，然后将开发板接通电源、网线、Android 端口。pH 传感器模块的硬件连接如图 7-7 所示。

图 7-7　pH 传感器模块的硬件连接

7.3.3 TDS 传感器模块简介

1. TDS 传感器模块的构成

TDS 传感器模块的构成如图 7-8 所示。

图 7-8 TDS 传感器模块的构成

2. TDS 传感器模块的实现原理

TDS 通常是指 1 L 水中所含的溶解性固体的量。TDS 的值越大，表示水中的杂质越多，水越不干净。TDS 传感器模块在工作时不需要其他辅助性工具，只要连接正确，即可操作。其操作简便，非常适用于新手使用。TDS 传感器模块使用 3.3~5.5 V 电源电压，可输出 0~2.3 V 模拟信号电压。

3. TDS 传感器模块的硬件实现原理

TDS 传感器模块的硬件实现原理如图 7-9 所示。

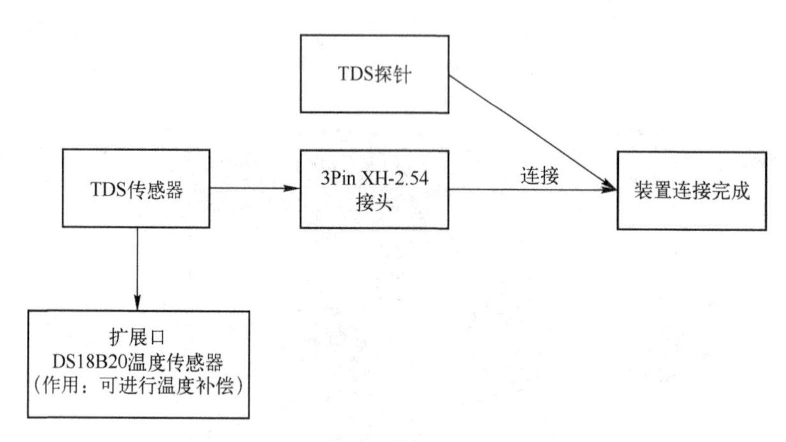

图 7-9 TDS 传感器模块的硬件实现原理

TDS 传感器各引脚的功能如图 7-10 所示。

4. TDS 传感器模块的硬件连接图

TDS 传感器模块连接完成后，需要连接到 UP-Magic 魔法师开发板上，与开发板的 P6 端口相连，然后将开发板接通电源、网线、Android 端口。TDS 传感器模块的硬件连接如图 7-11 所示。

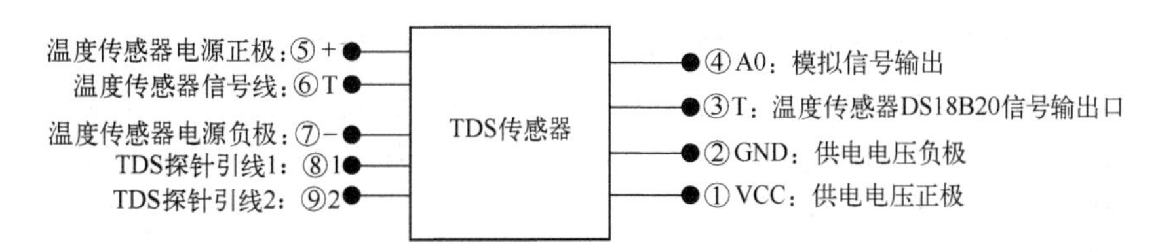

图 7-10　TDS 传感器各引脚的功能

图 7-11　TDS 传感器的硬件连接

7.3.4　浊度传感器模块的简介

1. 浊度传感器模块的构成

浊度传感器模块的构成如图 7-12 所示。

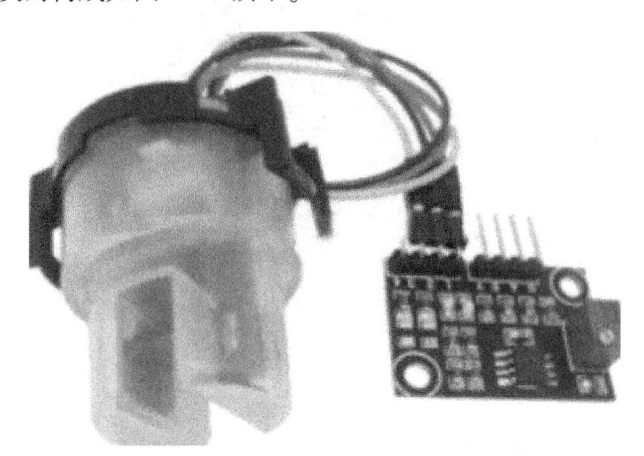

图 7-12　浊度传感器模块的构成

2. 浊度传感器模块的硬件实现原理

浊度是指水质中含有的泥土微粒、砂石颗粒、浮游微生物等其他可见性物质和不可见物质。浊度传感器通过光的折射与散射原理来判断水质的浑浊程度。

浊度传感器的工作原理是：用红外线对管来检测透过水样光线的多少，如果水样中有大量光线被悬浮物质遮挡，就表明该水样的浊度较高；如果透过的光线数量多，那就表明该水样的浊度较低。红外线对管的接收端将收集到的光线强度转化为对应的电流强度。浊度传感器模块可将得到的电流信号转换为电压信号，后续通过模数转换转为可分析的数值。

浊度传感器模块的硬件实现原理如图 7-13 所示。

浊度传感器各引脚的功能如图 7-14 所示。

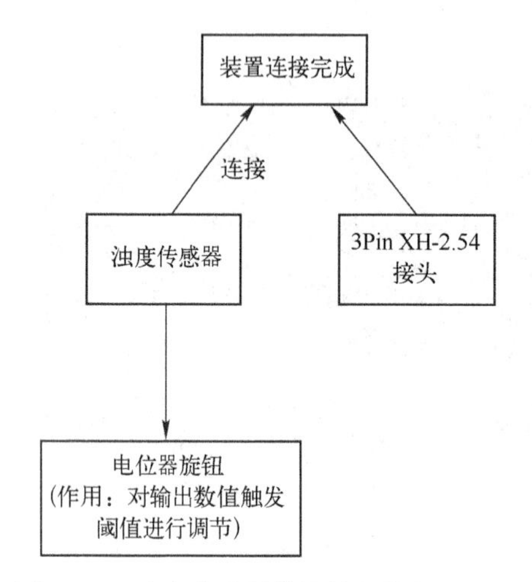

图 7-13 浊度传感器模块的硬件实现原理

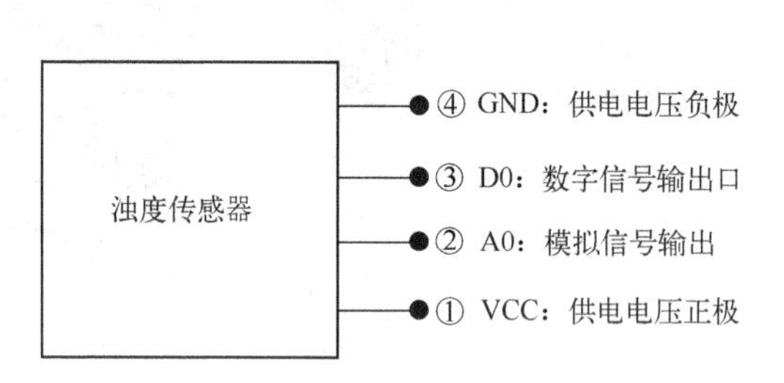

图 7-14 浊度传感器各引脚的功能

3. 浊度传感器模块的硬件连接图

浊度传感器模块连接完成后，需要连接到 UP-Magic 开发板上，与开发板的 P8 端口相连，然后将开发板接通电源、网线、Android 端口。浊度传感器的硬件连接如图 7-15 所示。

图 7-15 浊度传感器的硬件连接

7.4 水质检测系统的软件设计

7.4.1 软件系统的总体设计方案

水质检测系统的软件设计具体包括两个方面：一是嵌入式系统 ARM 端的设计；二是传感器的软件实现。

水质检测系统在 ARM 端是以 Linux 系统为平台，数据收集主要通过各类数据传感器实现，如 pH 传感器、温度传感器、浊度传感器、TDS 传感器。采集的数据通过各个模块传感器收集在 ARM 端进行数据接收和数据处理，并在 LCD 触摸屏上进行显示。ARM 端数据处理流程如图 7-16 所示。

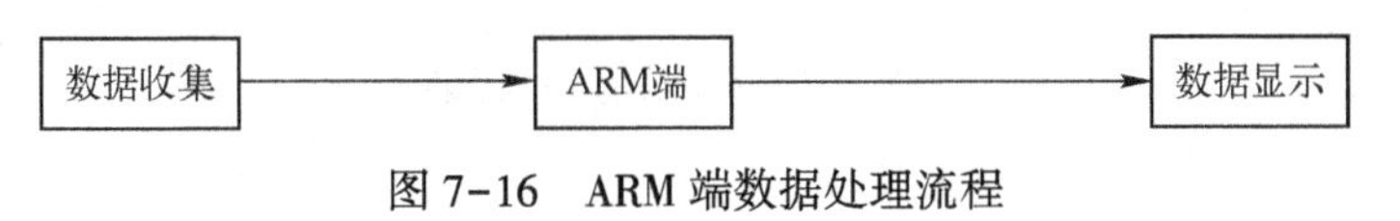

图 7-16　ARM 端数据处理流程

7.4.2　pH 传感器模块的软件设计

1. pH 传感器模块的软件设计过程

pH 传感器模块在检测数据时，要在硬件全部连接成功的基础上，才能实现相应的软件设计。

pH 传感器模块的软件实现步骤如下。

① 在系统自带的 UP-Magic_Modules 目录下创建名为 ph 的文件夹（实验目录），并在该目录下创建两个文件夹 driver（驱动程序）和 test（应用程序），分别如图 7-17 和图 7-18 所示。

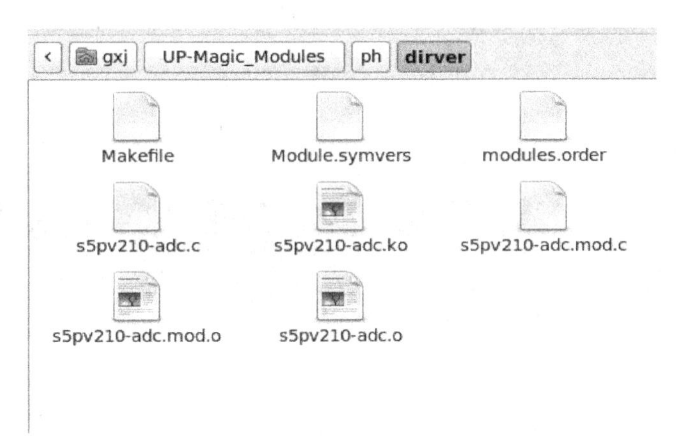

图 7-17　driver 文件夹

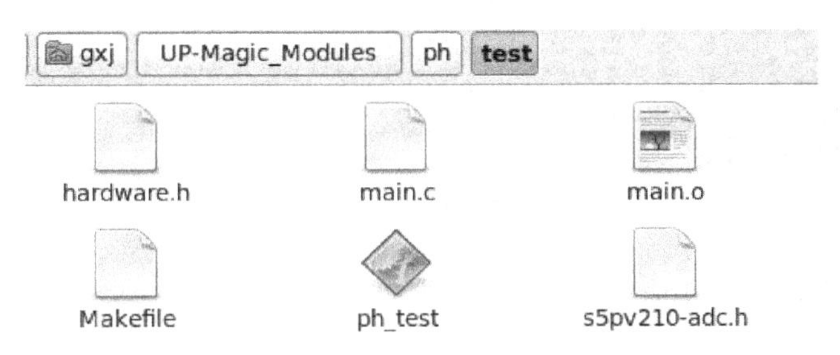

图 7-18　test 文件夹

② 编写驱动程序和应用程序，并用 make 编译驱动程序和应用程序。

③ 配置终端，设置波特率为 115 200 bps，数据位为 8，奇偶校验位为无，停止位为 1，数据流控制为无，如图 7-19 所示。

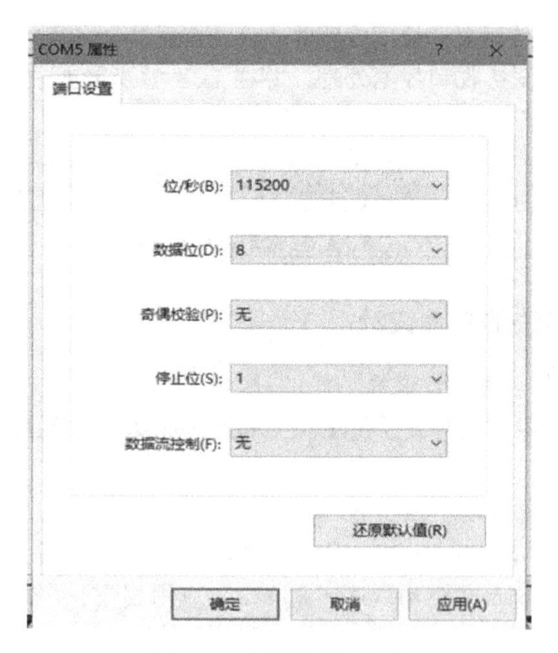

图 7-19　终端配置（一）

④ 打开 Fedora14 的 NFS 服务。

⑤ 配置开发板与 Linux 系统的 IP 地址，如图 7-20 所示。

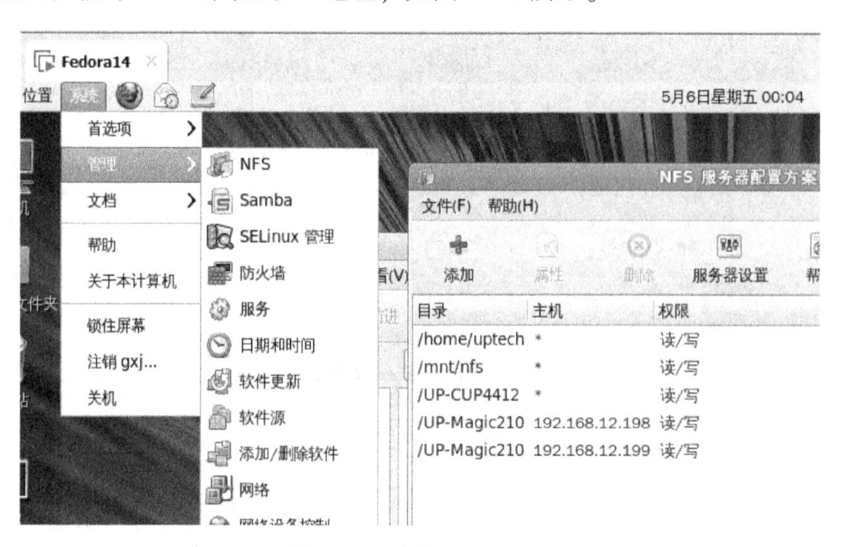

图 7-20　终端配置（二）

查看 IP 地址网段：

```
# ifconfig -a
```

设置 ARM 开发板的 IP 地址：

```
#ifconfig eth0 192. 168. 12. 198(IP 可在网段相同的情况下随意设置)
```

设置 Fedora14 的 IP 地址：

```
# ifconfig eth0 192.168.12.199
```

⑥ 通过串口终端挂载实验目录 ph。

⑦ 用 make 编译驱动程序。

⑧ 执行测试程序 . ko 文件。

2. pH 传感器模块软件的实现原理

pH 传感器主要用于检测水环境的 pH 值，采集到的是模拟电压信号，然后通过模数转换将电压值数量化，转化为正常的数据显示。pH 传感器模块软件的实现原理如图 7-21 所示。

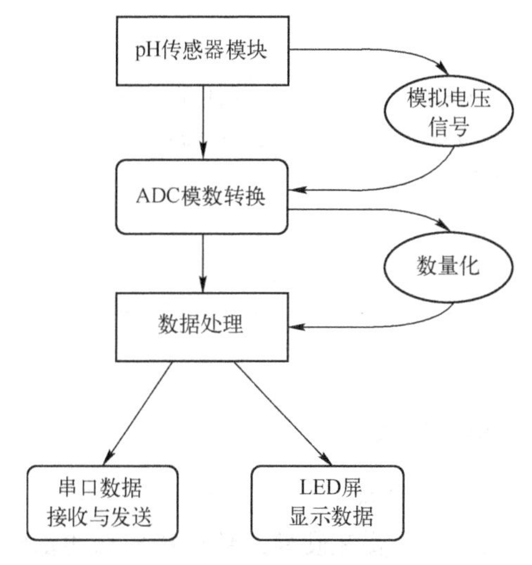

图 7-21　pH 传感器模块软件的实现原理

将采集到的模拟电压量，根据测得的电压值用 Excel 软件进行曲线公式拟合，形成电压与 pH 的关系曲线，如图 7-22 所示。

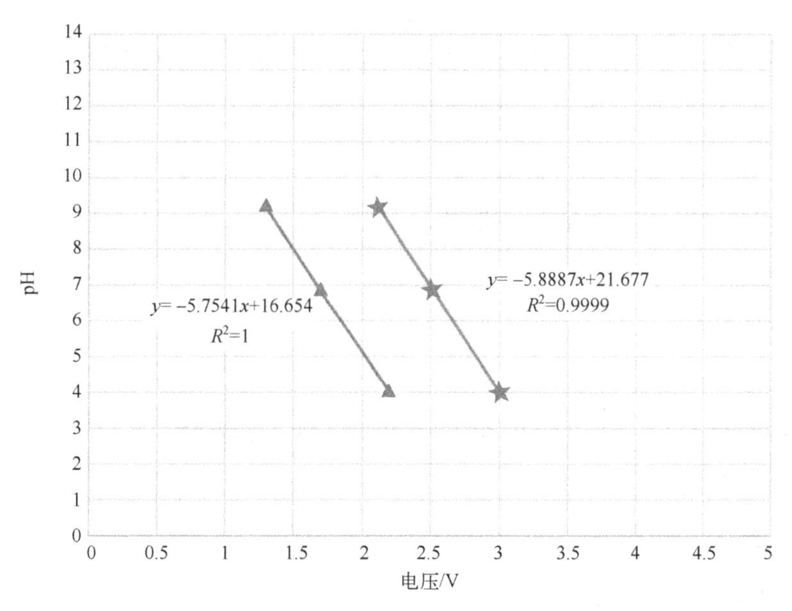

图 7-22　pH 与电压的关系曲线

ADC 采集系统标准公式，带三角形符号的是 3.3 V ADC 采集系统标准公式。带五角星符号的是 5.0 V ADC 采集系统标准公式。

根据拟合曲线推出公式：

$$y=-5.7541 \cdot x+16.654(3.3\ \mathrm{V})$$

根据公式计算出 pH 数值。

根据公式编写程序如下：

```
if( init_ADdevice( ) <0)
        return -1;
    while( stop= =0 ) {
        for( i=0; i< 1; i++) {              //采样 0~2 路 A/D 值
            vol = (float)GetADresult( i) * 5.0/1024;
            ph = 5.887 * vol+21.677;
                if( ph<=0) { ph=0; }
                if( ph>= 14) { ph=14; }
                    printf( "ph: %5.2f mg/m3\n", ph);
        }
```

7.4.3 浊度传感器模块的软件设计

1. 浊度传感器模块的软件设计过程

浊度传感器模块在检测数据时，要在硬件全部连接成功的基础上，才能实现相应的软件设计。

浊度传感器模块的软件实现步骤如下。

① 在系统自带 UP-Magic_Modules 目录下创建名为 flu（浊度）的文件夹（实验目录），并在该目录下创建两个文件夹 driver（驱动程序）和 test（应用程序）。

② 编写驱动程序和应用程序及包含的 makefile 文件，并用 make 编译驱动程序和应用程序。

③ 配置终端。

④ 打开嵌入式 Linux 系统的 NFS。

⑤ 配置开发板与 Linux 系统的 IP 地址。

查看 IP 地址网段：

```
# ifconfig -a
```

设置终端 IP 地址：

```
#ifconfig eth0 192.168.12.198(IP 可在网段相同的情况下随意设置)
```

设置 Linux 系统的 IP 地址：

```
# ifconfig eth0 192.168.12.199
```

⑥ 通过串口终端挂载实验目录。

⑦ 加载驱动程序。

⑧ 执行测试程序。

2. 浊度传感器模块软件实现的工作原理

浊度传感器模块的主要功能是获取当前水中的浑浊程度并显示。其功能流程图如图 7-23 所示。

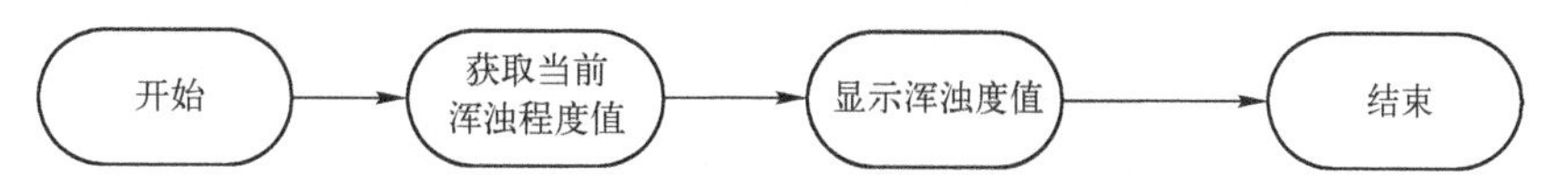

图 7-23　浑浊度传感器模块的功能流程图

浊度传感器检测水环境的浊度值，采集到的是模拟电压信号，然后通过模数转换将电压值数量化，转化为正常的数据并显示。其实现原理如图 7-24 所示。

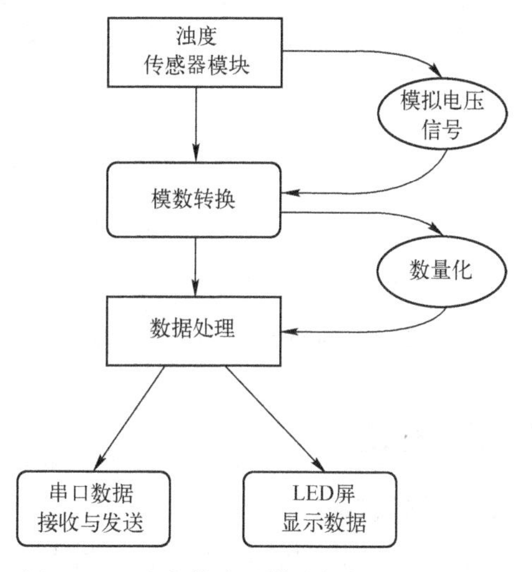

图 7-24　浊度传感器模块软件的实现原理

将采集到的模拟电压量，根据测得的电压值用 Excel 软件进行曲线公式拟合，形成浊度与电压的关系曲线，如图 7-25 所示。

根据拟合曲线推出公式：

$$y=-868.68\cdot x+3291.3(5\ \mathrm{V})$$

根据公式计算出浊度数值。

根据公式编写程序如下：

```
while( stop==0 ){
        for(i=0; i< 1; i++){//采样 0~2 路 A/D 值
            vol = (float)GetADresult(i) * 5.0/1024;
            ftu_value =-865.68 * vol+3291.3;
                if(ftu_value<=0){ftu_value=0;}
                if(ftu_value>=3000){ftu_value=3000;}
                  printf("ftu_value:%5.2f
                          mg/m3\n",ftu_value);
}
```

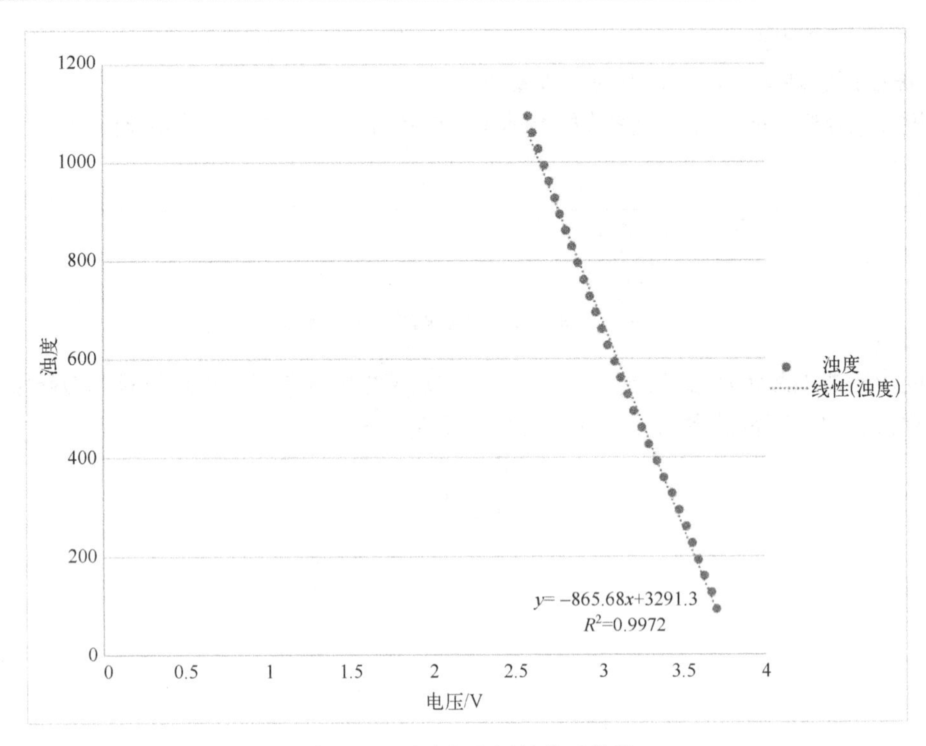

图 7-25　浊度与电压的关系曲线

7.4.4　TDS 传感器模块的软件设计

1. TDS 传感器模块的软件设计过程

TDS 传感器模块在检测数据时，要在硬件全部连接成功的基础上，才能实现相应的软件设计。

TDS 传感器模块的软件实现步骤如下。

① 在 UP-Magic_Modules 目录下创建名为 TDS 的文件夹（实验目录），并在该目录下创建两个文件夹 driver（驱动程序）和 test（应用程序）。

② 编写驱动程序和应用程序，并用 make 编译驱动程序和应用程序。

③ 配置终端。

④ 打开嵌入式 Linux 系统的 NFS。

⑤ 配置开发板与 Linux 系统的 IP 地址。

查看 IP 地址网段：

```
# ifconfig -a
```

设置终端 IP 地址：

```
#ifconfig eth0 192.168.12.198(IP 可在网段相同的情况下随意设置)
```

设置 Linux 系统的 IP 地址：

```
# ifconfig eth0 192.168.12.199
```

⑥ 通过串口终端挂载实验目录。

⑦ 加载驱动程序。

⑧ 执行测试程序。

2. TDS 传感器模块软件的实现原理

TDS 传感器模块的主要功能是获取当前水中的 TDS 数值并显示。其功能流程图如图 7-26 所示。

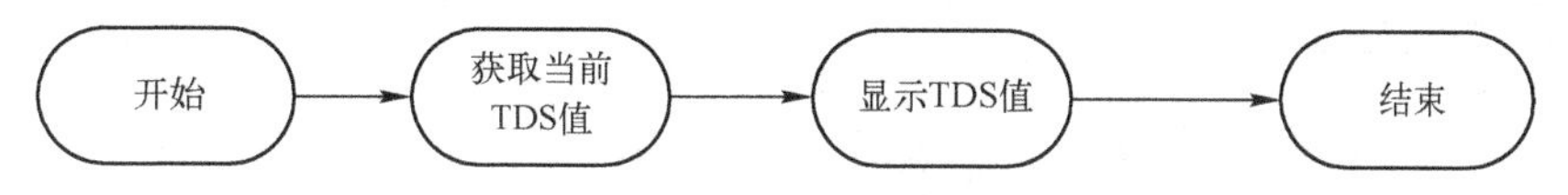

图 7-26　TDS 传感器模块的功能流程图

TDS 传感器检测水环境中的 TDS 值，采集到的是模拟电压信号，然后通过模数转换将电压值数量化，转化为正常的数据并显示。其实现原理如图 7-27 所示。

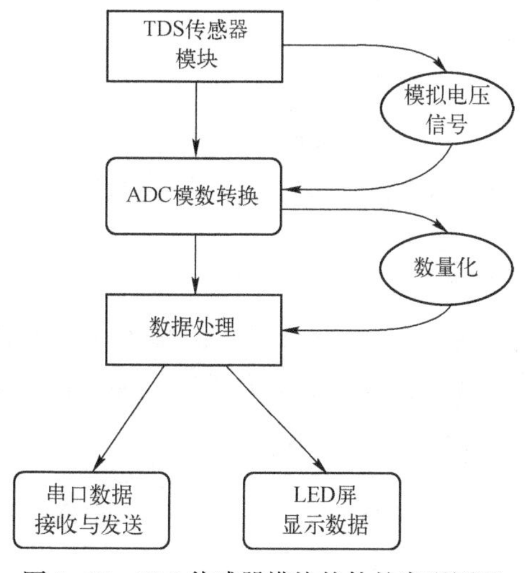

图 7-27　TDS 传感器模块软件的实现原理

TDS 的常用单位为百万分比浓度（parts per million，ppm）。TDS 与电压的关系曲线如图 7-28 所示。

根据拟合曲线推出公式：

$$y=66.71.68 \cdot x^3-127.93 \cdot x^2+428.7 \cdot x(5\,\mathrm{V})$$

根据公式计算出 TDS 数值。

根据公式编写程序如下：

```
while(stop==0){
        for(i=0; i< 1; i++){//采样 0~2 路 A/D 值
            vol = (float)GetADresult(i) * 5.0/1024;
            tds = 66.71 * vol * vol * vol-127.93 * vol * vol+428.7 * vol;
                if(tds<=0){tds=0;}
                if(tds>=1400){tds=1400;}
                printf("tds: %5.2f mg/m3\n",tds);
}
```

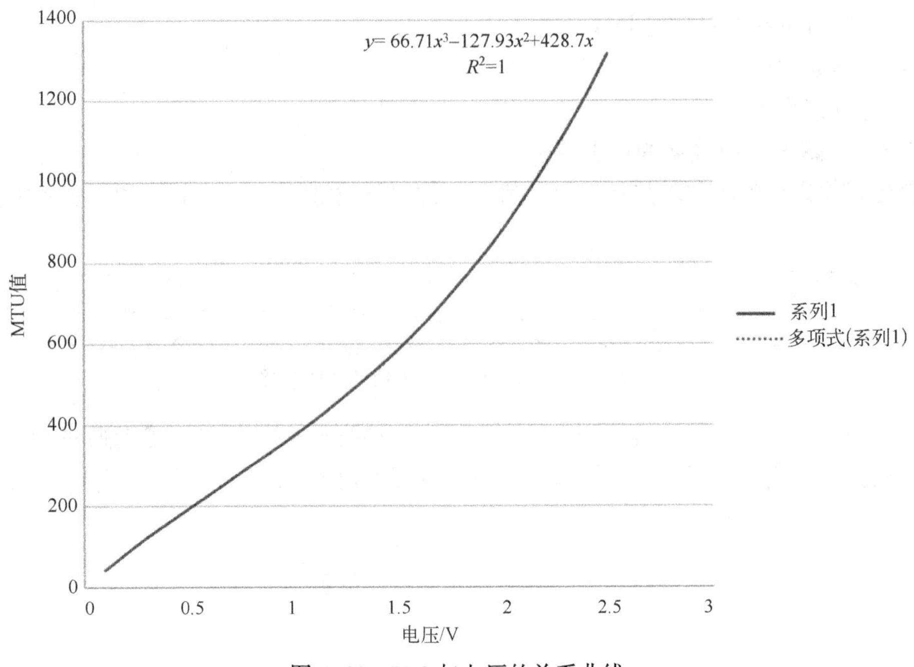

图 7-28　TDS 与电压的关系曲线

7.4.5　蜂鸣器模块的软件设计

蜂鸣器模块软件的实现原理如图 7-29 所示。蜂鸣器模块主要用于检测数据变化。如果数据变化低于或高于定义值，蜂鸣器通过响铃方式提示所测数据偏大或偏小。

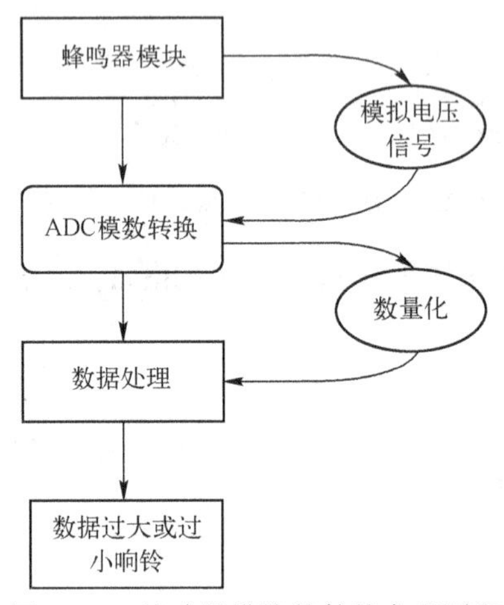

图 7-29　蜂鸣器模块软件的实现原理

7.5　软件开发环境的安装和配置

7.5.1　Fedora 14 操作系统的安装

安装 Fedora 14 操作系统时，内存空间容量需要 4～13 GB，需要提前预留内存空间。Fedora 14 操作系统安装成功后，还需安装相关的 gcc 编译器、make 相关的编译器工具等。

7.5.2　开发环境配置

1. 配置网络

在配置 IP 之前，需要查看终端和 PC 机的网段，二者应在同一网段。

查看 IP 网段：

```
# ifconfig  -a
```

配置终端 IP 地址：

```
# ifconfig eth0 192.168.12.198
```

配置 Fedora 14 的 IP 地址：

```
# ifconfig eth0 192.168.1.199
```

2. 配置 NFS 服务共享目录

打开 Fedora 14 系统，选择“管理”菜单，选中“NFS”菜单项，打开 NFS 的对话框，找到 NFS 服务，然后单击“启用”，运行 NFS。用 vi 编辑器执行 vi/etc/exports 命令，添加实验所需的共享目录/UP-Magic210。该目录是之后实验的基础。打开终端用 ifconfig 命令配置主机 IP 地址：192.168.12.198，添加成功则可在终端共享该目录，并可在终端执行相应程序。

3. 配置防火墙

Fedora 14 操作系统在一般操作下防火墙是打开的，所以当外来 IP 访问时是拒绝的。在使用 NFS 共享目录时，需要及时关闭防火墙。

7.5.3　配置终端

打开终端软件，如图 7-30 所示。

图 7-30　打开终端软件

设置终端名称，如图 7-31 所示。

图 7-31　设置终端名称

设置终端端口号，如图 7-32 所示。

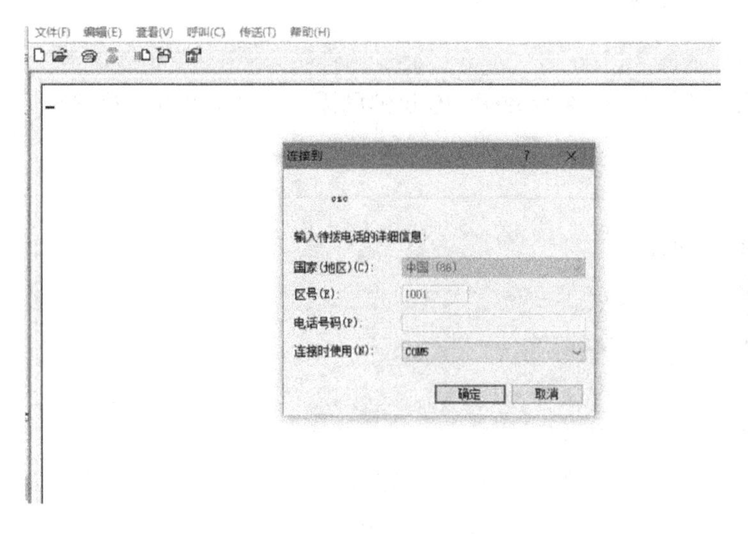

图 7-32 设置终端端口号

设置串口参数，如图 7-33 所示。

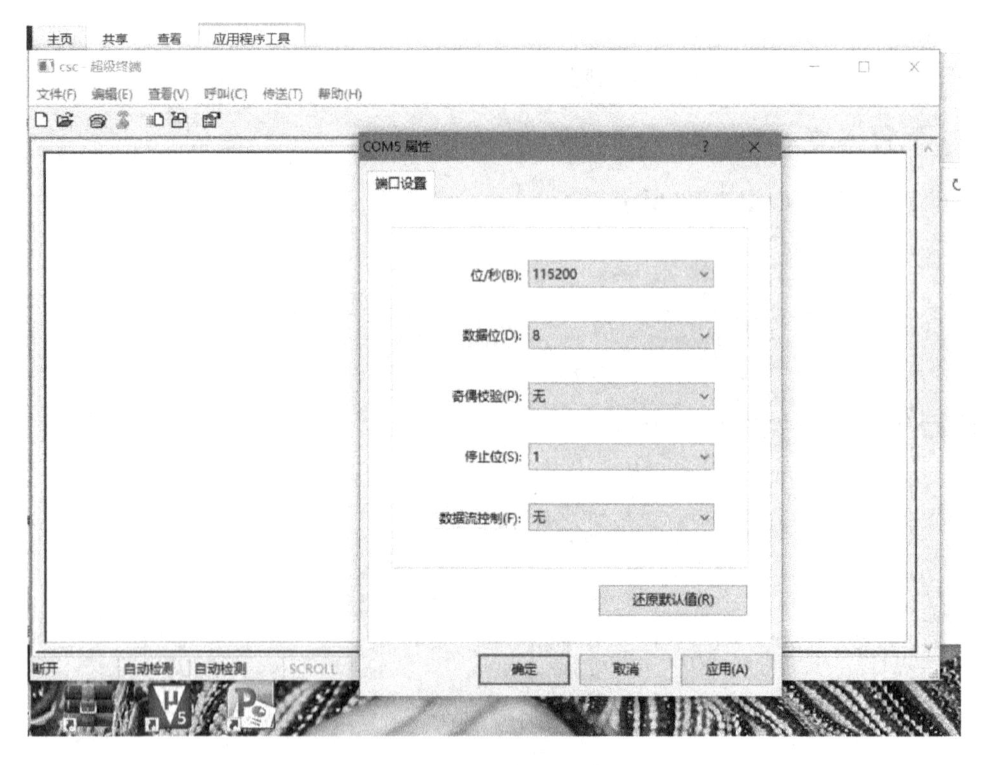

图 7-33 设置串口参数

串口终端连接成功，如图 7-34 所示。

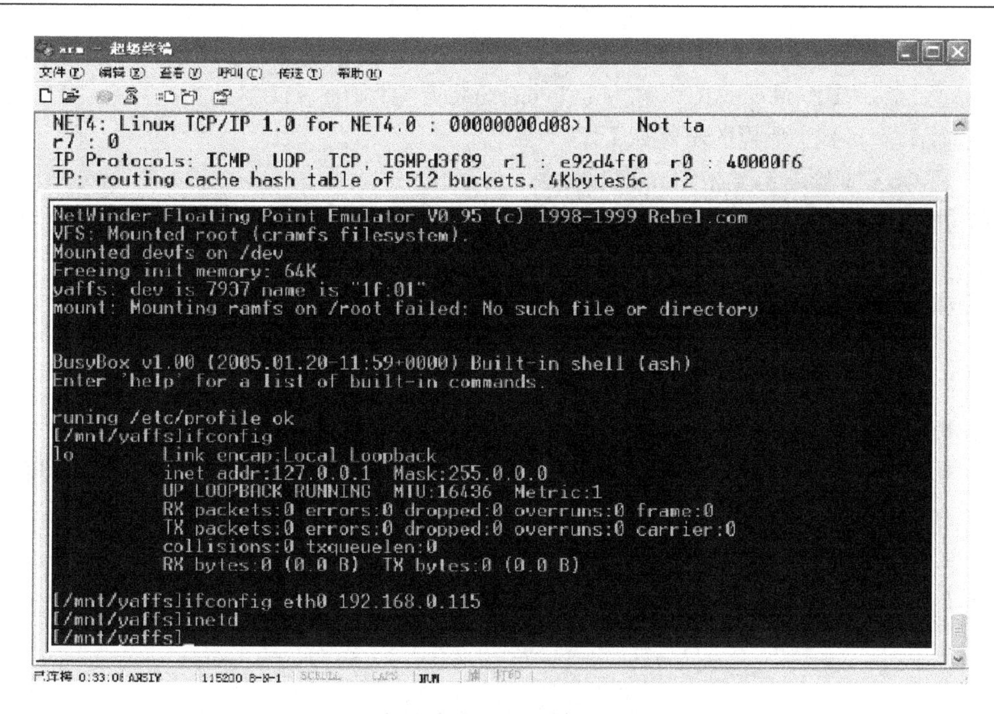

图 7-34　终端连接成功

7.5.4　Qt 环境搭建

1. Qt 简介

详见 2.5.1 节。

2. Qt 的特征

Qt 具有独特的信号和卡槽机制，可以将相互独立的控件关联起来。

Qt 可关联多个事件，例如在一个关闭窗口的事件中，如果有多个窗口关联到一个关闭按钮，那么在用户单击按钮时，可以使多个窗口同时关闭。

在 Qt 中输入中文后，由于 Qt 有特殊的翻译器，所以可根据上下文内容翻译出用户输入的字符串的含义。

Qt 有可查询和可设计的属性。

Qt 可自动识别所需要的对象，并且能够准确提取与对象相关的内容。

3. Qt 编程主要的类

（1）QObject

QObject 类是 Qt 所有类的父类，QApplication、QWidget 都是 QObject 类的子类。

（2）QApplication

QApplication 类用于对图形界面进行控制，对程序的开始、结束和相应的工作阶段进行管理。它还包含了对主窗口事件循环的控制、事件中断调度、资源分配等功能。

（3）QWidget 类

QWidget 类是 Qt 所有用户接口的父类，继承了 QObject 类的所有功能。

4. 配置编译 Qt-X11 环境

实验目录：/UP-Magic210/SRC/gui/home/uptech/QT4/for_x11/。

配置编译 Qt-X11 环境的步骤如下。

① 将 Qt-X11 压缩包复制到 uptech 目录下并解压；

② 进入目录 qt-everywhere-opensource-src-4.6.2，执行 configure 文件，配置 Qt-X11 环境；

③ 安装 Qt-X11 库。

7.5.5 配置 Qt Designer

1. Qt Designer 简介

Qt Designer 是一款简易的图形界面设计工具，底层代码以 C++语言为基础，并拥有大量库资源。Qt Designer 是具有可视化界面的图形界面设计工具，符合人类视觉习惯，可以在一个可视化的环境下完成图形界面的设计。

Qt Designer 界面如图 7-35 所示。

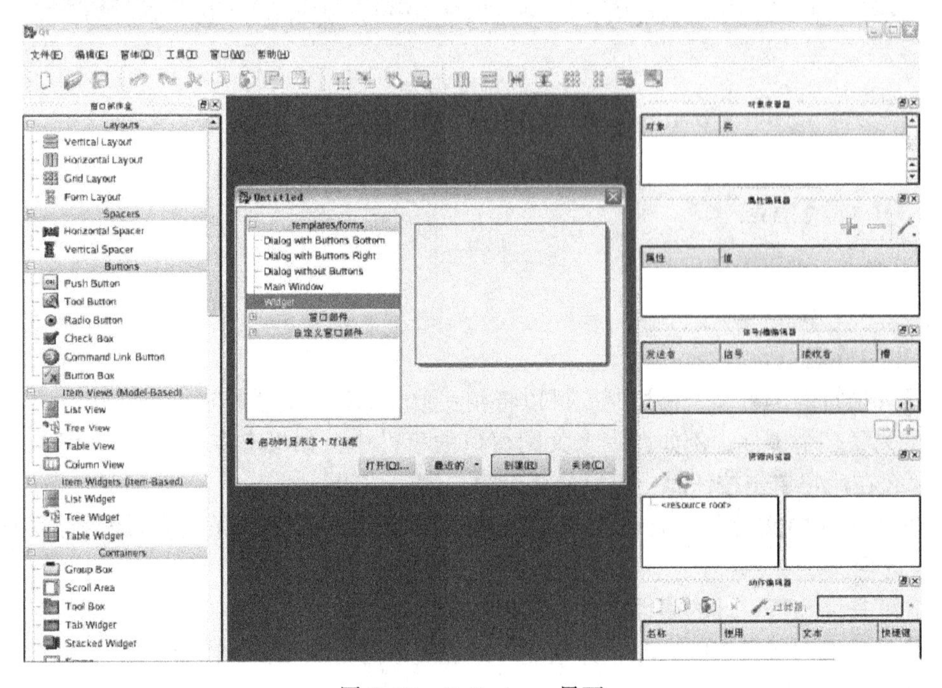

图 7-35 Qt Designer 界面

Qt Designer 界面包含几个窗口界面，所有功能在左边显示。如果不习惯这个界面，可在工具选项卡下选择其他样式。

2. Qt Designer 设计方法

Qt Designer 程序设计的步骤如图 7-36 所示。

3. 实验步骤

实验目录：/home/uptech/QtDesigner。

目录：/usr/local/Trolltech/ Qt-x11-4.6.2/bin/。

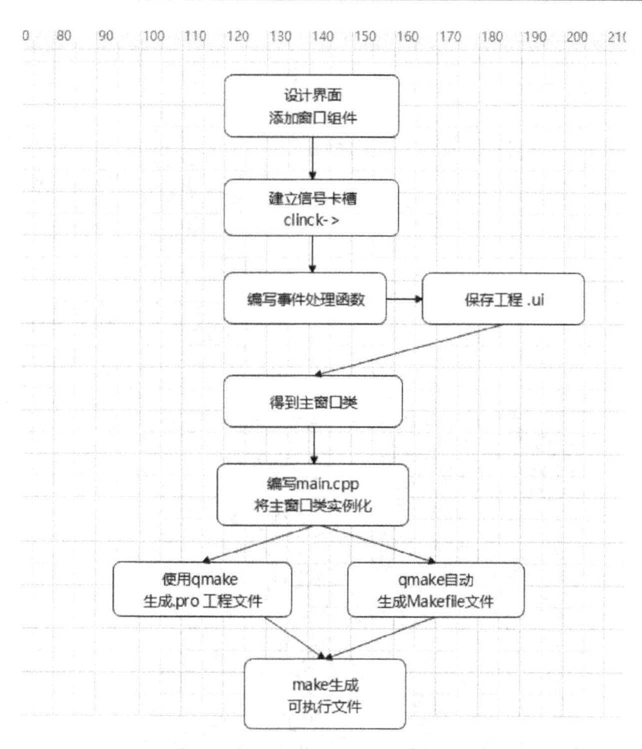

图 7-36　Qt Designer 程序设计的步骤

（1）编写 Qt-X11 程序

进入/home/uptech 实验目录，执行建立实验目录 testqt-x11 # mkdir testqt-x11 命令。界面设计如图 7-37~图 7-43 所示。

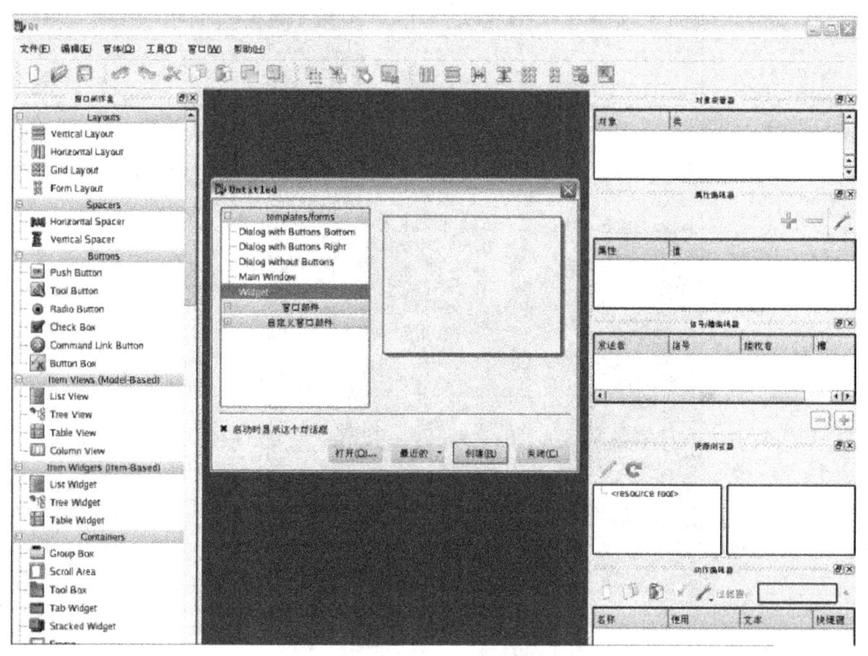

图 7-37　默认布局窗口

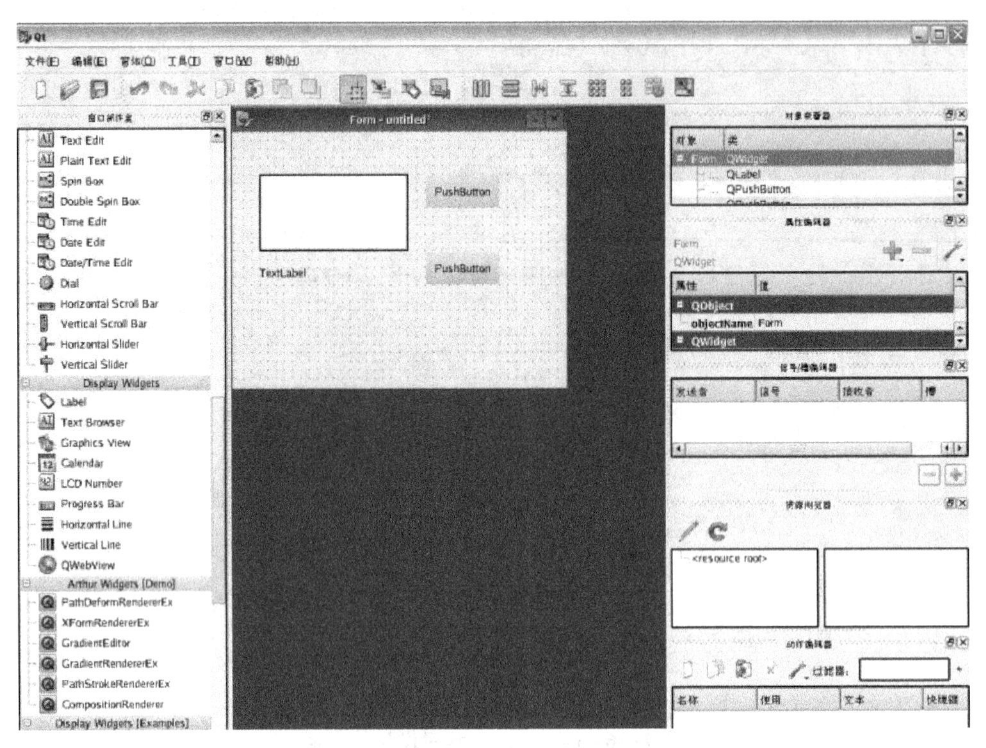

图 7-38　初始化控件及相关属性内容

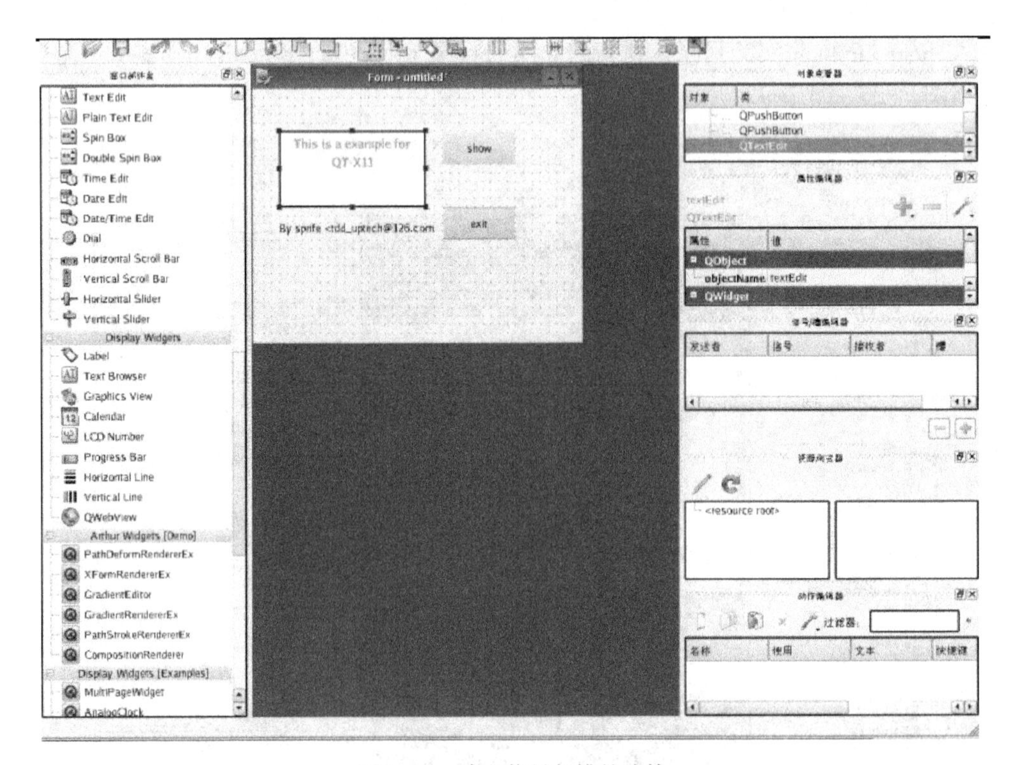

图 7-39　建立信号与槽的连接

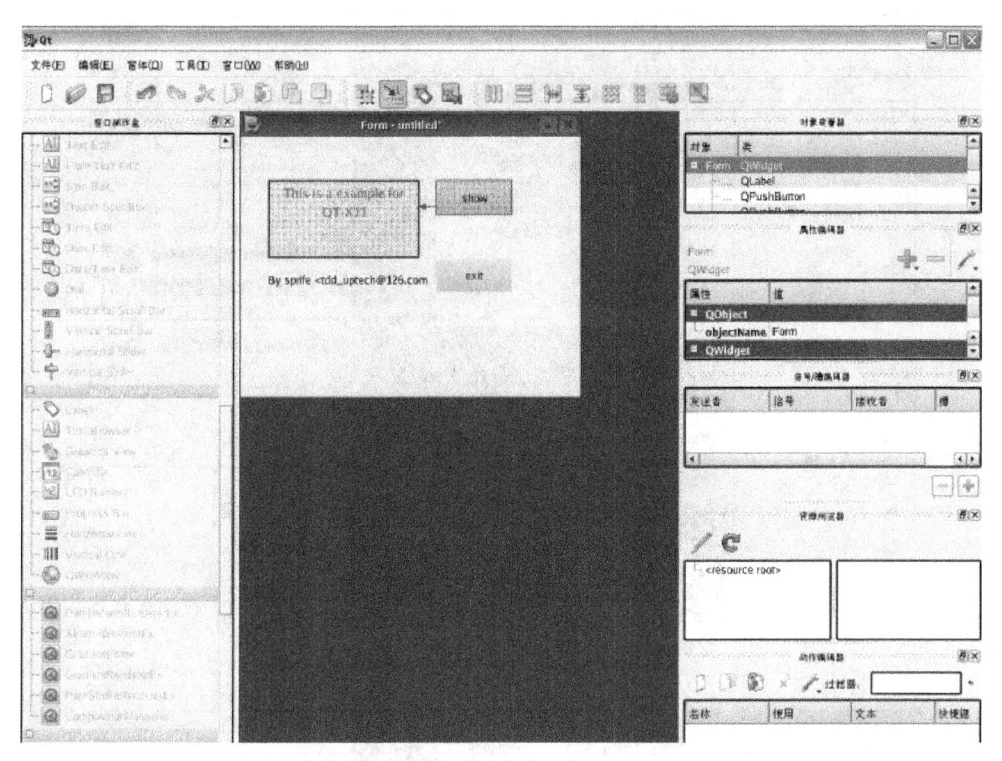

图 7-40　show 按钮与文本编辑框的连接

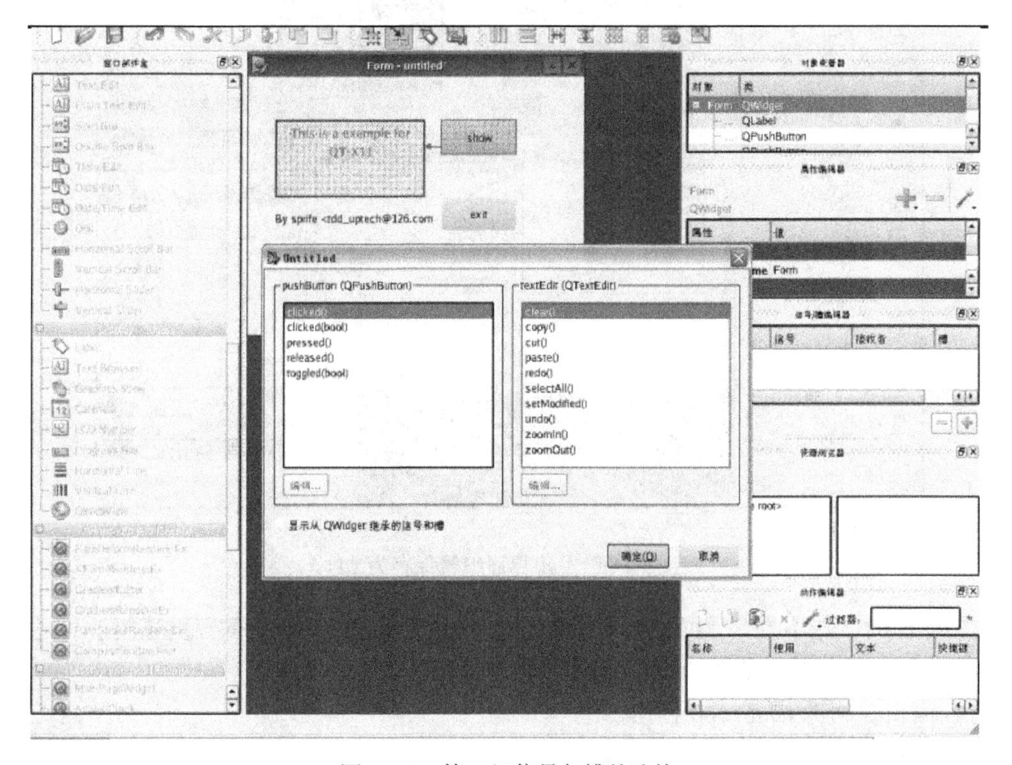

图 7-41　第二组信号与槽的连接

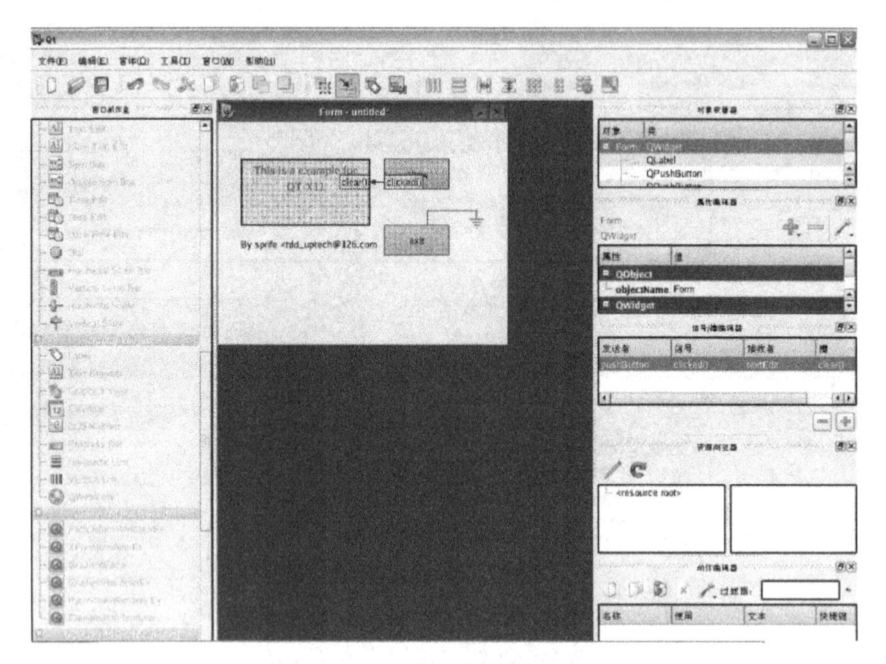

图 7-42　exit 按钮与 Form 的连接

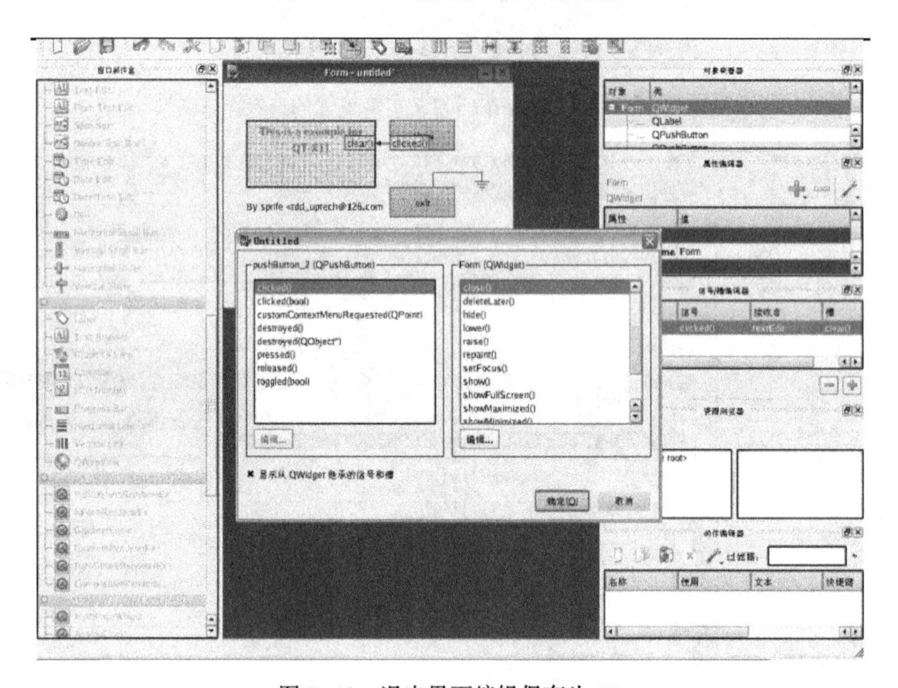

图 7-43　退出界面编辑保存为 UI

连接界面时，选中左下角的“显示从 QWidget 继承的信号和槽”复选框，才会显示 Designer 全部信号与槽，如图 7-44 所示。

用 vi 编辑器编辑 main. cpp 程序。

用 qmake-project 编译生成文件 . pro。

用 qmake 命令生成 Makefile 文件。

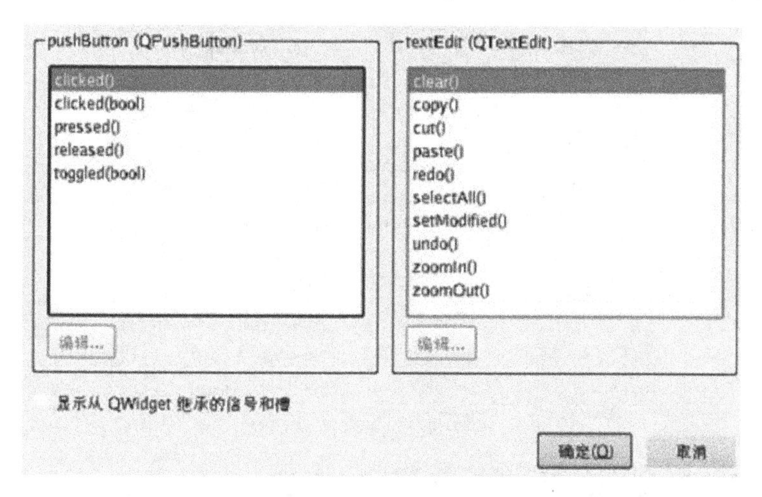

图 7-44　Designer 全部信号与槽

执行编译好的程序，进行测试。

```
[root@ localhost testqt-x11]# ./testqt-x11
```

测试结果如图 7-45 所示。

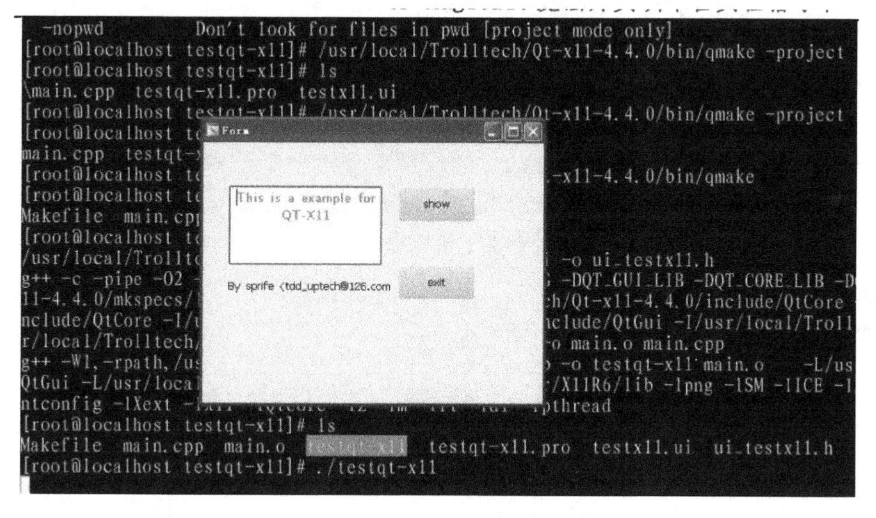

图 7-45　测试结果

7.6　系统运行效果展示

1. Qt 界面显示

Qt 界面显示如图 7-46 所示。

2. 运行代码展示

运行代码，显示终端连接成功，如图 7-47 所示。

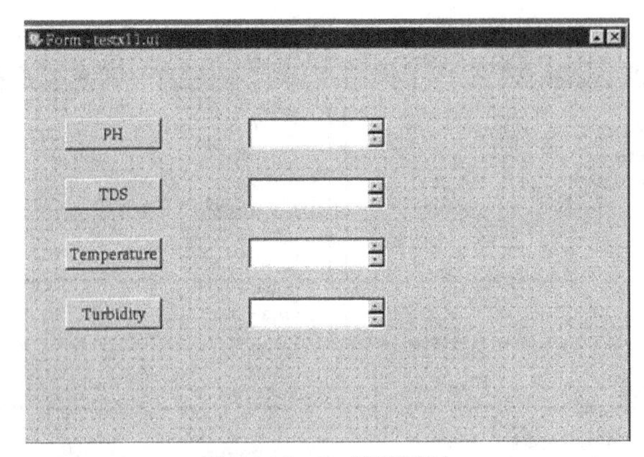

图 7-46　Qt 界面显示

```
<096.wsize=4096 192.168.12.198:/UP-Magic210 /mnt/nfs
[root@UP-TECH yaffs]# cd /mnt/nfs
[root@UP-TECH nfs]# ls
DOC              SRC              UP-Magic_Modules  readme.txt
IMG              Trolltech        install.sh
[root@UP-TECH nfs]# cd UP-Magic_Modules/ph
[root@UP-TECH ph]# insmod dirver/s5pv210-adc.ko
[  287.160000] S5PV210 ADC driver, (c) 2010 Samsung Electronics
[  287.165000] S3C ADC driver successfully probed !
[root@UP-TECH ph]# cd test
[root@UP-TECH test]# ls
Makefile        install.sh      main.o              s5pv210-adc.h
hardware.h      main.c          ph_test
[root@UP-TECH test]# ./install.sh
-bash: ./install.sh: Permission denied
[root@UP-TECH test]# cd ..
[root@UP-TECH ph]# cd ..
[root@UP-TECH UP-Magic_Modules]# cd buzzer
[root@UP-TECH buzzer]# ls
UP-Magic-0111.pdf  driver              test
[root@UP-TECH buzzer]# cd test
[root@UP-TECH test]# ls
Makefile     gpio_test    gpio_test.c  install.sh
[root@UP-TECH test]# ./install.sh
-bash: ./install.sh: Permission denied
[root@UP-TECH test]#
Display all 456 possibilities? (y or n)
[root@UP-TECH test]# cd ..
[root@UP-TECH buzzer]# cd ..
[root@UP-TECH UP-Magic_Modules]# cd s
sca60c/ shock/  smog/
[root@UP-TECH UP-Magic_Modules]# cd smog/
[root@UP-TECH smog]#
[root@UP-TECH smog]# ls
UP-Magic-0301.pdf  driver              test
[root@UP-TECH smog]# cd test/
[root@UP-TECH test]# la
-bash: la: command not found
[root@UP-TECH test]# ls
Makefile     install.sh   smog_test    smog_test.c
```

图 7-47　终端连接成功

3. TDS 模块挂载完成

TDS 模块挂载完成，如图 7-48 所示。

```
done
[root@UP-TECH yaffs]# ifconfig
eth0      Link encap:Ethernet  HWaddr 00:09:C0:FF:EC:48
          inet addr:192.168.12.199  Bcast:192.168.12.255  Mask:255.255.255.0
          UP BROADCAST RUNNING MULTICAST  MTU:1500  Metric:1
          RX packets:36 errors:0 dropped:0 overruns:0 frame:0
          TX packets:0 errors:0 dropped:0 overruns:0 carrier:0
          collisions:0 txqueuelen:1000
          RX bytes:3564 (3.4 KiB)  TX bytes:0 (0.0 B)
          Interrupt:46 Base address:0xe000

lo        Link encap:Local Loopback
          inet addr:127.0.0.1  Mask:255.0.0.0
          UP LOOPBACK RUNNING  MTU:16436  Metric:1
          RX packets:0 errors:0 dropped:0 overruns:0 frame:0
          TX packets:0 errors:0 dropped:0 overruns:0 carrier:0
          collisions:0 txqueuelen:0
          RX bytes:0 (0.0 B)  TX bytes:0 (0.0 B)

[root@UP-TECH yaffs]# ping 192.168.12.198
PING 192.168.12.198 (192.168.12.198): 56 data bytes
64 bytes from 192.168.12.198: seq=0 ttl=64 time=5.763 ms
64 bytes from 192.168.12.198: seq=1 ttl=64 time=1.036 ms
64 bytes from 192.168.12.198: seq=2 ttl=64 time=0.991 ms

--- 192.168.12.198 ping statistics ---
3 packets transmitted, 3 packets received, 0% packet loss
round-trip min/avg/max = 0.991/2.596/5.763 ms

< -t nfs -o nolock,rsize=4096,wsize=4098 192.168.12.198:/UP-Magic210 /mnt/nfs
[root@UP-TECH yaffs]# cd /mnt/nfs/
[root@UP-TECH nfs]# cd UP-Magic_Modules/
[root@UP-TECH UP-Magic_Modules]# cd t
tcs3200/        tds/            temp_humi/     touch_switch/
[root@UP-TECH UP-Magic_Modules]# cd tds/
[root@UP-TECH tds]# insmod driver/s5pv210-adc.ko
[  266.335000] S5PV210 ADC driver, (c) 2010 Samsung Electronics
[  266.340000] S3C ADC driver successfully probed !
[root@UP-TECH tds]# cd test/
[root@UP-TECH test]# ls
```

图 7-48　TDS 挂载成功

4. TDS 结果显示

TDS 结果显示如图 7-49 所示。

```
[root@UP-TECH test]
[root@UP-TECH test]# cd ..
[root@UP-TECH ph]# cd ..
[root@UP-TECH UP-Magic_Modules]# cd tds/
[root@UP-TECH tds]# cd test/
[root@UP-TECH test]# ./tsd_test

Press Enter key exit!
tds: 407.88 mg/m3
tds: 408.35 mg/m3
tds: 407.88 mg/m3
tds: 407.88 mg/m3
tds: 408.35 mg/m3
tds: 408.35 mg/m3
tds: 407.76 mg/m3
tds: 407.76 mg/m3
tds: 408.35 mg/m3
tds: 408.35 mg/m3
平均值: 408.09  mg/m3
恭喜你, 你的水的TDS适中
```

图 7-49　TDS 结果显示

5. 浊度结果显示

浊度结果显示如图 7-50 所示。

```
on
        move                    Relocate an existing mount point
        remount                 Remount a mounted filesystem, changing flags
        ro/rw                   Same as -r/-w

There are filesystem-specific -o flags.

[root@UP-TECH yaffs]# mount -t nfs -o nolock,rsize=4096,wsize=4096 192.168.12.>
mount: 192.168.12.19898: Unknown host
mount: mounting 192.168.12.19898:/UP-Magic210 on /mnt/nfs failed
<,wsize=4096 192.168.12.19898:/UP-Magic210 /mnt/nfs
mount: 192.168.12.19898: Unknown host
mount: mounting 192.168.12.19898:/UP-Magic210 on /mnt/nfs failed
<,wsize=4096 192.168.12.19898:/UP-Magic210 /mnt/nfs
mount: 192.168.12.19898: Unknown host
mount: mounting 192.168.12.19898:/UP-Magic210 on /mnt/nfs failed
<,wsize=4096 192.168.12.198:/UP-Magic210 /mnt/nfs
[root@UP-TECH yaffs]# cd /mnt/nfs/
[root@UP-TECH nfs]# cd UP-Magic_Modules/
[root@UP-TECH UP-Magic_Modules]# cd ftu/
[root@UP-TECH ftu]# insmod driver/s5pv210-adc.ko
[  359.100000] S5PV210 ADC driver, (c) 2010 Samsung Electronics
[  359.105000] S3C ADC driver successfully probed !
[root@UP-TECH ftu]# cd test/
[root@UP-TECH test]# ls
Makefile        hardware.h      main.o
ftu_test        main.c          s5pv210-adc.h
[root@UP-TECH test]# ./ftu_test
-bash: ./ftu_test: Permission denied
[root@UP-TECH test]# ./ftu_test

Press Enter key exit!
ftu_value:  0.00 mg/m3
ftu_value:  0.00 mg/m3
ftu_value:  0.00 mg/m3
ftu_value:  0.00 mg/m3
ftu_value:  0.00 mg/m3
ftu_value:  0.00 mg/m3
ftu_value:  0.00 mg/m3
```

图 7-50　浊度结果显示

6. 按键效果显示

按键效果显示如图 7-51 所示。

```
[root@UP-TECH push_buttons]# cd test/
[root@UP-TECH test]# ls
Makefile          magicKeys_test    magicKeys_test.c
[root@UP-TECH test]# ./magicKeys_test
S13 pressed!
S14 pressed!
S5 pressed!
S8 pressed!
S6 pressed!
S7 pressed!
S1 pressed!
S2 pressed!
S3 pressed!
S4 pressed!
S5 pressed!
S7 pressed!
S8 pressed!
S9 pressed!
S9 pressed!
S11 pressed!
S12 pressed!
S6 pressed!
S7 pressed!
```

图 7-51　按键效果显示

7. pH 结果显示

pH 结果显示如图 7-52 所示。

```
[root@UP-TECH test]# ./ph_test

Press Enter key exit!
ph: 14.00 mg/m3
ph: 14.00 mg/m3
ph: 14.00 mg/m3
ph: 14.00 mg/m3
ph: 14.00 mg/m3
ph: 14.00 mg/m3
ph: 14.00 mg/m3
ph: 14.00 mg/m3
ph: 14.00 mg/m3
ph: 14.00 mg/m3
ph: 14.00 mg/m3
```

```
ph: 14.00 mg/m3
ph: 14.00 mg/m3
ph: 14.00 mg/m3
ph: 14.00 mg/m3
ph: 14.00 mg/m3
ph: 14.00 mg/m3
ph: 14.00 mg/m3
ph: 14.00 mg/m3
ph: 14.00 mg/m3
ph: 14.00 mg/m3
ph: 14.00 mg/m3
ph: 14.00 mg/m3
ph: 14.00 mg/m3
ph: 14.00 mg/m3
ph: 14.00 mg/m3
ph: 14.00 mg/m3
ph: 14.00 mg/m3
ph: 14.00 mg/m3
ph: 14.00 mg/m3
ph: 14.00 mg/m3
ph: 14.00 mg/m3
ph: 14.00 mg/m3
ph: 14.00 mg/m3
```

图 7-52　pH 结果显示

7.7 总结

本章在对国内外水质检测设备技术状况分析的基础上，设计了一款多参数水质检测设备，用于检测水的 pH、TDS、温度、浊度等常用的指标。该设备可实现对各种水质条件下的各参数进行检测，并将检测结果显示在 LCD 液晶显示屏上。

本设计采用 pH 传感器、TDS 传感器和浊度传感器对水质进行检测；同时，通过对水质的检测，判断水质是否受到工业废水的污染，以及判断饮用自来水是否符合饮用的标准等。另外，通过与数据库中的数据对比，判断水质是否达标，不达标时，蜂鸣器可实现报警响铃。

第 8 章　基于嵌入式系统的智慧大棚设计

随着物联网技术的高速发展，为解决传统农业生产中人力资源成本高的问题，本章设计了一种基于嵌入式的智慧大棚系统。该系统选用 S5PV210 为主控芯片，使用温湿度传感器、光照强度传感器和烟雾浓度传感器对温室大棚中的各项环境参数进行采集，并采用 Python 软件实时显示传感器采集到的各项数据。实验结果表明，该系统采集精度高，运行稳定。

8.1　引言

8.1.1　研究背景及意义

农业经济是我国经济的重要组成部分之一。近几年来，随着经济的不断发展人们对生活质量的要求越来越高，反季水果、蔬菜渐渐进入人们的生活，传统的农业大棚虽能满足人们对反季水果、蔬菜的需求，但仍需消耗较大的人工进行种植及看护大棚。那么如何借用科技力量使得农业经济发展更加高效便利呢，以嵌入式技术为基础的智慧大棚设计与实现就势在必行。智慧大棚可大大减少人力劳动，自动监测大棚环境，实时显示各项环境参数，管理员可在移动端实时获取大棚内环境信息。

我国是传统的农业国家，农业生产方式由于诸多因素的影响，以人工种植和传统种植方式为主，传统农业存在以下 3 个方面的问题：

① 农药、化肥超标，农产品的生产过程没有安全保障，农产品的质量有待提高；

② 生产环节与销售环节比较脱节，造成难以满足市场需求的现象；

③ 农产品不能通过大规模的方式生产，生产技术由于极大依赖传统技术而造成科技含量不高，随着新兴科技的崛起，传统农业的生产经营模式遭遇了一定程度的局限，同时，自然环境承载力与经济发展之间的冲突也愈发显著，这对农业综合生产力的提升构成了严重制约。

近年来，我国农业现代化步伐加速，物联网农业的发展取得了显著成果。物联网技术在农业领域的应用广泛，涵盖了农产品安全管理、农业生产环境等多方面，展现了其强大的应用潜力和价值。

传统的农业大棚中一般采用水银式温度计测量温度，机械式湿度计测量大棚湿度，存在人工测量读数精度低、人工劳动量大的问题，造成了劳动力资源的浪费，大大降低了农业大棚的生产效率。随着物联网技术的高速发展，将给传统农业带来一场重大的智能化变革，针对上述传统农业大棚存在的问题，我国已引入物联网技术与传统农业大棚生产相结合，利用各类环境参数传感器构建智慧农业大棚监控系统，以期为农业的发展提供技术支持。

8.1.2　国内外研究现状

通过查阅相关文献及资料，在智慧大棚相关设计过程中，采用的主控板有 Arduino、cc2530 及 MCU 模块；在所采集的数据种类方面也各有所不同，除了最为常见的温度、湿度、光照强度外，还有土壤湿度、二氧化碳浓度及风向风速等参数。在数据传输方面，采用了 WiFi 传输、GSM 模块、ZigBee 及 4G 传输无线技术。采用最为常见的串口传输，将采集到的数据传输至主控单元，其中 ZigBee 技术最为常见，它具有效率高、成本低的特点。在数据显示方面，常见的是手机端显示、网页端显示或者电子大屏大棚内显示。在完成对数据的一系列处理工作后，部分研究设计开展了对环境的调控，例如，使用继电器，在大棚内温度较高时，可在用户端手动或自动开启风扇，降低大棚内温度；相反，当温度过低时，会开启暖气；当检测到大棚内二氧化碳浓度过大时，能够开启通风口进行空气流通；当光照强度超出范围值，过高时会自动拉下遮光帘，过低时则会开启补光灯补充光照等。

8.2　系统总体设计方案

本系统设计以 S5PV210 实验板为设计基础，结合温湿度传感器、光照强度传感器、烟雾浓度传感器对大棚实时数据进行采集，采集数据存储在文档内，最终显示在由 Python 工具搭建的图形化界面中。

系统结构框图如图 8-1 所示。

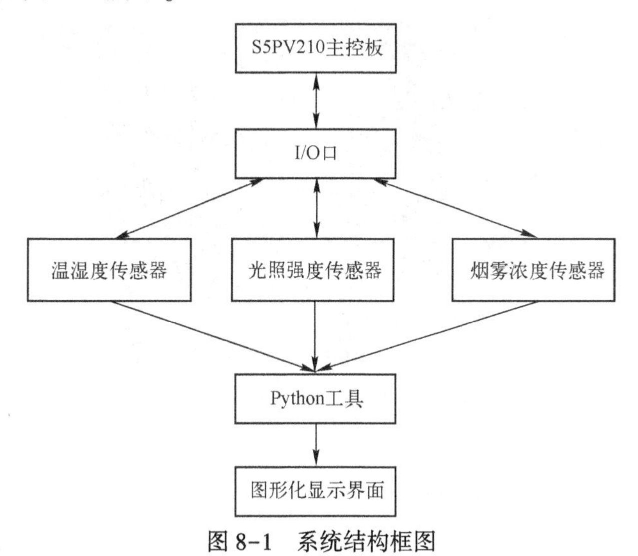

图 8-1　系统结构框图

8.2.1　S5PV210 开发板简介

S5PV210 芯片的介绍详见 7.3.1 部分。除 7.3.1 节介绍的功能和特点外，S5PV210 开发板还包含了大量硬件资源且具有外部储存，为提高任务运行速度和高端通信提供了优化。S5PV201 开发板如图 8-2 所示。

图 8-2 S5PV210 开发板

8.2.2 UP-Magic-0305 温湿度传感器简介

温湿度传感器采用 UP-Magic210 魔法师开发板所匹配的 UP-Magic-0305 温湿度传感器模块，如图 8-3 所示。此模块使用 S5PV210 芯片的 IIC（$\mathrm{I^2C}$）总线，需要连接开发板的 P5 端口。

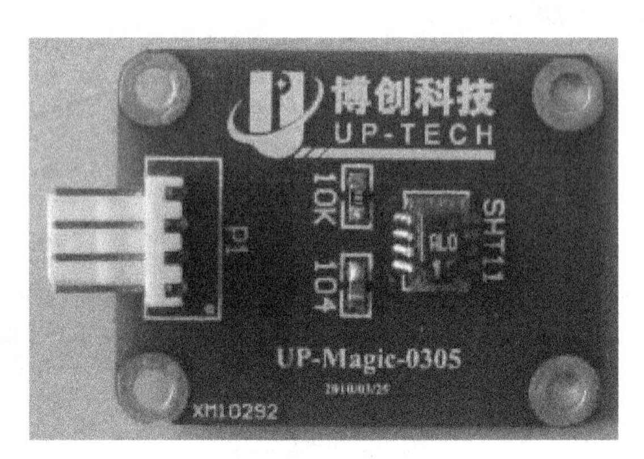

图 8-3 UP-Magic-0305 温湿度传感器

8.2.3 bh1750 光照强度传感器简介

光照强度传感器采用 UP-Magic210 魔法师开发板所匹配的 bh1750 光照强度传感器模块，如图 8-4 所示。此模块使用 IIC 和外部中断，连接开发板的 P1 和 P5 端口。

8.2.4 UP-Magic-0301 烟雾浓度传感器简介

烟雾浓度传感器采用 UP-Magic210 魔法师开发板所匹配的 UP-Magic-0301 烟雾浓度传感器模块，如图 8-5 所示。此模块使用外部中断，连接开发板的 P5 端口。

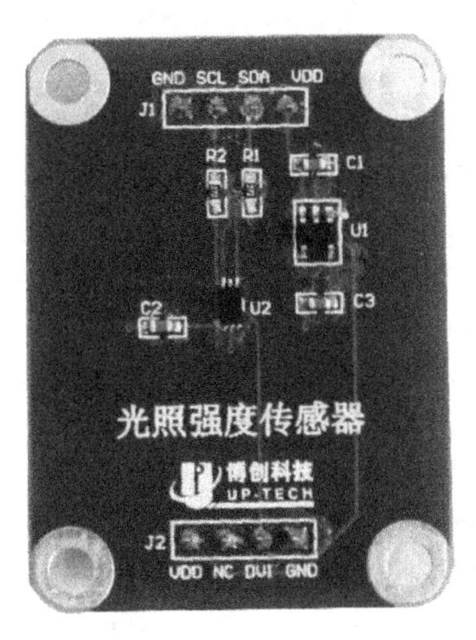

图 8-4　bh1750 光照强度传感器

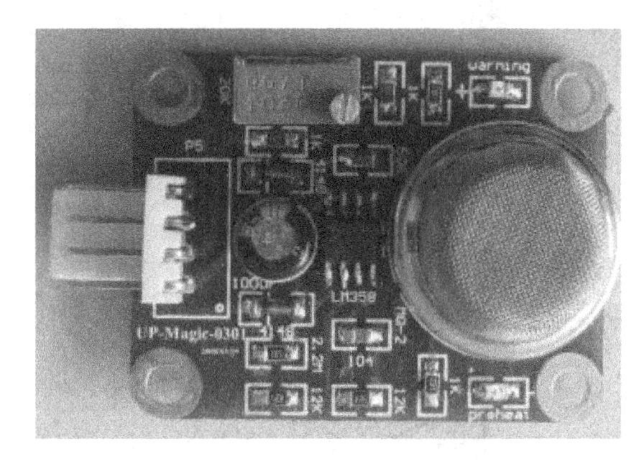

图 8-5　UP-Magic-0301 烟雾浓度传感器

8.3　系统开发环境的搭建与配置

系统搭建在 Linux 系统下的 Fedora 14 版本下，根据实验环境及设备情况，Fedora14 系统搭建在 VMware Workstation 虚拟机环境中。Fedora14 版本中的语法规则与 Ubuntu 版本几乎相同，个别语句及依赖包需与 Ubuntu 版本区别开来。

8.3.1　UP-Magic210 实验环境

将 UP-Magic210 实验环境通过光盘复制至 Fedora14 虚拟机根目录中，并将交叉编译器安装至/usr/local/arm 目录下。

1. 开发板串口驱动安装

S5PV210 开发板需先在本机上安装开发板识别所用的串口驱动，如无驱动，开发板通过串口连接至主机时，主机不显示串口号，连接会失败。S5PV210 开发板使用到的串口驱动如图 8-6 所示。安装后，当开发板连接主机，主机右下角将会显示串口号，此串口号后续将使用到。也可以通过右击“计算机”图标，选择“管理”→“设备管理器”→“端口”列表进行查看，如图 8-7 所示，COM7 为本次所使用的串口。

CP210x_VCP_Win2K_XP_S2K3.exe　2017/11/13 9:06　应用程序　5,352 KB

图 8-6　S5PV210 开发板驱动

2. 建立 NFS 共享服务

NFS 服务方便了主机与虚拟机之间的文件共享，开启 NFS 服务后处于同一网段中的机器可浏览对方的共享文件夹。对于本系统，开发板通过 NFS 服务可访问安装在 Fedora 14 中的实验主目录。开启 NFS 服务步骤为：打开 Fedora 14 系统，依次选择“系统”→“管理”→“服务”，找到 NFS 服务，单击选中复选框，运行 NFS，如图 8-8 所示。开启后再添加共享目录 UP-Magic210，步骤为：依次选择“系统”→“管理”→“服务器设置”→“NFS”，添加/UP-Magic 210 192. 168. 1. 199 读/写，如图 8-9 所示。

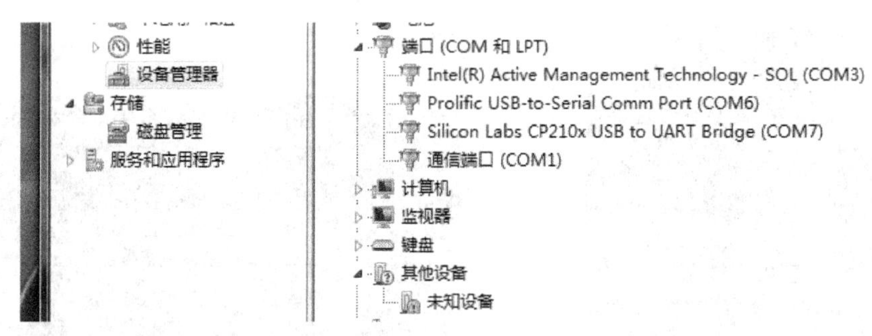

图 8-7 所使用串口

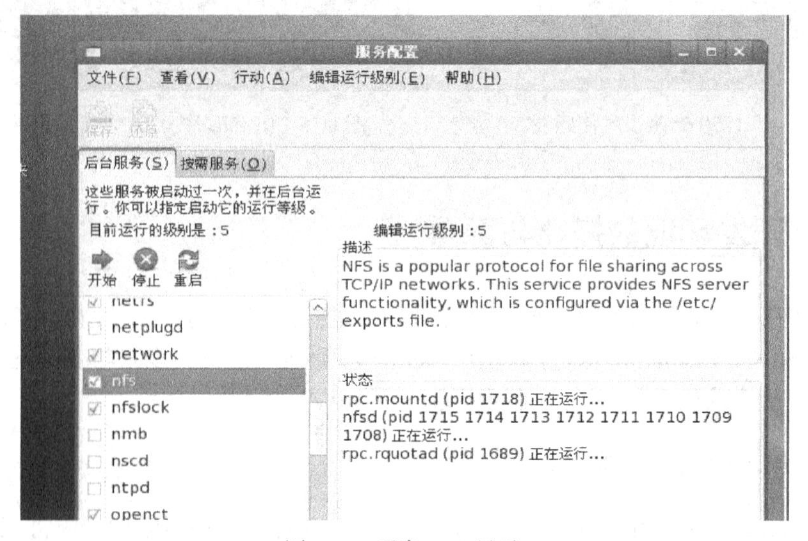

图 8-8 开启 NFS 目录

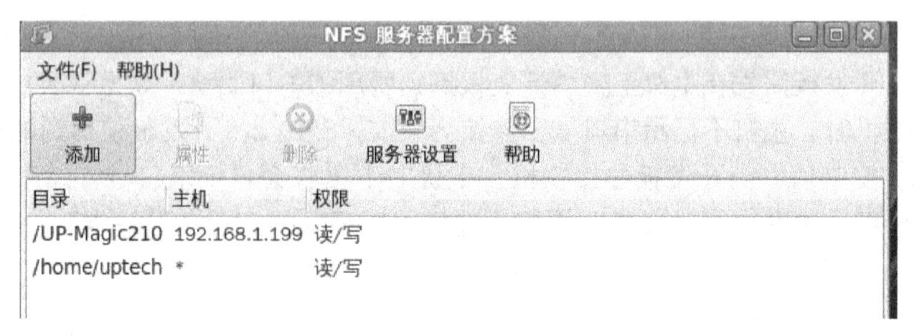

图 8-9 添加 NFS 共享目录

8.3.2 主机与虚拟机的配置

实验过程中需保证开发板、主机、虚拟机之间能成功通信。开发板使用串口进行数据输出与显示，依次选择“开始”→“程序”→“附件”→“通信”→“超级终端”，通过超级终端工具进行串口通信。

1. 主机串口配置

正确连接开发板与主机，打开超级终端工具，填写相应区号及位置，建立新的连接并输入名称，选择串口设备，即开发板连接主机的串口号（即 COM7），如图 8-9 所示，将“位/

秒”设置为115200，“数据位”设置为“8”，“奇偶校验”设置为“无”，“停止位”设置为“1”，“数据控制流”设置为“无”，单击“确定”，如图8-10所示。进入终端后给开发板上电，超级终端输出信息，开发板连接成功。

图8-10　选择COM7口

图8-11　设置端口信息

2. IP设置

将开发板IP和虚拟机IP设置在同一个网段内，主机与虚拟机之间才能互相ping通，进行通信。

(1) 开发板IP设置

通过超级终端设置开发板IP，首先在超级终端输入命令“ifconfig -a”，查看开发板IP

地址及以太网口，实验中使用的以太网口为 eth13，通过命令“ifconfig eth13 192. 168. 1. 43”设置主机 IP。

（2）虚拟机 IP 设置

在 Fedora14 中打开终端，输入命令“ifconfig -a”，查看虚拟机 IP 地址及以太网口，虚拟机以太网口设置为 eth0，使用命令 ifconfig eth0 192. 168. 1. 199 设置虚拟机 IP。

（3）验证通信

在虚拟机中输入命令 ping 192. 168. 1. 43，查看虚拟机能否 ping 通开发板；在开发板中输入命令 192. 168. 1. 199，查看开发板能否 ping 通虚拟机。

8. 3. 3 文件共享

虚拟机与开发板之间通过挂载的方式共享实验目录，挂载方式不占用主机存储资源，可对大容量文件进行访问；但断电后不保存文件，在此开发调试阶段，采用挂载方式。先前已建立共享目录为/UP-Magic210，并且已开启 NFS 服务。在开发板终端通过命令 mount -t nfs -o nolock, rsize = 4096, wsize = 4096 192. 168. 1. 199:/UP-Magic210 /mnt/nfs 挂载 NFS 共享目录。其中/UP-Magic210 为虚拟机实验目录，/mnt/nfs 为开发板共享目录。挂载成功后即可在开发板的/mnt/nfs 目录下访问虚拟机/UP-Magic210 目录下的文件内容。可通过在开发板终端输入命令 cd /mnt/nfs 进入共享目录，输入 ls 命令查看是否有 UP-Magic210 目录。

8. 4 系统功能模块的设计及实现

本系统的功能实现基于 UP-Magic210 实训平台，使用相应的温湿度传感器采集大棚内温湿度，使用光照强度传感器采集大棚内光照强度情况，使用烟雾浓度传感器检测大棚内是否有烟雾浓度过大情况，以避免火灾等情况的发生。所有数据均保留小数点后两位数据，存储在文档中，再结合 Python 工具设计图形化界面，以显示采集到的各类数据。

8. 4. 1 传感器数据采集

进入虚拟机实验目录，使用 make 命令编译驱动程序，生成温湿度传感器驱动程序 magic_sht11_driver. ko；进入开发板终端的 NFS 共享目录，使用 insmod 命令加载温湿度传感器驱动程序，显示“register_chrdev: 0”表示加载成功，设备号注册成功。使用 ./install. sh 命令执行程序，此时界面显示采集到的数据。光照强度采集步骤与温湿度采集相似。烟雾浓度采集与上述两种采集过程相似，当传感器检测到环境中的烟雾时，会亮起红色提示灯，终端界面显示“fire!!!”信息提示。

在采集过程中有以下注意事项：

① 传感器只有在检测到环境中有较大浓度的烟雾时才会亮起提示灯；

② 第一次上电时，传感器为初始化状态，红色提示灯会常亮，终端显示“fire!!!”，等初始化状态结束后，提示灯灭，之后就可正确检测环境中烟雾浓度情况。

1. 温湿度驱动程序设计

温湿度数据采集所设计的驱动程序的部分关键代码如下：

```
/ * 驱动层 file_operations 接口函数初始化 * /
static struct file operations s3c_sth1l_fops = {
    . owner = THIS_MODULE,
    . open = sthll_open,                    //打开传感器设备
    . ioctl = . sthll_ioct1,                //解析命令
    . read = sthll_read,                    //读取传感器相关信息
};
```

对于传感器的信息初始化设计如下：

```
int _ init init_sht11 (void)
{
    int ret_val = 0;
    ret_val = register_chrdex(SHT11_MAJOR, DEVICE_NAME, &s3c_sthll_fops);//获取传感器的
主设备号和设备名称
        if (ret_val< 0)
        {
            printf("can't get major %d",SHT11_MAJOR);  //获取失败
            return ret_val;
        }
        printk("register_chrdex: %d\n ",ret_val);        //获取成功，初始化设备
        return 0;
}
```

2. 温湿度应用程序设计

温湿度数据采集所设计的应用程序的部分关键代码如下：

```
int main(void) {
    int fd, ret, i;
    unsigned int value_t = 0;
    unsigned int value_h = 0;
    float fvalue_t, fvalue_ h;                          //定义温度和湿度
    fd = open("/dev/sht11", 0);                         //对应驱动程序中的 sth11_open()函数
        if (fd< 0)
        {
            printf("open / dev/sht11 error !\n");       //打开失败，返回-1
            return -1;
        }
    for (;;)
    {
        fvalue_t = 0.0,
            fvalue_h = 0.0;
        value_t = 0;
        value_h = 0;                                    //初始化数据
        ioct1(fd, 0); //与驱动程序中的 sth1l_ioct1()函数对应，0 即 case0 时，采集的是温度数
```

```
据，已通过头文件宏进行定义
        ret = read(fd, &value_t, sizeof(value_t));    //读取信息
        if (ret < 0)
        {
            printf("read err!\n");
            continue;
        }
        sleep(1);//设置延时，即采集数据的间隔时间，实验中已经过更改数据证实延时的正确性
        value_t = value_t;
        fvalue_t = (float)value_t;
        ioctl(fd, 1);                                 //case1 时，采集湿度数据
        ret = read(fg, &value_h, sizeof.(value_h));
        sleep(1);
        if (ret < 0)
        {
            printf.("read err!\n");
            continue;
        }
        value_h = value_h;
        fvalue h = (float)value_h;
        printf("temp:%fc humi:%f\n", fvalue_t, fvalue_h);//输出采集到的温度和湿度数据
        sleep(1);
    }
}
```

3. 光照强度驱动程序设计

光照强度数据采集所设计的驱动程序的部分关键代码如下：

```
/*驱动程序入口初始化函数*/
static int__init s3c_485_init(void)
{
    printk("BH1750 Drver init\n");
    s3c_gpio_cfgpin(S5PV210_GPH2(1), s3C_GPTO_OUTPUT);
    gpio_set_value(S5PV210_GPH2(1), 1);//通过 S5PV10 的 GPI0 拓展口连接传感器
    return 0;
}
/*驱动卸载函数*/
static void __exit s3c_485_exit(void)
{
    s3c_gpio_cfspin(S5PV210_GPH2(1), s3C_GPIO_INPUT); pxintk("\nBH1750 Drver exit\n");
}
```

4. 光照强度应用程序设计

光照强度数据采集所设计的应用程序的部分关键代码如下：

```
int main(void) {
    int fd, res;
    float flux;
    unsigned char buf[PAGE_SIZE];
    fd = open(I2C_DEY, O_RDWR);                    //开启设备
    if (fd< 0) {
        printf("####i2c test device open failed####\n");//打开失败返回-1
        return (-1);
    }
    res = ioctl(fd, 12C_TEXNBIT, 0);               //解析数据位为十位
    res = ioctl(fd, I2C_SLAIE, CHIP_ADDR:          //解析次设备号及芯片地址
    write_BH1750(fd, Ox01, 1);
    usleep(1000);
    while (1)
    {
        write_BH1750(fd, Ox01, 1);
        write_BH1750(fd. Ox10, 1);                 //写入光照强度数据
        usleep(200 * 1000);
        memset(buf, 0, sizeof(buf));               //将 buf_数组清零
        read_BH1750(fd, . buf, 2);                 //读取光照强度数据
        flux = (float)(buf[O]<<8| buf[1]M)/ 1.2;//将存储在 buf 数组中的数据转换为 float 型
        printf("BH1750:%f lux\n", flux);
    }
    close(fd);
    return(0);
}
```

5. 烟雾浓度驱动程序设计

烟雾浓度数据采集所设计的驱动程序的部分关键代码如下：

```
/*驱动层 file_operations 接口函数初始化*/
static struct file_operations s3c_smog_fops = {
    .owner = THIS_MODULE,
    .open = s3c_smog_open,
    .release = s3c_smog_close,
    .read = s3c_smog_read,
};
/*驱动程序入口初始化函数*/
static int _inits3c_smog_init(void)
{
    int ret;
    s3c_gpio_cfgpin(S5PV210_GPH2(1), S3C_GPIO_SFN(Oxf)); //设置 GPIOl 引脚功能为中断
模式
    s3c_gpio_setpull(S5PV210_GPH2(1), S3C_GPIO_PULL_NONE);
```

```
    irq = gpio_to_irq(S5PV210_GPH2(1));//获取中断号
    set_ira type(iro, IRQ_TYPE_EDGE_RISING);//设置上升沿触发
    ret = register_chrdex(SMOG_MAJOR, DEVICE_NAME, &s3c_smog_fops);//静态分配字符
设备
    if (ret < 0)
    {
        printk(DEVICE_NAME " can't register major number\n");//打开设备失败
        return ret;
    }
    printk(DEVICE_NAME " initialized\n");
    return 0;
}
```

6. 烟雾浓度应用程序设计

烟雾浓度数据采集所设计的应用程序的部分关键代码如下：

```
int main(int argc, char ** argv)
{
    int i;
    int ret;
    int fd;
    int smog_cnt;
    fd = open("/dex/smog",0);      //打开设备文件
    if (fd< 0)
    {
        printf("can't open /dex/smog\n");
        return -1;
    }
    while (1)
    {
        ret = read(fd, &smog_cnt, sizeof(smog_cnt));//读取 fd，传送 sizeof 大小到内存 &smog_
cnt 中
        if (ret < 0)
        {
            printf("read err !\n");
            continue;
        }
        if (smog_cnt)
        {
            printf("fire!\n");
        }
        sleep(1);                  //延时 1 秒
    }
    close(fd);
```

```
    return 0;
}
```

8.4.2　数据导出

数据导出采用超级终端实现，打开超级终端，选择“传送”菜单中的“捕获文字”菜单项，即可获取采集到的数据，并存储在文档中，以便于后续搭建图形化显示界面。实验中通过室内自然环境、手捂住传感器两种状态证明传感器能够正确检测到环境温湿度变化；实验中通过手电筒照射的方式展示了不同环境下光照强度的变化值。

8.4.3　图形化界面的搭建

图形界面采用 Python 语言结合 Qt 工具搭建，实现了将传感器采集到的环境数据通过图形化的方式显示出来，在实现过程中采用了随机函数来生成指定范围内的数据（该数据范围是通过观测不同情况下的真实实验数据获得），从而实现数据的模拟动态显示，使观看数据变化更加直观清晰。

图形化界面搭建的关键代码如下：

```
import pyqtgraph as pg                                //引入 PyQtGraph 图形绘制工具
import random                                         //引入随机函数
import time
def get_cpu_info( ) :
    time. sleep( 1)
    wendu = random. randint. (25, 30)                 //根据实验数据在 25~30 范围内随机生成温度数据
    wendu_data_list. append( float( wendu) )
    print( float( wendu) )
    plot1. setData. ( wendu_data_list, pen = 'g') //使用绿色折线绘制温度曲线
    guangzhao = random. randint( 410, 580)
    guangzhao_data_list. append( float( guangzhao) )
    print( guangzhao)
    plot2. setData( guangzhao_data_list,pen = 'r')//使用红色折线绘制光照曲线
    shidu = random. randint( 41,48)
    shidu_data_list. append( float( shidu) )
    print( shidu)
    plot3. setData( shidu_data_list, pen = 'g')     //使用蓝色折线绘制湿度曲线
    if_name_ = = '_main_':
    wendu_data_list = [ ]
    guangzhao_data_list = [ }
    shidu_data_list = [ ]
    win. setWindowTitle( u'pyqtgraph 实时波形显示工具')
    win. resize( 800, 500)                          //设置窗口大小
    historyLength = 100
    pl = win. addPlot( )
    p1. shomGrid( x = True, y = True)
```

```
pl. setRange( xRange = [0, historyLength],yRange = [0, 100],padding = 0)
pl. setLabel( axis = 'left', text = '温度')
p1. SetLabel( axis = 'bottom', text = '时间') //设计温度坐标轴
pl. setTitle('温度实时数据')
plot1 = p1. plot( )
p2 = win. addPlot( )
p2. showGrid( x = True, y = True)
p2. setRange( xRange = [0, historyLength], yRange = [0, 1000],padding = 0)
p2. setLabel( axis = 'left', text ='光照')
p2. setLabel( axis = 'bottom', text ='时间')  //设计光照强度坐标轴
p2. setTitle('光照实时数据')
plot2 = p2. plot( )
p3 = win. addPlot(
p3. showGrid( x = True, y = True)
p3. setRange( xRange = [0, historyLength],yRange = [o, 100],padding = 0)
p3. setLabel( axis = ' left', text = '湿度')
p3. setLabel( axis = ' bottom', text = '时间')//设计湿度坐标轴
p3. setTitle('湿度实时数据')
plot3 = p3. plot( )
```

8.5 系统运行效果展示

正确连接各传感器模块到 UP-Magic 魔法师开发板，完成系统初始化，设置开发板 IP 地址，加载驱动程序，则各传感器采集的数据，显示效果如图 8-12 至图 8-14 所示。

实验过程中可修改代码改变数据位数及延时，温湿度数据采集效果如图 8-12 所示。

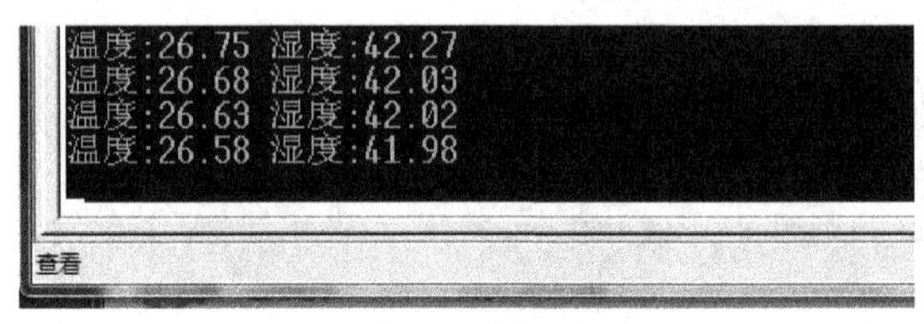

图 8-12　温湿度数据采集效果

光照强度数据采集效果如图 8-13 所示。

```
[root@UP-TECH test]# ./install.sh
BH1750: 246.67 lux
BH1750: 246.67 lux
BH1750: 245.83 lux
BH1750: 245.00 lux
BH1750: 245.00 lux
BH1750: 245.83 lux

BH1750: 245.83 lux
BH1750: 245.00 lux
BH1750: 244.17 lux
BH1750: 245.00 lux
BH1750: 244.17 lux
BH1750: 242.50 lux
BH1750: 241.67 lux
```

图 8-13　光照强度数据采集效果

烟雾浓度采集烟雾并亮灯效果如图 8-14 所示。

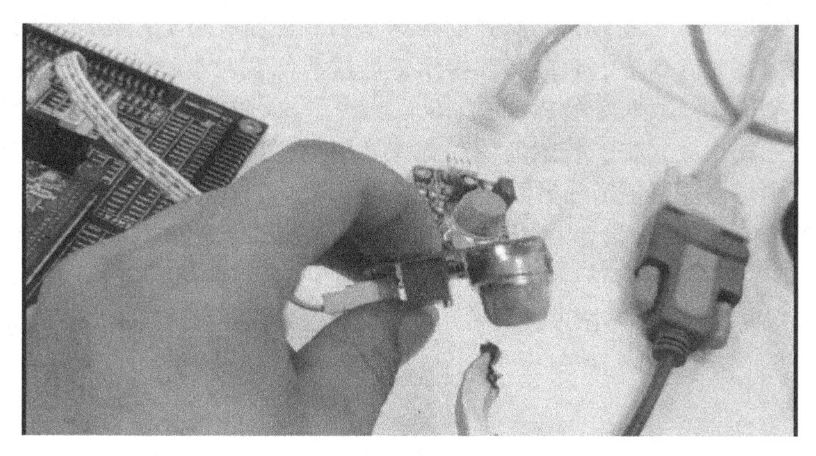

图 8-14　烟雾检测数据效果

采用 Python 结合 Qt 搭建的图形化界面的数据显示效果如图 8-15 所示。

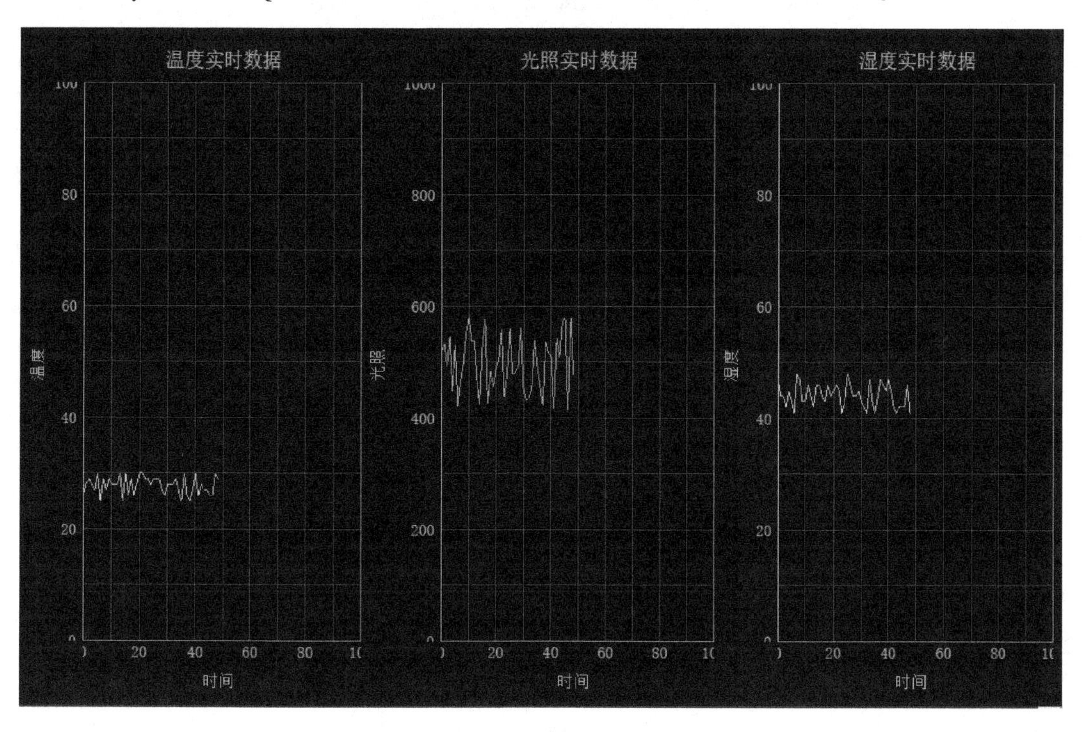

图 8-15　图形化数据显示效果

8.6　总结

本系统设计中，主控板及传感器采用了 UP-Magic201 魔法师开发板的配套设备，开发环境选择的是 Linux 下的 Fedora14 系统，通过编写各传感器模块的驱动程序、应用程序，经过编译、运行最终获得了环境中的相关数据。经过对应用程序和驱动程序的编译运行得以正确采集数据。其中温湿度传感器在室温中监测到在干燥手掌、湿润手掌握住传感器时监测到的数据产生了变化，光照强度根据室内、黑暗、手电照射的不同也发生了变化，烟雾传感器在监测到浓烟时会亮起指示灯，这些都证明本设计能够正确采集各项数据。对于采集到的各项数据使用 Python 工具以折线图的形式显示，完成了计划中的任务。本设计基于嵌入式相关知识，传感器应用程序及驱动程序的设计使用了接口函数、初始化函数等使得传感器能够正确采集数据。

后期的工作将继续完善设计，将采集到的数据实时存储至数据库中，并设计网页及手机端数据显示界面；对于监测到的异常数据也将进行处理，如大棚温度过高或过低，可在用户端选择降温或保温模式；烟雾浓度过大时，可在用户端进行喷水操作等，使该设计成为一个真正的“系统”。

第 9 章　宠物定位器设计

9.1　引言

随着人们生活水平的提高，越来越多的家庭开始养宠物，而宠物有走失的风险。如果走丢的宠物没有找到，那么它们可能成为流浪动物，或可能被人抓捕。这对宠物主人的家庭来说，都是不小的打击。因此，设计一款宠物定位器，可以方便管理和追踪所饲养的宠物，有效减少饲养者的经济和精神损失。

9.1.1　研究背景

近年来，随着中国人口结构改变，空巢青年、空巢老人、丁克家庭等群体为宠物市场的发展提供了较大增长空间。在 GDP 水平持续提升和消费升级的大环境下，情感经济、萌宠经济的发展都与宠物市场息息相关；宠物逐渐成为情感寄托，对宠物的关爱程度也得到了大幅提升。宠物定位器可以有效监控宠物位置，防止宠物丢失，因此它作为一种新型产品逐渐获得了市场青睐。

9.1.2　研究意义

该项目的设计思路符合低碳环保、可持续发展惠及于民的理念，紧跟国家技术产品发展政策。这样的宠物定位器可减少人们的经济及精神损失，适应市场的广大需求。

此外，由于在产品设计方案上要求轻便、功能稳定、续航时间较长、防水等特征，因此宠物定位器主要是基于窄带物联网 NB-IoT 模块+北斗定位模块+手机 App 模式，功耗更小，更为环保。

9.1.3　相关理论基础

1. NB-IoT 工作原理

物联网的网络通信对功耗、覆盖、连接数量这几个指标非常敏感。而对于速率，大部分物联网通信场景反而并不敏感，如抄表场景，传输字节数很少，于是对通信带宽的要求就不是很高。随着物联网时代的蓬勃发展，IoT 领域新兴了一个名为“窄带物联网”（narrow band internet of things，NB-IoT）的技术，用来支持低功耗设备连接蜂窝数据网络。于是，低功耗广域网（low power wide area network，LPWAN）这个概念便被提了出来，而 NB-IoT 便是其中的一个技术标准。

NB-IoT 的带宽窄，速度慢。功耗方面，在物联网设备中，通常通信模块是能耗占比最高的。因为 NB-IoT 牺牲了速率，所以换回了更低的功耗。NB-IoT 采用简化的协议，更适合的设计，大幅提升了终端的待机时间，部分终端的待机时间可以达到 10 年；信号覆盖方面，

NB-IoT 有更好的覆盖能力（20 dB 增益），所以就算设备，如水表抄表设备设在井盖下面，也不影响信号收发；连接数量方面，一个小区的面积可以支持上万个终端，可以实现大量设备的快速部署。NB-IoT 系统架构如图 9-1 所示。

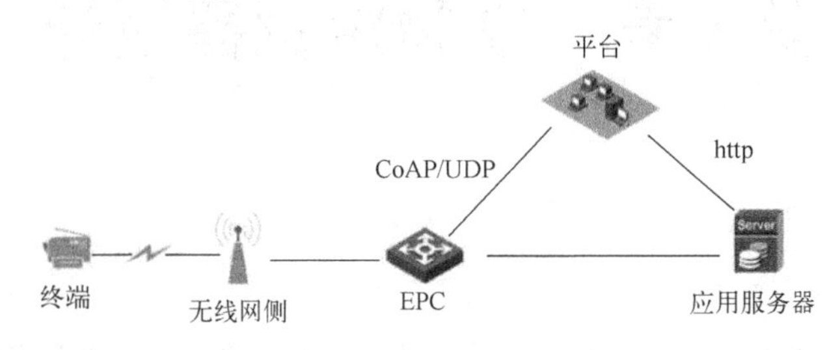

图 9-1 NB-IoT 系统架构

终端：通过空中接口连接到基站。

无线网侧：包括两种组网方式。一种是整体式无线接入网，其中包括 2G、3G、4G 以及 NB-IoT 无线网；另一种是 NB-IoT 新建。主要承担空口接入处理，小区管理等相关功能，并通过 S1-lite 接口与 IoT 核心网进行连接，将非接入层数据转发给高层网元处理。

核心网 EPC：承担与终端非接入层交互的功能，并将 IoT 业务相关数据转发到 IoT 平台进行处理。

平台：接收设备传递来的数据并传输给应用服务器。本项目采用开源的 ThingsBoard 平台。

应用服务器：以电信平台为例，应用 Server 通过 http/https 协议和平台通信，通过调用平台的开放 API 来控制设备，平台把设备上报的数据推送给应用服务器。平台支持对设备数据进行协议解析，转换成标准的 JSON 格式数据。本项目的应用服务器与平台是一个服务器。

2. 北斗定位工作原理

北斗卫星导航系统是全球第一个采用三频定位的卫星系统，卫星定位精度更高。北斗三频信号，通过三个不同频率的信号有效消除定位时产生的误差，并且多个频率的信号可以在某一个频率信号出现问题的时候改用其他信号，提高定位系统的可靠性和抗干扰能力。单纯从卫星的定位精度上说，北斗的定位精度大概是水平 4~5 m，高程 5~6 m，GPS 卫星则大概是 8 m，因此北斗系统的定位精度略高一些。当然，美国的 GPS 卫星也在逐步把原来的双频信号替换成三频信号，但是这还需要若干年的时间。这段时间内，北斗系统仍会占有一定的优势。

北斗卫星导航系统分为北斗一代和北斗二代，两代北斗系统所提供的定位服务原理不同。

（1）北斗一代

以北斗一代两颗卫星（卫星坐标已知）为球心，两颗卫星到用户机的距离为半径（约为 36 000 km）分别作两个球。两个球必定相交产生一个大圆，用户机的位置就在这个大圆内，如图 9-2 所示。

虽然这个大圆和地球表面在北半球和南半球分别交于 A、B 两点，但并不能只因我国在北半球就直接确定出用户机的唯一位置。地球并不是规则的几何体，无法用数学形式表达。那么怎么计算出大圆和地球的交点呢？在卫星定位中，往往用椭球来近似地球，这个椭球叫作正常椭球，正常椭球的椭球面称为正常椭球面，如图 9-3 所示。

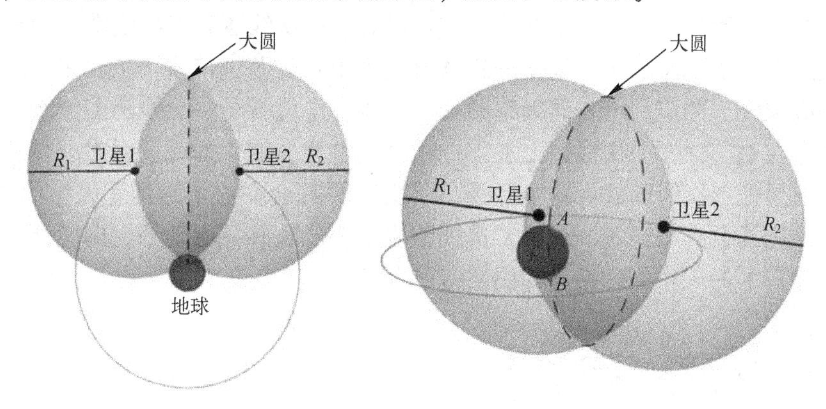

图 9-2　北斗一代卫星运行轨道

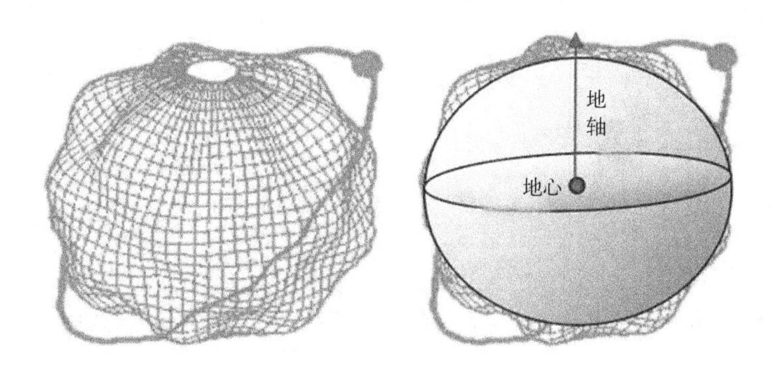

图 9-3　正常椭球面示意图

既然以椭球来近似地球，那么为了确定用户机的位置就必须知道用户机距正常椭球面的垂直距离（又称为大地高），其实就是用户机当地的地球表面与正常椭球面的距离。有了大地高，就可以求出用户的位置。这也是为什么北斗一代定位需要输入大地高程的原因。测高一般可以通过气压计或者数字高程模型插值来得到。另外，北斗一代需要有中心站的支持才能定位。

（2）北斗二代

北斗二代采用的是 RNSS 的无源定位信号传输体制，卫星比一代多了一颗。以北斗二代三颗卫星（卫星坐标已知）为球心，交点处就是用户的位置，如图 9-4 所示。

从理论层面看，交点计算相对简单直接，然而在实际操作中，问题的关键在于如何确保时钟的同步性。虽然北斗二代搭载了精确的星载原子钟，但是用户机没办法每台都配原子钟。为了解决这一问题，实际上还引用了第四颗卫星，利用时钟偏差来校准用户机时钟。

3. 无线充电工作原理

无线充电技术主要是利用磁共振、电磁感应线圈及无线电波等原理实现的，是现今发展起来的、前景极其广阔的一项充电技术。通过无线充电技术，可以将人们从繁杂的有线充电中解放出来，避免了因忘带充电设备或是需要携带过多的充电线与适配器而带来的困扰。

今天见到的各式各样的非接触式的无线电能传输技术，大多采用的是电磁感应方式，非接触式的电磁感应式无线电能传输技术是目前最成熟、应用程度最广泛的技术方式。电磁感应式无线电能传输技术实质上是利用了法拉第的电磁感应原理，这项技术可以看作是一种分离式的变压器。一般变压器由三个部分组成：磁芯、一次线圈和二次线圈，如果在变压器的一次线圈上加上一个交流电压，变化的磁场就会集中在磁芯中传播，从而在二次线圈上就会产生电磁感应现象，感应一个相同频率的交流电压，电能就从一次线圈侧传输到了二次线圈侧。如果不存在磁芯，在一次线圈上加上一个交流电压，变化的磁场会出现在一次线圈的周围空间里。如果把二次线圈放在这个磁场，二次线圈就会在这个磁场里发生电磁感应现象，导体中变化的磁场会产生电场，从而二次线圈里就会产生感应电动势，电能便实现了无线传输。电能传输技术的工作原理结构如图 9-5 所示。

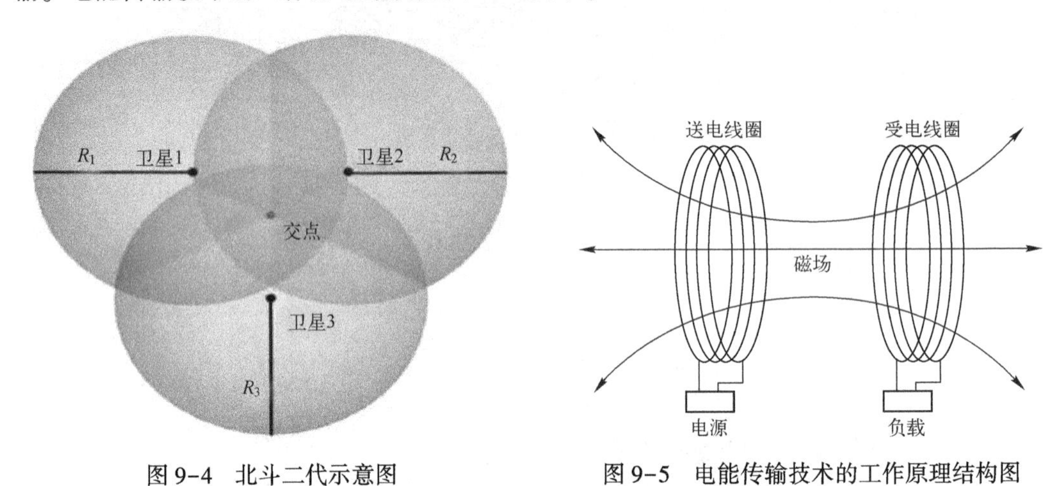

图 9-4 北斗二代示意图

图 9-5 电能传输技术的工作原理结构图

9.2 系统整体架构

整个系统的设计包括硬件电路设计、硬件代码设计、外壳 3D 设计、搭建物联网服务器平台、制作手机 App 等方面。整个系统的工作原理如图 9-6 所示。

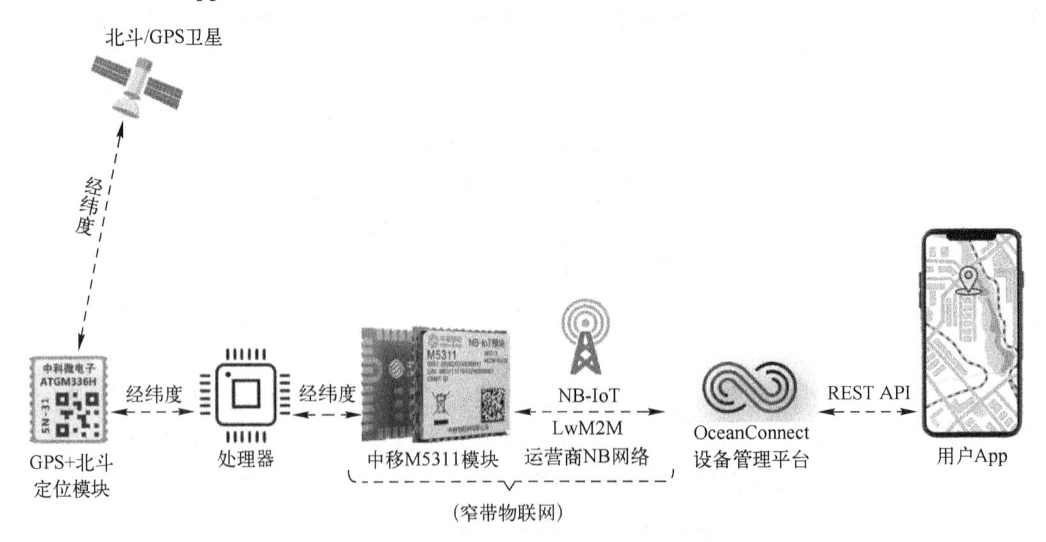

图 9-6 系统的工作原理图

北斗定位模块采集定位信息，定位信息为 NMEA-0183 协议的 ddmm. mmmm（度分）格式；经过处理器运算，得到 WGS84 协议的 dd. dddddd（度）格式的定位信息；再将该信息通过 NB-IoT 模块，使用 LwM2M 协议发送至设备管理平台，设备管理平台再与用户手机 App 通信，用户便可以获取设备的地图定位信息。

9.3　系统硬件设计

9.3.1　电路板设计

开发工具：设计电路板使用的设计软件是立创 EDA，其功能丰富，社区健全，使用方便。该开发底板的原理图如图 9-7 所示，开发底板的电路图如图 9-8 所示。

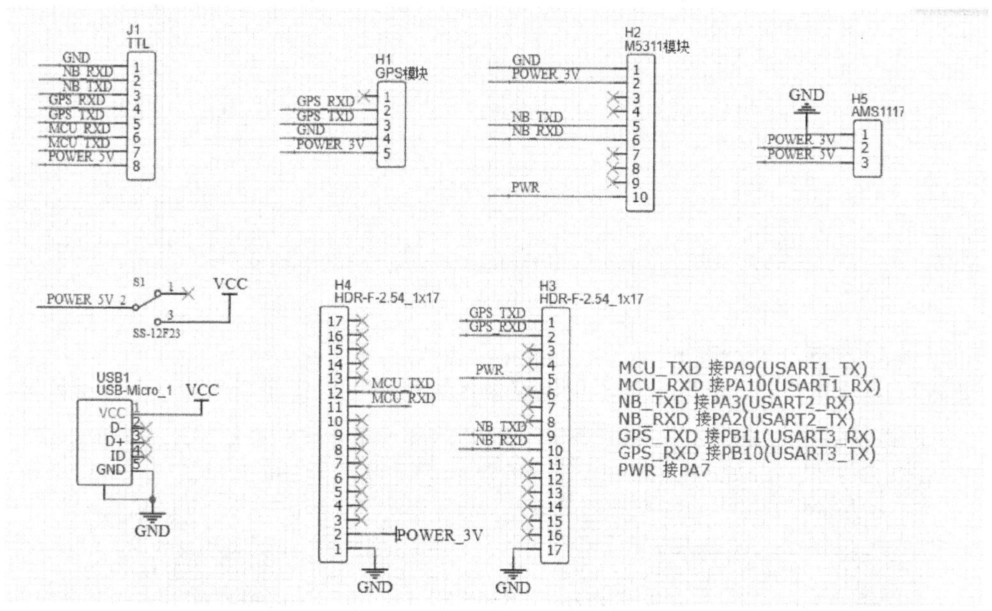

图 9-7　开发底板的原理图

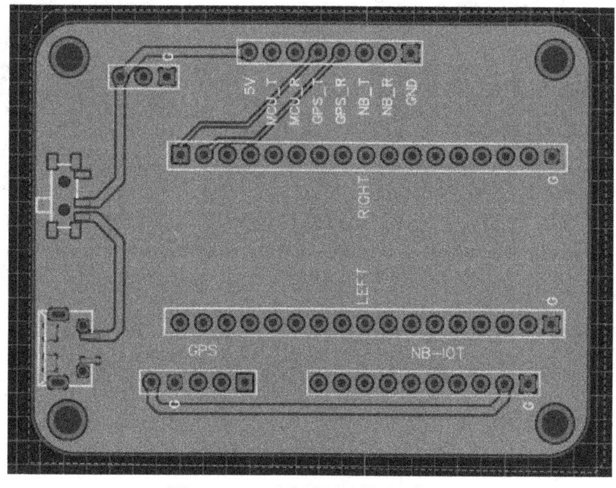

图 9-8　开发底板的电路图

1. 电路原理图部分 1

图 9-9 所示为设备的下板层（板层 1）原理图，设计有接收无线充电能量的单元、进行电池充电管理的单元、硬件系统供电管理的单元及微控制器 MCU 处理单元。

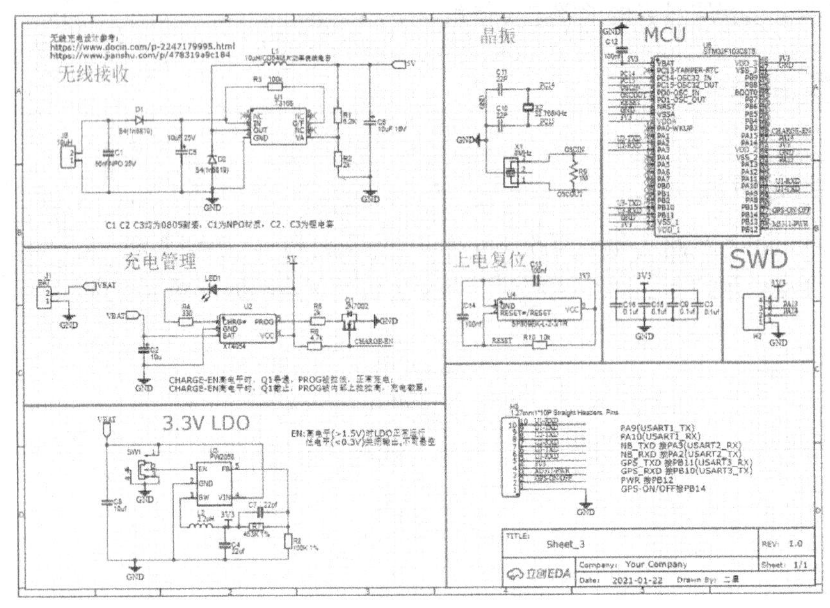

图 9-9　板层 1 原理图

2. 电路 PCB 设计图部分 1

如图 9-10 所示，可以看到此版本的电路设计紧凑，布局合理，且留有下载调试接口。

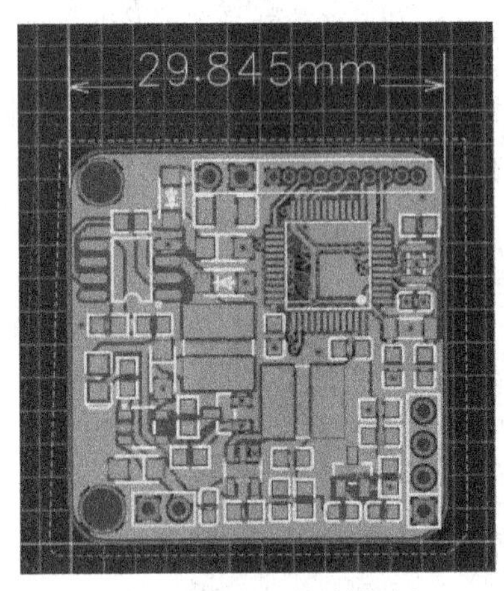

图 9-10　硬件板层 1 V3.0 PCB 设计图（左）和渲染图（右）

3. 电路原理图部分 2

图 9-11 所示为设备的上板层（板层 2），设计有北斗定位模块、NB-IoT 物联网模块、SIM 卡座、电源指示灯等，主要实现采集定位数据和发送定位数据的功能。

4. 电路 PCB 设计图部分 2

如图 9-12 所示，左侧较大的是 NB-IoT 模块的焊接位置，右侧较小的是北斗模块的焊接位置。板层下方有两个天线接口，分别接 NB-IoT 模块的天线和北斗模块的天线。

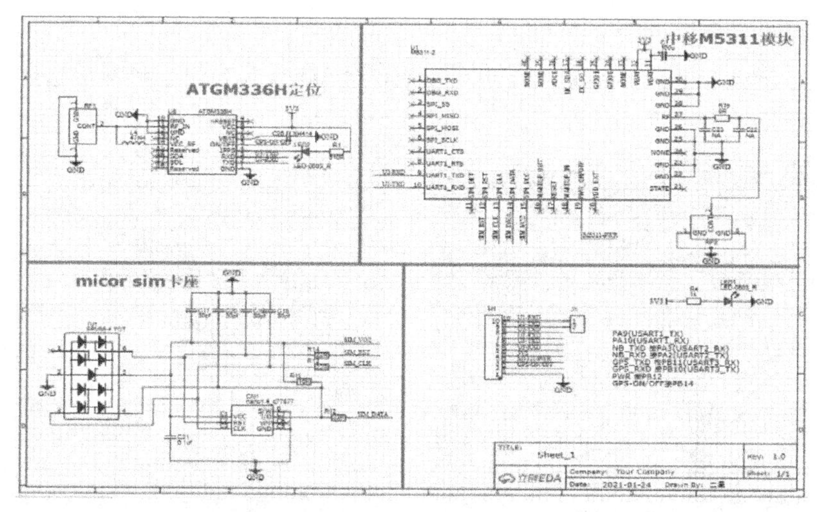

图 9-11　板层 2 原理图

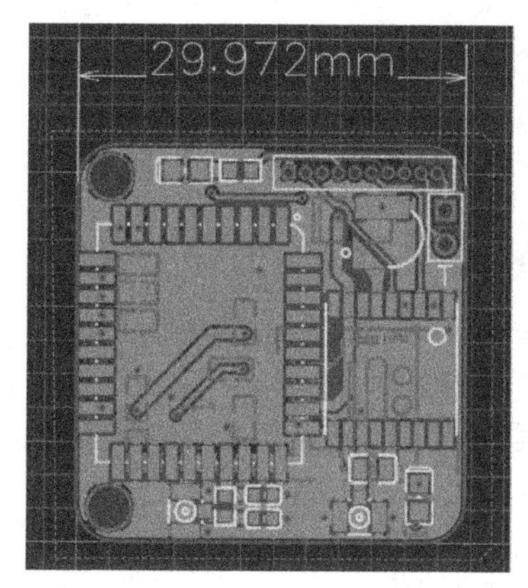

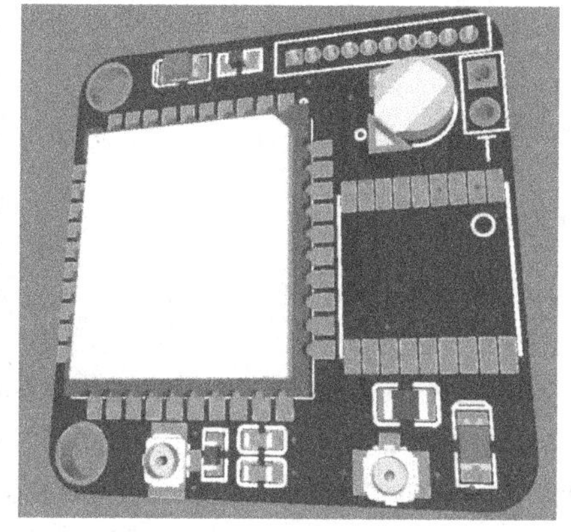

图 9-12　硬件板层 2 V3.0 PCB 设计图（左）和渲染图（右）

5. 电路原理图部分 3

图 9-13 所示为无线充电发射模块的电路原理图。采用 KTX-510 芯片，输入功率较高，且工作频率高，使得电能在发射过程中的损耗较小。

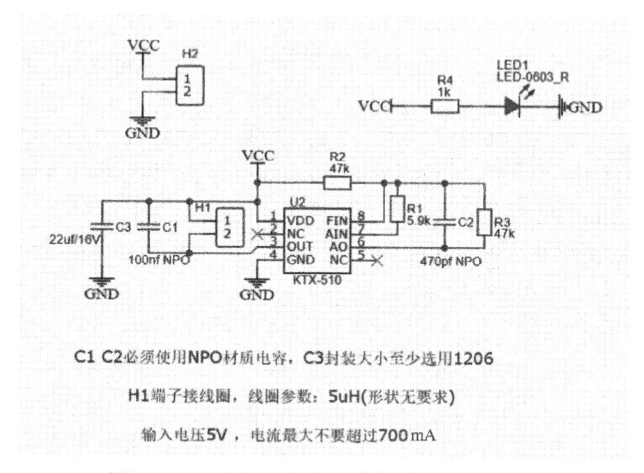

图 9-13　无线充电发射模块的电路原理图

6. 电路 PCB 设计图部分 3

如图 9-14 所示，该发射电路尺寸极小，但带有 M3 安装孔位、电源指示灯、USB-Micro 直插供电接口，实用性极佳。

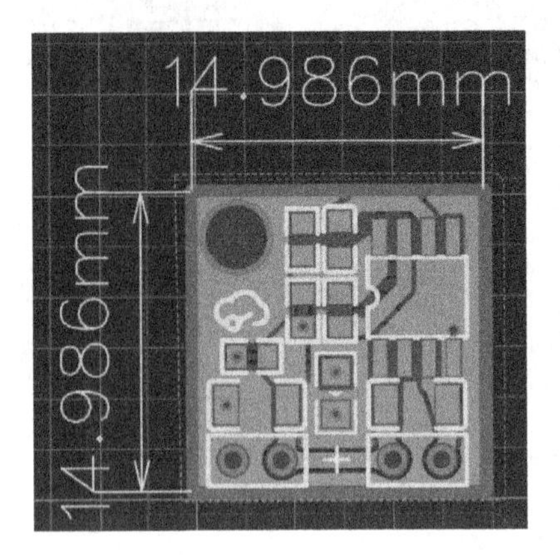

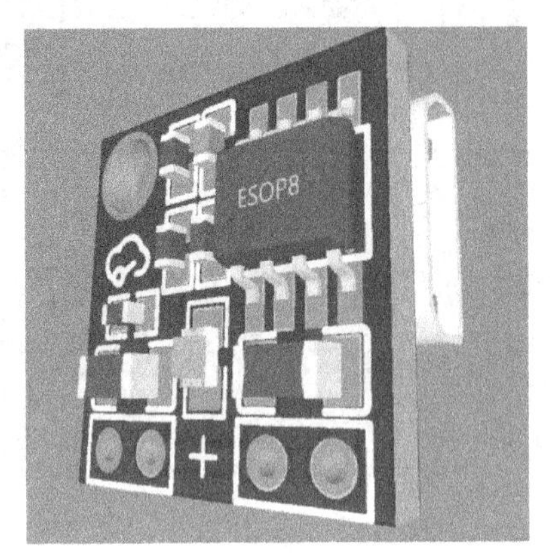

图 9-14　无线发射电路 V3.0 PCB 设计图（左）和渲染图（右）

9.3.2　硬件代码

1. 主函数

```
int main(void)
{
    SystemInit();                   //配置系统时钟
    delay_init();                   //延时函数初始化
    NVIC_PriorityGroupConfig(NVIC_PriorityGroup_2);  //设置中断优先级分组 2
    uart_init(115200);              //主串口初始化为 9600
    usart2_init(115200);            //串口 2 初始化为 9600  用于 NB-IoT 通信
    //LED_Init();                   //指示灯初始化
    NBiot_Init();                   //MQTT_NB 初始化测试(复位)
    connected_IP(ip, port, id, user, password);  //链接服务器
    Adc_Init();                     //Adc 初始化  A1 作为采集口
    IWDG_Init(6, 4095);             //预分频数为 64, 重载值为 4095, 溢出时间约为 26s Tout(ms)
= (4 * 2 ^ prer) * rlr) / 40
    TIM3_Int_Init(9999, 7199);  //10kHz 的计数频率, 计数到 10000 为 1s, 用于处理数据下发
    TIM4_PWM_Init(59999, 23);//设置频率为 50Hz, 公式为: 溢出时间 Tout(s)=(arr+1)(psc+
1)/Tclk 20MS = (59999+1) * (23+1)/720
//PWM 时钟频率=72000000/(59999+1) * (23+1) = 50Hz (20ms), 设置自动装载值 60000, 预
分频系数 24
    delay_ms(1000);
    TIM_SetCompare4(TIM4, 4500);                    //主机复位
    while (1)
    {
        IWDG_Feed(;                                 //喂狗
```

```
        if (TIM3_flag == 1)                          //定时器启动
        {
            sprintf(ALL_message, ALINK_BODY_FORMAT, param);
            Str2Hex(ALL_message, HEX_message);   //将字符串转十六进制格式
            printf("%s\r\n", ALL_message);
            send_MQTT(TOPIC, HEX_message, strlen(ALL_message));//通过 NB-IoT 发送信息
到服务器
            memset(ALL_message, 0, sizeof(ALL_message));
            memset(HEX_message, 0, sizeof(HEX_message));
            delayPLUS(50000);
            TIM3_flag = 0;                           //清空定时器中断标志位
        }
    }
}
```

2. GPS 信息获取处理函数

```
/*************************************************/
/* 函数名称：NMEA_BDs_GPRMC Analysis                  */
/* 函数功能：解析 GNRMc 信息                            */
/* 输入值：  gpsx, NMEA 信息结构体                     */
/*           buf：接收到的 GPS 数据缓冲区首地址 */
//*************************************************/
void NMEA_BDS_GPRMC_Analysis(gps_msg *gpsmsg, uint8_t *buf)
{
    uint8_t *p4, dx;
    uint8_t posx;
    uint32_t temp;
    float rs;
    p4 = (uint8_t *)strstr((const char *)buf, "$GNRMC");//返回缓冲区中首次出现"GNRMc"
的地址
    printf("message is: \r\n");
    puts((const char *)p4);
    printf("\r\n");
    posx = NMEA_Comma_Pos(p4, 3);                  //得到纬度
    if (posx != OXFF)
    {
        temp = NMEA_Str2num(p4 + posx, &dx);
        gpsmsg->latitude_bd = temp / NMEA_Pow(10, dx + 2); //得到°
        s = temp & NMEA_Pow(10, dx + 2);           //得到'
        gpsmsg->latitude_bd = gpsmsg->latitude_bd * NMEA_Pow(10, 5) + (rs * NMEA_Pow(10,
5 - dx)) / 60;                                     //转换为°
    }
    posx = NMEA_Comma_Pos(p4, 4);                  //南纬还是北纬
```

```
    if (posx != OXFF)gpsmsg->nshemi_bd = *(p4 + posx);
    posx = NMEA_Comma_Pos(p4, 5);                //得到经度
    if (posx != OXFF)
    {
        temp = NMEA_Str2num(p4 + posx, &dx);
        gpsmsg->longitude_bd = temp / NMEA_Pow(10, dx + 2); //得到°
        rs = temp & NMEA_Pow(10, dx + 2);        //得到'
        gpsmsg->1ongitude_bd = gpsmsg->longitude_bd * NMEA_Pow(10, 5) + (rs * NMEA_Pow
(10, 5 - dx)) / 60;                              //转换为°
    }
    posx = NMEA_Comma_Pos(p4, 6);                //东经还是西经
    if (posx != OXFF)gpsmsg->ewhemi_bd = *(p4 + posx);
}
```

3. 信息发送函数

```
////////////////////////////////////////////////////////
//函数名称：send MQTT
//函数功能：NB 发送消息到 MQTT 服务器
//入口参数：
//char * topic ：发布消息的主题
//char * messagc ：发送的消息内容
//int len ：发送的消息长度
//出口参数：无
//备注：连续发送时报错六次复位 NB 模组重连！
//其中 len 参数必须传入，因为指针数据无法计算数据长度
//AT+MQTTPUB="device/nb/citc",1,1,0,0,"##0122QN=20190306152401;ST=32;CN=51;PW=
CIT2018+;NM=112019015222;Flag=5;CP=&&LA=30;TE=25;HU=75;&&1C80"
////////////////////////////////////////////////////////
void send_MOTT(char * topic, char * message, int len)
{
    char * head = "AT+MQTTFUB=\"";
    char  modle = "\" ,1,0,0,";
    char fu_L = ",\"";
    char fu_R - "\"";
    char outpue[750];
    sprintf(output,"%s%s%s%s%s%s",head,topic,modle,1en,fu_L,message,fu_R); //拼接字
符串
    if (!NBiot_SendCmd(output, "+HQTTPUBACK", 400))
    {
        error_time += 1;
        printf("error_tine :%d\r\n", error_time);
    }
    else error_time = 0;
```

```
        if ierror_time>= 5);                //如果连续 error 6 次重连
        {
            error_flag = 1;                 //测试用
            connecred_IP([ip, port, id, user, passward);
            error_time = 0;
        }
        memset(output, 0, sizeof(output));;     //数组清零
    }
```

9.4　服务器平台搭建

9.4.1　服务器平台选择

ThingsBoard 是用于数据收集、处理、可视化和设备管理的开源物联网平台。它通过行业标准的物联网协议 MQTT（message queuing telemetry transport，消息队列遥测传输）、CoAP（constrained application protocol，约束应用协议）和 HTTP（hyper text transfer protocol，超文本传输协议）实现设备连接，并支持云和本地部署。ThingsBoard 具有可伸缩、容错和性能优越的特点。

9.4.2　服务器平台软件测试

1. 关于 Docker

Docker 是一个开源的应用容器引擎，可以让开发者打包他们的应用和依赖包到一个可移植的镜像中，然后发布到任何流行的 Linux 或 Windows 机器上，也可以实现虚拟化。容器完全使用的是沙箱机制，相互之间不会有任何接口，因此不同应用间不会相互冲突。

Docker 是一个很棒的工具，但要真正充分发挥其潜力，最好是应用程序的每个组件都在自己的容器中运行。对于具有大量组件的复杂应用程序，编排所有容器以一起启动或关闭可能会很快变得难以处理。

Docker 社区提出了一个名为 Fig 的流行解决方案，它允许使用单个 YAML 文件来编排所有 Docker 容器和配置。随着 Fig 变得越来越受欢迎，Docker 团队决定基于 Fig 源码制作他们自己的版本，并称为 Docker Compose。简而言之，它使得处理 Docker 容器的编排过程非常容易。

本项目使用 Docker Compose 来管理 ThingsBoard。

2. 平台身份介绍

ThingsBoard 有三种用户身份，分别是系统管理员、租户管理员和客户。系统管理员负责 ThingsBoard 平台的运维管理；租户管理员相当于商户，制作并向客户提供产品服务；客户使用租户的服务、仪表盘查看设备运行状态。

本项目中使用租户管理员身份新建租户及租户的各种服务、仪表盘，然后创建一个客户，订阅该租户以查看租户提供的仪表盘信息。

3. 平台运行逻辑流程

平台运行逻辑流程如图 9-15 所示。

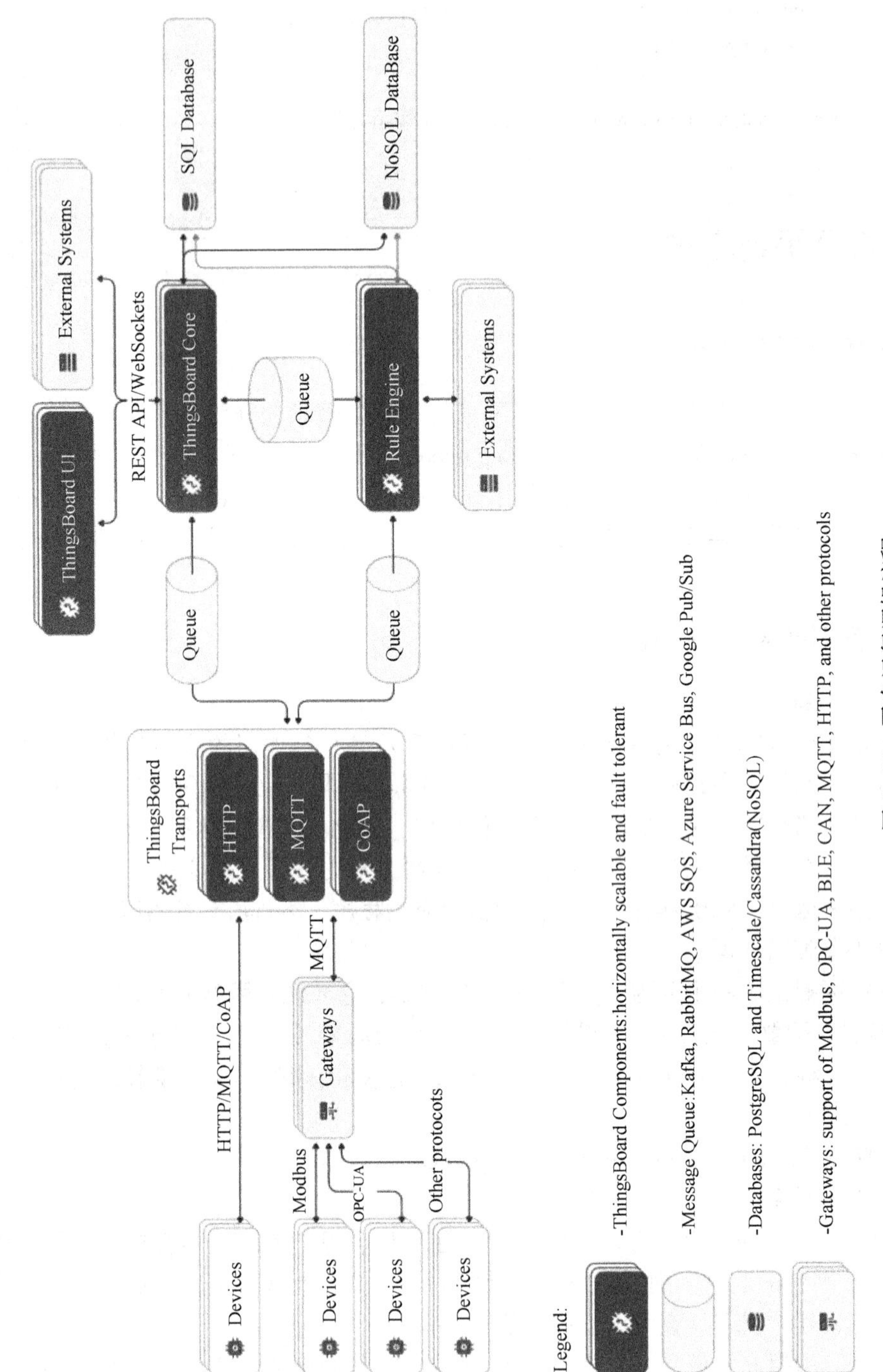

图 9-15　平台运行逻辑流程

4. 建立资产

建立资产流程图如图 9-16 所示，首先单击左侧列表中的“资产”选项，然后单击右上角“+”按钮，选择“添加新资产”。

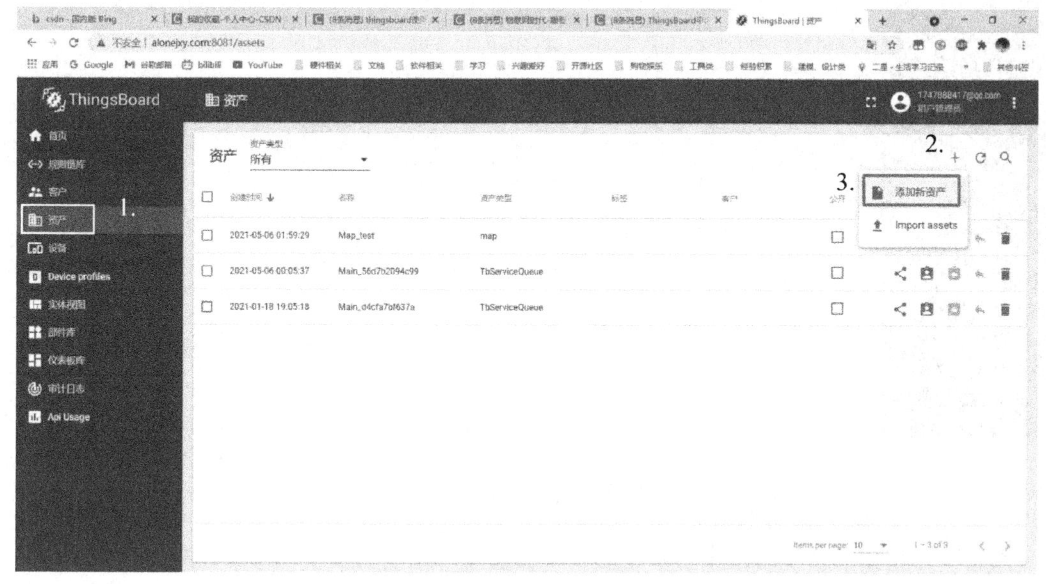

图 9-16　建立资产流程图

5. 关联设备

（1）新建设备

如图 9-17 所示，首先单击左侧列表中的“设备”选项，然后单击右上角“+”按钮，选择“添加新设备”。

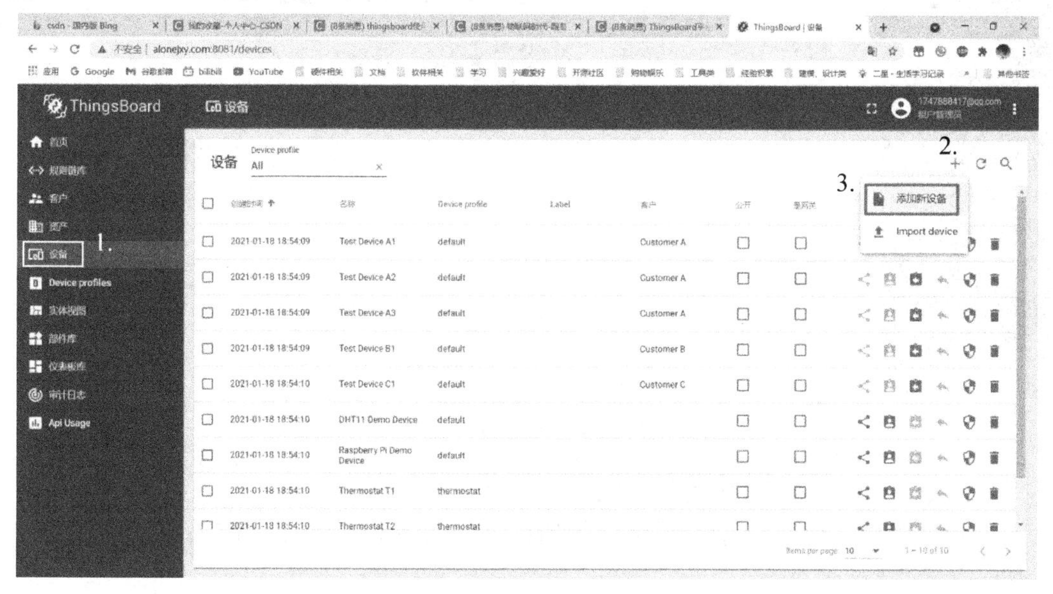

图 9-17　新建设备流程图

（2）关联设备到资产

第一步，打开资产编辑界面，单击要修改的资产进入编辑状态，如图 9-18 所示。

图 9-18 管理设备流程图 1

第二步，单击“关联”，如图 9-19 所示。

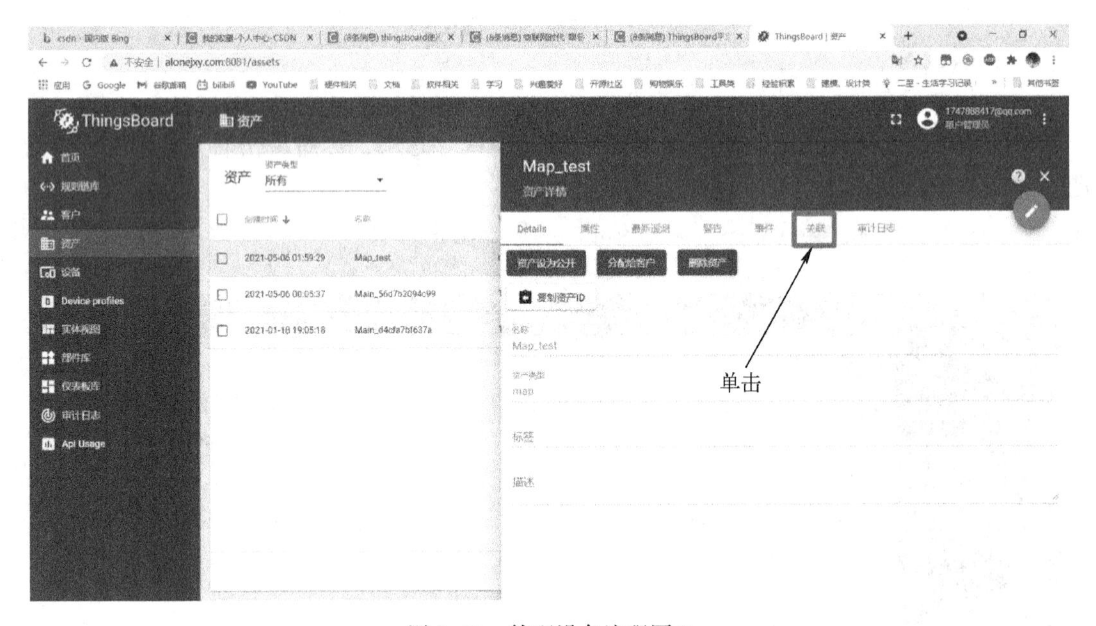

图 9-19 管理设备流程图 2

第三步，在“到实体”下拉菜单中，单击“设备”，如图 9-20 所示。

选择刚才新建的设备 test，然后在“附加信息”列表框中，设置设备要上传的 JSON 信息即可，如图 9-21 所示。

6. 新建仪表板

创建新的仪表板，如图 9-22 所示。首先单击左侧列表中的“仪表板库”选项，然后单击右上角“+”按钮，选择“创建新的仪表板”。

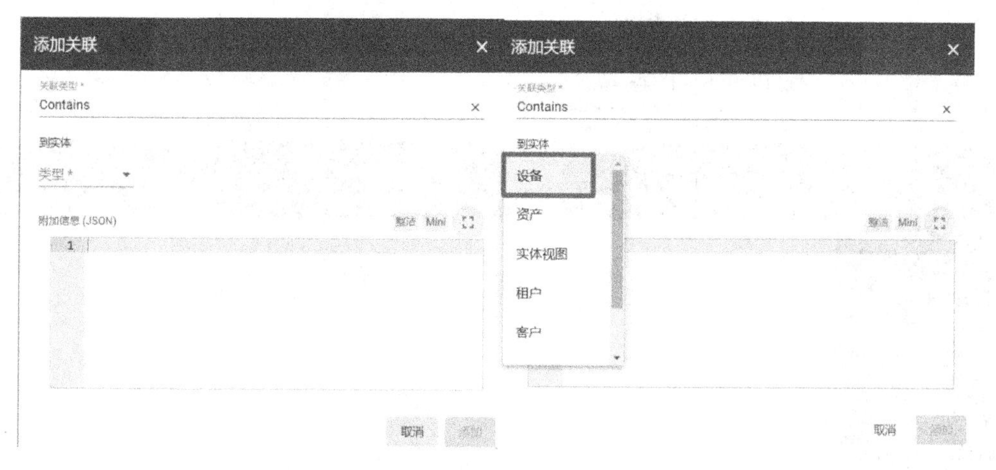

图 9-20　管理设备流程图 3

编辑关联

关联类型

Contains

到实体

类型

设备　test

附加信息 (JSON)　整洁　Mini

```
1 {
2  "stringKey":"value1",
3  "booleanKey":true,
4  "doubleKey":42.0,
5  "longKey":73,
6  "jsonKey": {
7        "someNumber": 42,
8        "someArray": [1,2,3],
9        "someNestedObject": {"key": "value"}
10    }
11 }
```

取消　保存

图 9-21　管理设备流程图 4

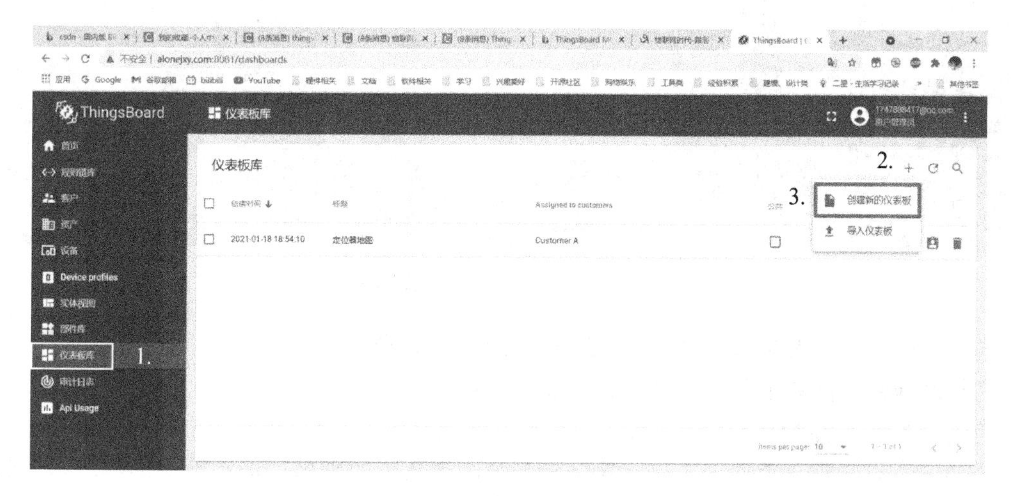

图 9-22　新建仪表板流程图 1

单击仪表板库，如图 9-23 所示。

图 9-23 新建仪表板流程图 2

单击右下角按钮，进入编辑模式，编辑别名，选择“过滤类型＊”为“资产类型”，如图 9-24 所示。

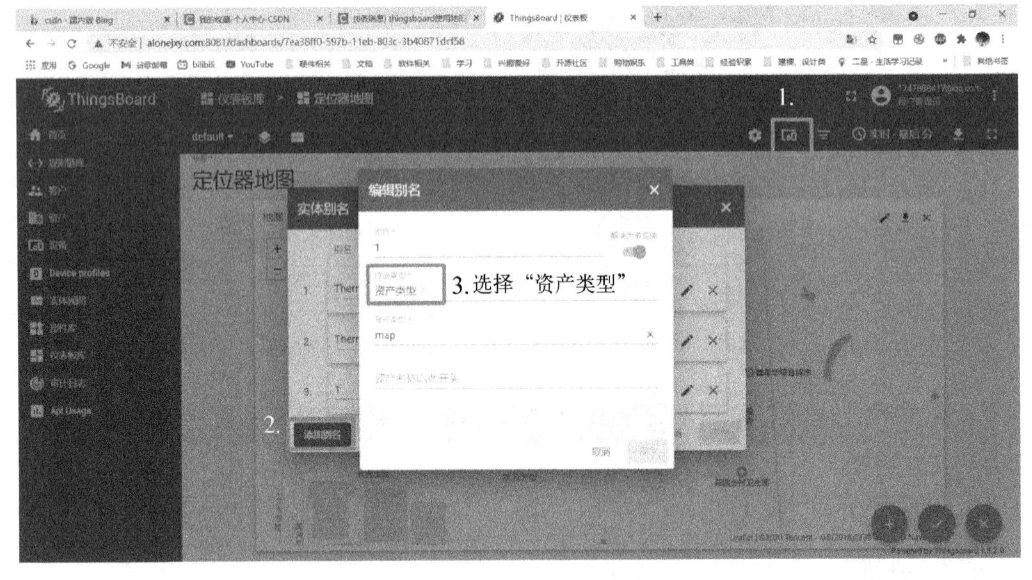

图 9-24 新建仪表板流程图 3

选择创建新部件及选择一个 Maps 部件，如图 9-25 所示。

选择新建部件的右上角编辑按钮，如图 9-26 所示。

单击“数据”菜单，选择数据源，如图 9-27 所示。

添加一个数据源，类型为实体，实体别名为刚才新建的别名，选择前面创建的两个属性“纬度”和“经度”，如图 9-28 所示。

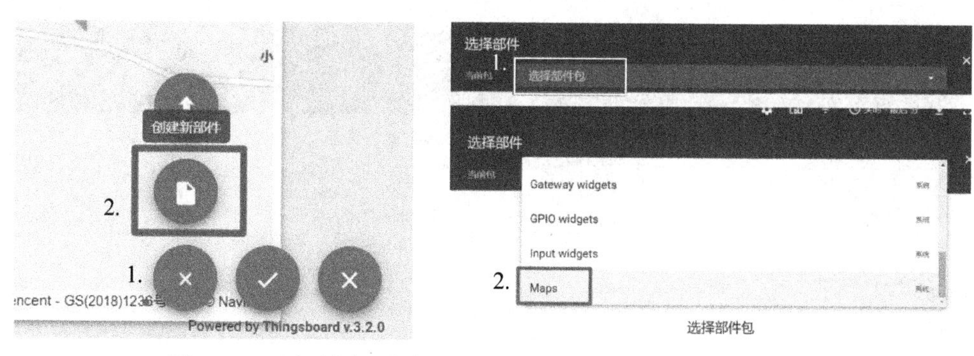

图 9-25　选择创建新部件（左）以及选择一个 Maps 部件（右）

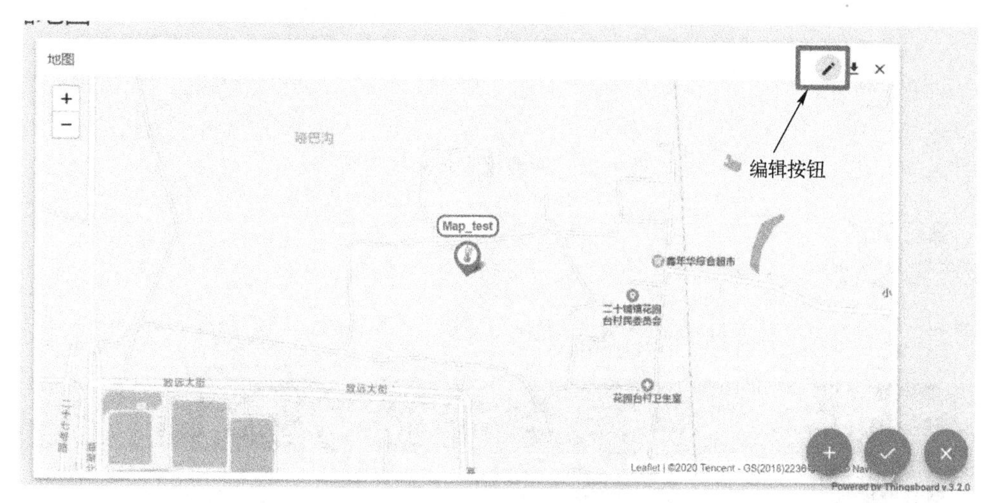

图 9-26　新建仪表板流程图 4

图 9-27　新建仪表板流程图 5

单击“高级”菜单，在 Map Provider 列表框中选择 Tecent maps，即将地图源设置为腾讯地图；之后在腾讯地图注册一个开发者账号，获取开发者 API KEY，并填入“Tecent Maps API Key”所处的位置。

最后保存退出编辑即可。

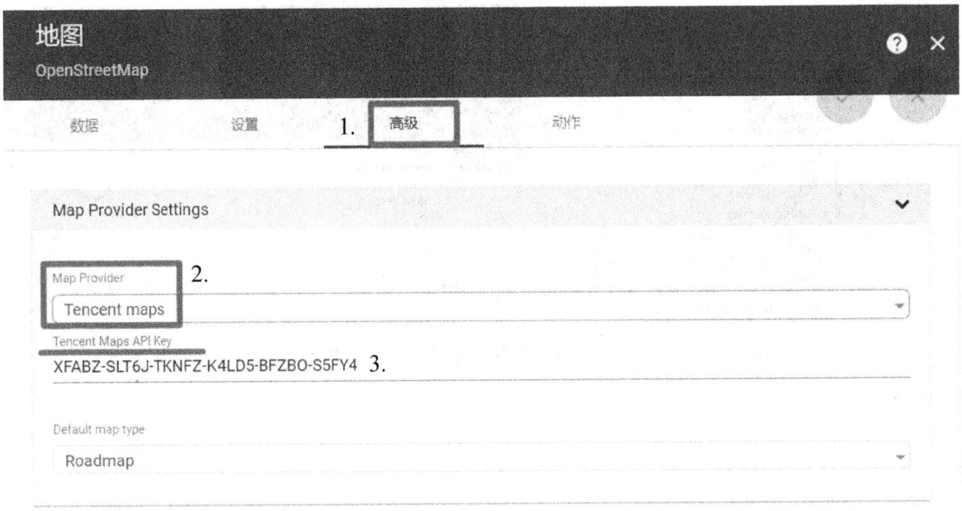

地图
OpenStreetMap
数据 设置 1. 高级 动作
Map Provider Settings
Map Provider 2.
Tencent maps
Tencent Maps API Key
XFABZ-SLT6J-TKNFZ-K4LD5-BFZBO-S5FY4 3.
Default map type
Roadmap

图 9-28　新建仪表板流程图 6

7. 运行测试

运行测试图如图 9-29 所示。

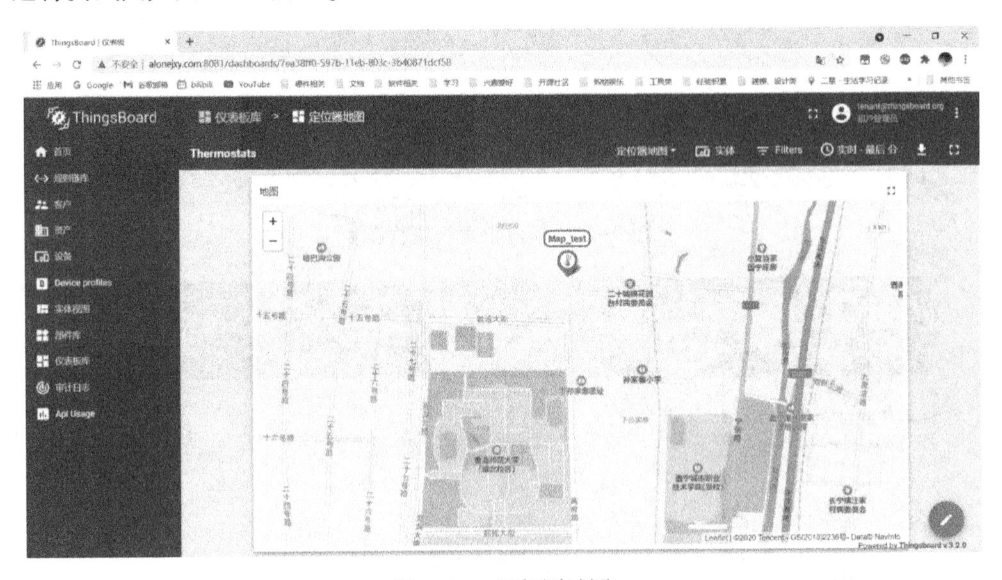

图 9-29　运行测试图

9.5　创建手机 App

9.5.1　开发环境

系统环境：Windows 10。

开发平台：Android Studio 4.21。

编译链接器版本，如图 9-30 所示。

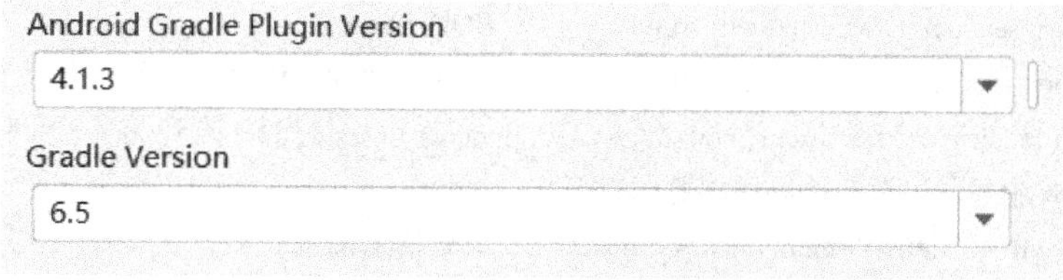

Android Gradle Plugin Version
4.1.3
Gradle Version
6.5

图 9-30　链接器版本信息

9.5.2　Android WebView

Android WebView 是 Android 系统中的原生控件，其主要功能是与前端页面进行响应交互，快捷省时地实现如期的功能，相当于增强版的内置浏览器。Android WebView 控件功能强大，除了具有一般 View 控件的属性和设置外，还可以对 URL 请求、页面加载、渲染、页面交互进行强大的处理。

9.5.3　网页封装过程

网页封装的关键代码如下：

```
public class MainActivity extends AppCompatActivity {

@ Override
protected void onCreate( Bundle savedInstanceState) {
  super. onCreate( savedInstanceState) ;
  setContentView( R. layout. activity_main) ;

  this. createWebView( ) ;
}

/ * 创建 WebView 实例 * /
@ SuppressLint( " SetJavaScriptEnabled" )
private void createWebView( ) {//创建 WebView 实例并通过 ID 绑定在布局中创建的 WebView 标签，这里的 R. id. webview 就是 activity_main. xml 中的 WebView 标签的 ID
    final WebView webView = (WebView) findViewById( R. id. webview) ;
  WebSettings settings = webView. getSettings( ) ;
  settings. setJavaScriptCanOpenWindowsAutomatically( true) ;//设置 JavaScript 可以直接打开窗口，如 window. open( ) , 默认为 false
  settings. setJavaScriptEnabled( true) ;//设置是否允许执行 js，默认为 false；当设置为 true 时，会提醒可能造成 XSS 漏洞
  settings. setSupportZoom( true) ;          //设置是否可以缩放，默认为 true
  settings. setBuiltInZoomControls( true) ;  //设置是否显示缩放按钮，默认为 false
  settings. setUseWideViewPort( true) ;      //设置此属性，可任意比例缩放。大视图模式
  settings. setLoadWithOverviewMode( true) ;
//和 setUseWideViewPort( true)一起解决网页自适应问题
  settings. setAppCacheEnabled( true) ;      //设置是否使用缓存
```

```
    settings. setDomStorageEnabled( true) ;        //DOM Storage
    webView. getSettings( ). setJavaScriptEnabled( true) ;//设置 WebView 允许执行 JavaScript 脚本
    webView. setWebViewClient( new WebViewClient ( ) ) ;//确保跳转到另一个网页时仍然在当前
WebView 中显示, 而不是调用浏览器打开
    String url = "http://map. alonejxy. com/" ;//加载指定网页
    webView. loadUrl( url) ;//设置 WebView 的按键监听器, 覆写监听器的 onKey 函数,对返回键作
特殊处理
        webView. setOnKeyListener( new View. OnKeyListener( ) {//当 WebView 可以返回到上一个页
面时回到上一个页面
        @ Override
        public boolean onKey( View v,int keyCode,KeyEvent event) {
        if( keyCode= =KeyEvent. KEYCODE_BACK&&
                webView. canGoBack( ) )
            {
          webView. goBack( ) ;
          return true;
        }
        return false;
      }
    }) ;
  }
        private WebView webView = null;
}
```

之后编译生成 App 并发送至手机。

9.5.4 手机 App 测试

手机登录界面及数据仪表面板界面如图 9-31 所示。

图 9-31　手机登录界面（左）及数据仪表面板界面（右）

数据仪表详情界面及地图定位界面如图 9-32 所示。

图 9-32　数据仪表详情界面（左）及地图定位界面（右）

9.6　3D 建模

9.6.1　定位器外壳建模

使用精密机械建模软件 SolidWorks 来进行建模设计，该软件主界面如图 9-33 所示。

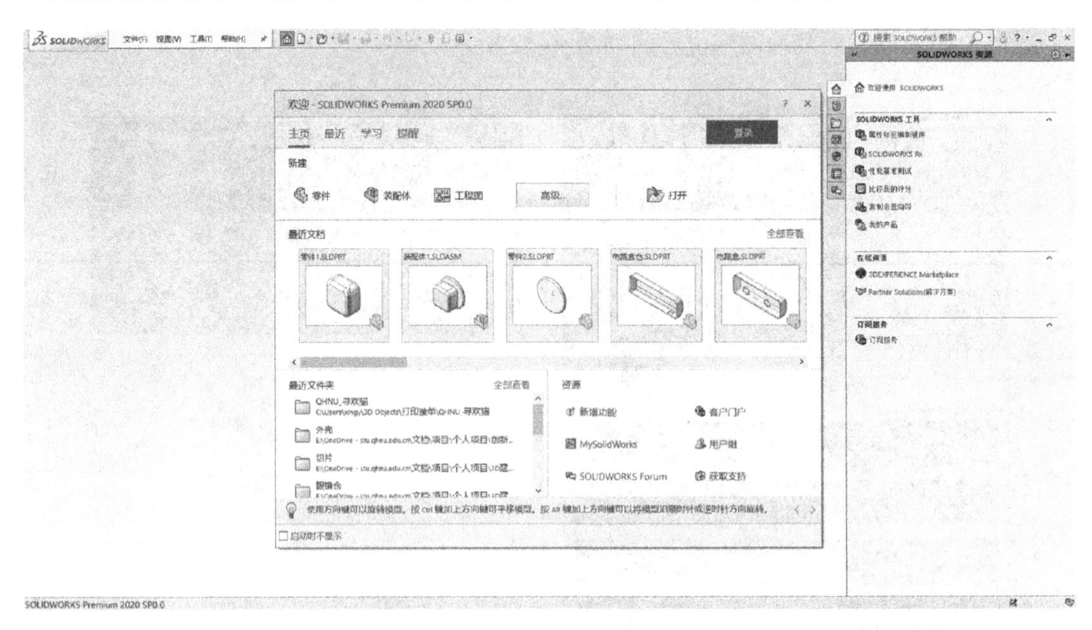

图 9-33　软件主界面

用该软件建模的定位器外壳如图 9-34 所示。

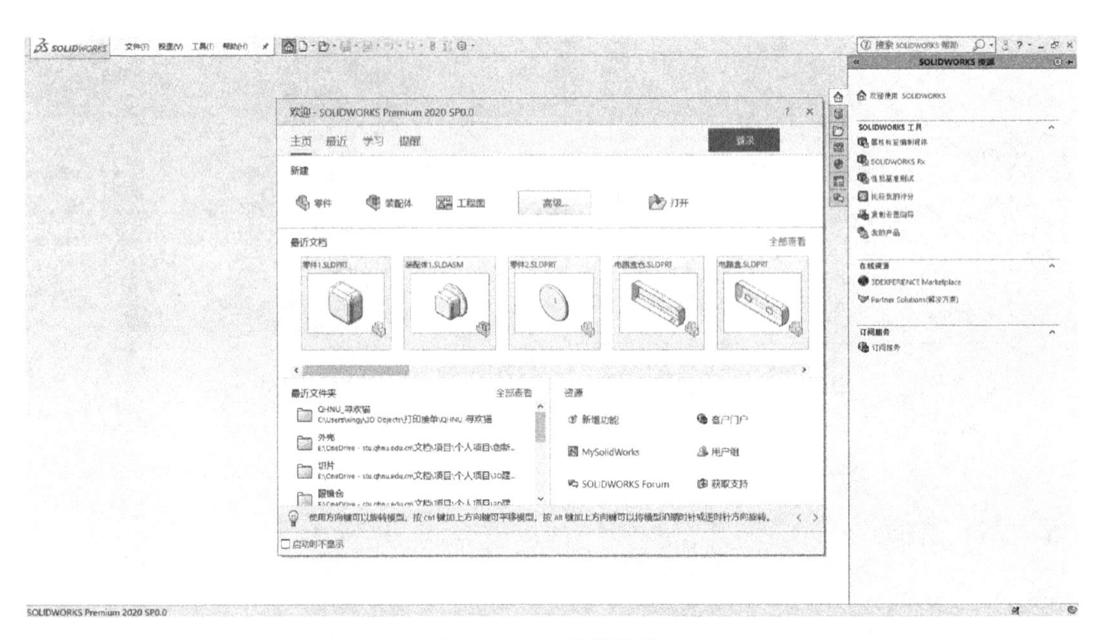

图 9-34　定位器外壳

定位器的内部构造如图 9-35 所示。

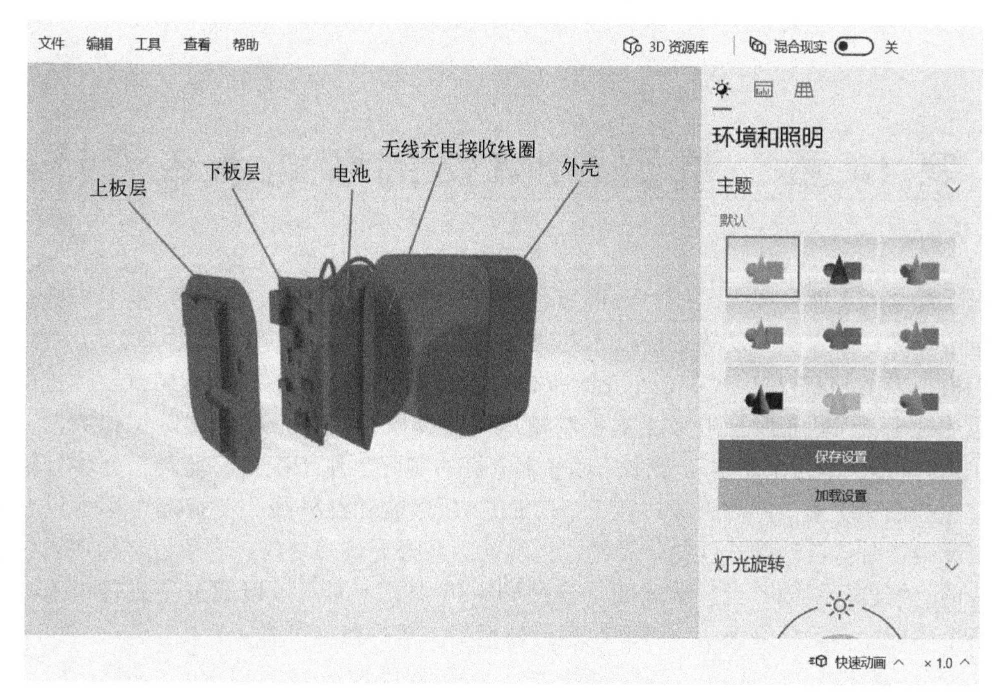

图 9-35　定位器内部构造图

9.6.2　无线充电发射器外壳建模

无线充电发射器外壳如图 9-36 所示。

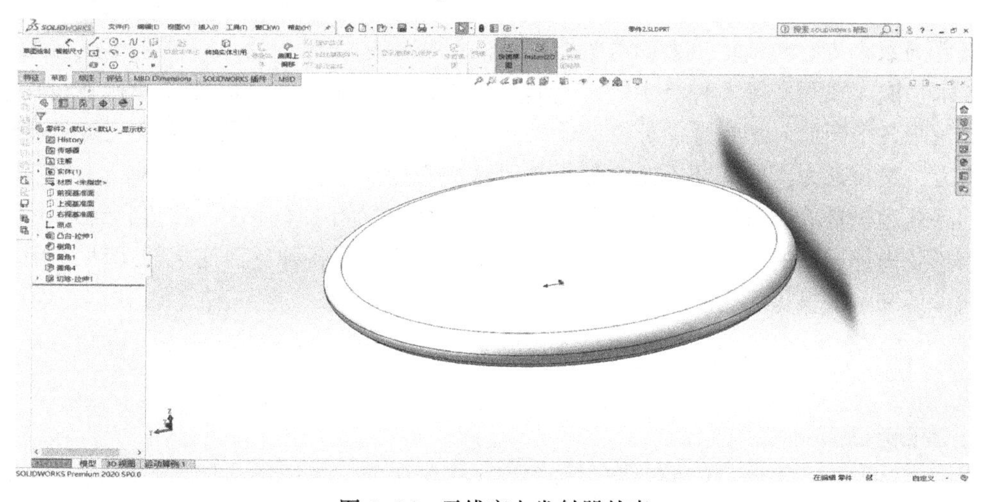

图 9-36　无线充电发射器外壳

9.7　总结

本系统将北斗定位系统、窄带物联网 NB-IoT 模块和无线充电功能相结合，设计了一款宠物定位器，实现了对宠物的实时定位，同时用户可以从手机 App 上实时监控宠物动向，避免了宠物丢失的情况，从而有效减少人们的经济及精神损失。

第 10 章　基于 STM32 的智能小车设计

随着社会的飞速发展，人们对智能事物的关注度也越来越高。其中智能小车是自动控制、电子技术、嵌入式开发等多种技术的结合体。本章设计了一款智能小车，以 STM32 作为主控板，采用 STM32F103C8T6 处理器和 CH340 串行一键下载功能。当 STM32 周围的主要驱动芯片处于工作状态时，STM32 主控制模块需要读取 MPU-6050 的实际工作数据，然后利用 TB6612FNG 作为主要驱动元件，对直流电机的实际工作情况进行监控，并将其输出到 STM32 主控制模块上。同时，通过蓝牙、OLED、超声波和红外线，使智能小车可以在发现前方有障碍物时，自动避开这些障碍物；当转换为红外寻迹模块时，它可以在白底黑线上沿着相应的路线进行跟随；当它通过蓝牙连接到手机 App 上时，可以通过手机轻松地控制它完成各个功能。实验结果表明，该系统运行精度高，运行稳定可靠。

10.1　引言

10.1.1　研究背景及意义

随着国家科技不断进步，人们对智能领域的研究也越来越广泛，智能小车是自动控制、电子技术、嵌入式开发等多种技术的结合体。现阶段，智能小车已成为一种智能运输方式，广泛应用于各个领域，如快递的分拣，码头货物的装卸等。如果需要人力来完成这些任务，既费人力，又费财力，效率还不高。如果针对这些任务设计出相应的智能小车，让它们沿着规定的路线运输货物，可以节省很多时间，提高效率。智能小车通过各种传感器来获取外界环境信息及内部运动的相对状态，从而实现在复杂环境下的各种灵活变化的运动，因此智能小车的设计和实现显得尤为重要。

10.1.2　国内外研究现状

1. 智能小车国外研究现状

早在 20 世纪 50 年代，国外就有了对智能小车的研究。美国国防部高级研究机构特别设计了一项无人驾驶的计划，由此开始了对智能汽车的全球研究。

该研究大致分为三个阶段，第一阶段的 AGVS（automated guided vehicle system，自动引导车辆系统）是美国巴雷特公司于 1954 年研制的第一种自动导航系统，其最基础的功能是无人驾驶，可以根据预定的路径进行导航，并根据计算机的控制进行预测；第二阶段是半自动架驶阶段，在这个阶段能够在某些情况下完成自主驾驶，但仍需人类驾驶员进行干预；第三个阶段最具吸引力的是 NavLab-5 型智能机器人，该机器人是美国卡内基梅隆大学的机器人研究所开发的，可以实现传感器的融合、图像处理和对车辆横向操控等。由意大利 Parma

大学的汽车资讯工程系研制的 ARGO 实验车，可以用于汽车的立体视觉检测和自动定位，利用单目图像获取车辆在行驶时的基本几何参数，并利用 I/O 板来获取车速和其他数据。世界上首台自主生产的智能小车是由 Nills Nilssex 和 Charles Rosen 等人在 1966 年至 1972 年中研制出的 Shakey。尽管国外的研发已是硕果累累，但智能小车的智能化程度和自主化水平还需持续的提高与完善。

2. 智能小车国内研究现状

国内关于智能小车的研发虽然起步较晚，但目前已取得了很大的进展。目前在国内外有代表性的关键成果主要有“清华大学智能技术与系统”国家重点实验室“移动机器人 THMR 课题组”研制的“THMR-V”系列的智能车。该车型通过大量实验和研究，现已完全能够自动完成结构化路面环境条件下，路面的多车道线路的自动路面追踪；准结构化环境条件下，路面的自动路面故障追踪，复杂路面环境条件下路面的自动路面避障，路面自动停障等功能。2007 年哈尔滨工业大学与香港中文大学联合研制了一种基于红外线的智能小车，它的远程控制功能可以有效地规避障碍物。

10.2　智能小车总体设计方案

本系统以 STM32 作为主控制模块，扩展 MPU-6050 运动处理组件、TB6612FNG 电机驱动模块、超声波模块、蓝牙模块、红外寻迹模块。智能小车总体设计框图如图 10-1 所示。

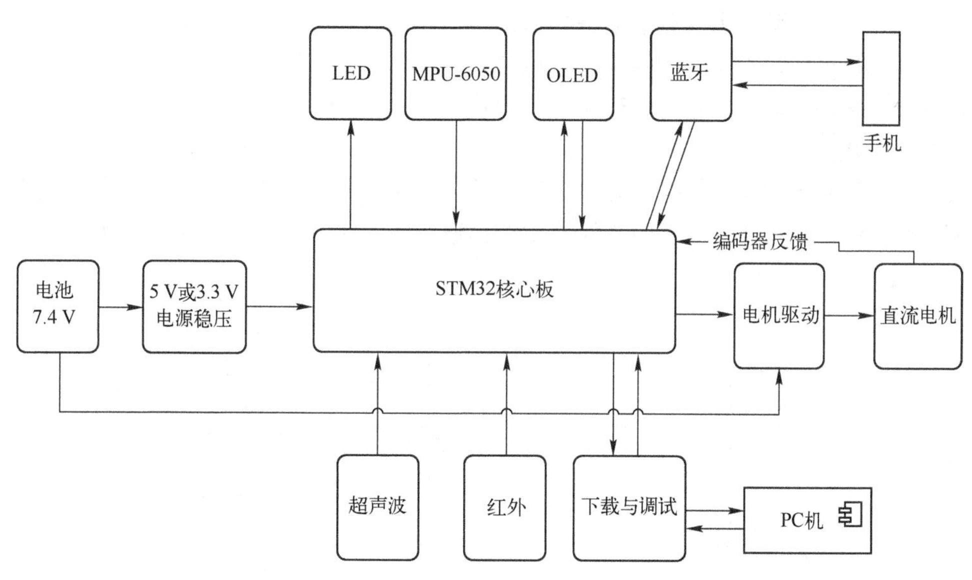

图 10-1　智能小车总体设计框图

本系统选择的核心板为 STM32，该产品采用 STM32F103C8T6 处理器，并采用 CH340 串行一键下载，控制器具有尺寸较小（7 mm×7 mm）、低功耗（工作电压 3.3 V）、操作快速、外部设备丰富等特点。串口 CH340USB-TTL 和 USB 接口，通过数据线路与计算机进行通信，或用作代码烧录、固件升级界面，使用起来很方便；采用六个轴线的传感器（三个方向的陀螺和三个方向的加速），MPU-6050 模块用来获取车体的运动姿态；整个小车的电源是两块锂电池，每块电池的额定电压是 3.7 V，两块电池加在一起就是 7.4 V，需要设计一个降压稳压的模块，对这 7.4 V 进行进一步的降压稳压，主控制模块搭载 LM-5.0 和 LM-3.3 的稳压芯片；由于单片机的输出电流很小，带不动电池，为实现用微处理器对电机进行控制，必须在电机和电机之间加一个驱动电路，通常选择用 TB6612FNG 驱动来控制电机。

其他部件包含 TTM2 带编码器的直流减速电机（2 个），垂直型铝合金电机固定零件（2 个），超高品质大摩擦轮胎（2 个），18650 动力电池（2 个），亚克力支撑板，隔离柱，螺丝，螺母等。

10.3 智能小车硬件设计

10.3.1 系统硬件总体设计

本系统采用 STM32F103C8T6 作为其微处理器，具有较好的性能和较高的计算能力，扩展空间大。其具体接口电路设计如下：

① PB8、PB9 引脚作为 IIC 通信接口，获取 MPU-6050 数据；

② PA0、PA1、PA6、PA7 引脚作为电机转速脉冲接口；

③ PD1、NRST 引脚作为串口调试 UART 接口；

④ PA11、PA12 引脚作为蓝牙通信接口；

⑤ PA8、PB5 引脚作为红外模块通信接口；

⑥ PB0、PB1 引脚作为电机驱动模块接口；

⑦ 电源模块。

电源模块为系统的硬件供电，为整个系统提供稳定、高效的电压。因为系统中各组件需要的额定电压不同，所以必须将初始的最高电压进行一次电压变换，使之达到每个模块所需的额定电压，如图 10-2 所示。

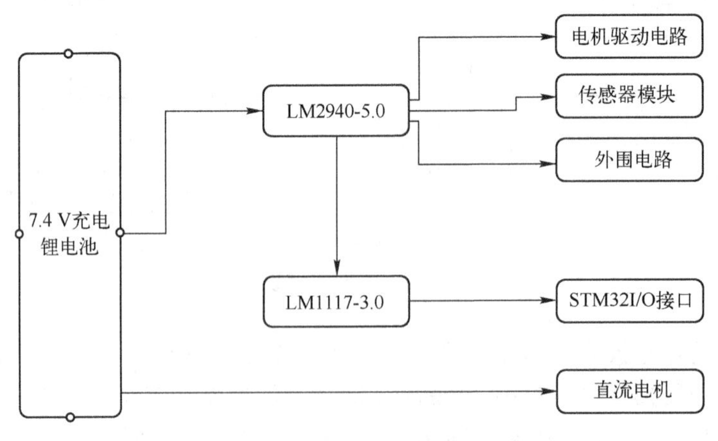

图 10-2　电源模块

整个小车电源由两块锂电池提供，每块电池的额定电压为 3.7 V，两块电池加在一起是 7.4 V。但通常在线路上使用的电压为 5 V 或 3.3 V，所以需要一个降压稳压模块，对 7.4 V 进行进一步的降压稳压，并将电压降至 5 V 或 3.3 V，以满足整个系统的需要。

本系统的 STM32 主控制模块只有 USB 接口，选用 CH340G 实现 USB 转串口，它使用 Micro-USB 数据线进行下载，USB 转串口电路如图 10-3 所示。

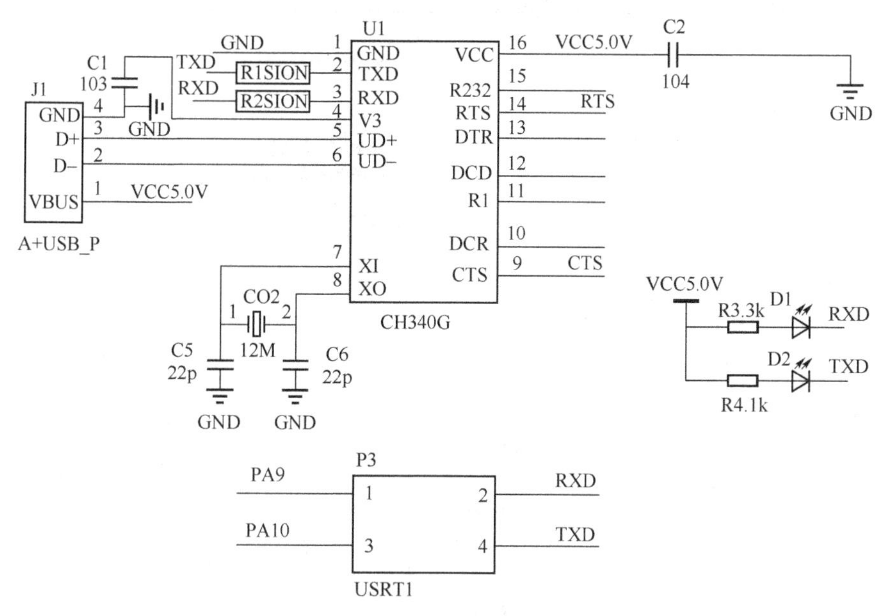

图 10-3　USB 转串口电路示意图

CH340G 芯片具有以下优势：

① USB 2.0 高速接口；

② 在 Windows 系统中，所有串行应用都是兼容的，不需要修改；

③ 支持 5 V、3.3 V 电源电压；

④ 支持多种通信接口。

10.3.2　功能模块设计

1. 超声波模块

超声波接收器在接收到地面的回波后，会立即停止工作。声波在空气中的平均传播速度为 340 m/s，根据时间 t，可以计算出声音发出的位置与障碍物之间的距离，即 $s=340\times t/2$。

超声定位组件的操作指南如下：

① 使用 I/O 端口 TRIG 触发，高电平信号至少 10 μs；

② 该模块可实现 8 条 40 kHz 的方波的自动探测，并可实现无回路的自动探测；

③ 有一个高电平的信号，由 I/O 端口 ECHO 输出，高电平持续的时间，即超声波信号从发射到返回。试验距离=(高电平时间×声音速度)/2；

超声波定时如图 10-4 所示。

超声波模组电路如图 10-5 所示。

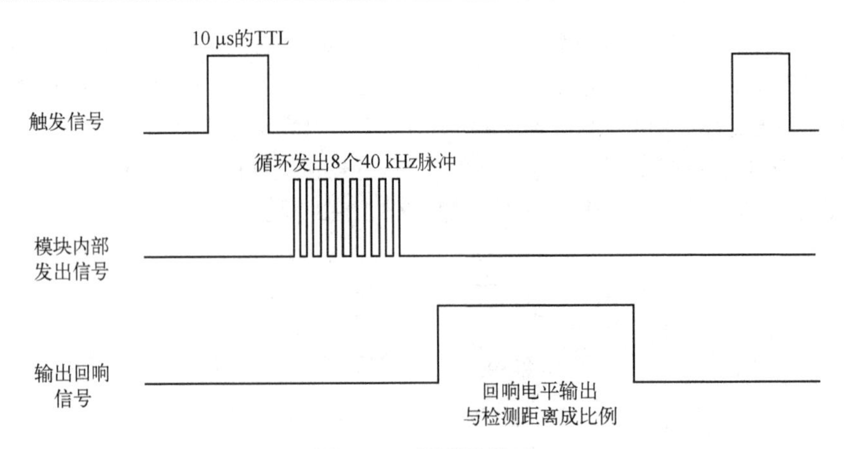

图 10-4 超声波定时

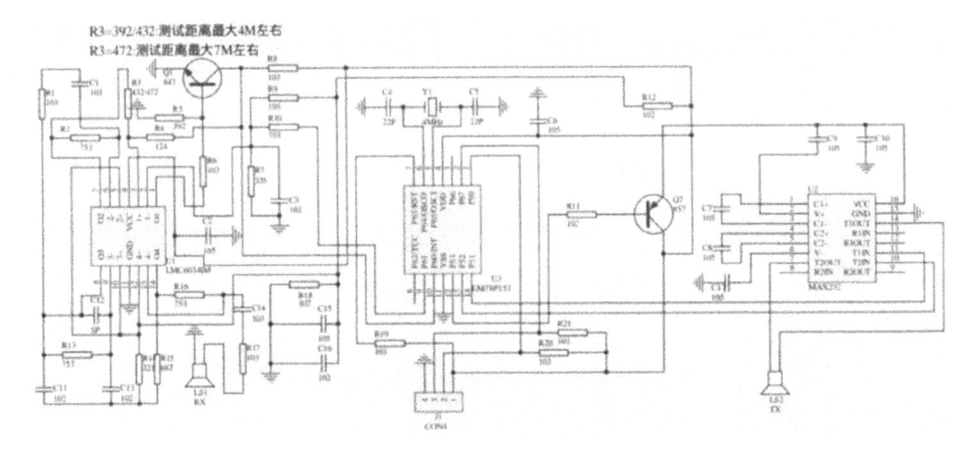

图 10-5 超声波模组电路

2. 红外寻迹模块

(1) 性能指标

工作电压：+5 V。

工作电流：220 mA+10 mA。

工作环境：-10℃～+50℃。

安装孔尺寸：M3。

探测范围：10 mm 到 30 mm（调整的范围越大，准确度越低，判断错误也就越大）。

调整方式：根据面板上的箭头方向调整可调电阻，使检测范围扩大，但准确度降低。应按现场实际情况及离地距离调整可调电阻的位置。

模块界面：XH2. 54-6 P（La，Lb，Ra，Rb，VCC，5 V，Gnd）。

输出信号：TTL 电平（可以与 GPIO 引脚直接相连，当感应到反射的红外线时，对应引脚输出较低，反之为高电平）。

备注：四通红外的每个红外都对应一个红色 LED 指示灯，检测到白底时 LED 灯亮，检测到黑线时 LED 灯不亮，可以参考 LED 灯来调节电阻。

接线说明如图 10-6 所示。

名称	说明
VCC	电源5V
Gnd	地
La	左a路红外TTL电平输出
Lb	左b路红外TTL电平输出
Ra	右a路红外TTL电平输出
Rb	右b路红外TTL电平输出

图 10-6　接线说明

（2）工作原理

红外线发射管向地面发射光线，红外线与黑色相间的红外线接触，会被反射光线反射，而接收管会被反射光线吸收，在施密特触发器的作用下，输出较低的电平。红外循迹的检测原理是红外光遇到白底则被反射，接收管接收到反射光，经施密特触发器整形后输出低电平；当红外光遇到黑线时则被吸收，接收管没有接收到反射光，经施密特触发器整形后输出高电平。

由原理图 10-7 可知，四通红外模块的 Ra、Rb、La 和 Lb 引脚分别与 STM32 的 PA15、PA8、PB5 和 PB3 引脚相连接。因为红外组件是一个高、低电平（检测到黑线的低电平是 0，而输出高电平是 1），所以只需要把引脚设定成 GPIO，然后通过 IO 的读数来确定线路的方向。

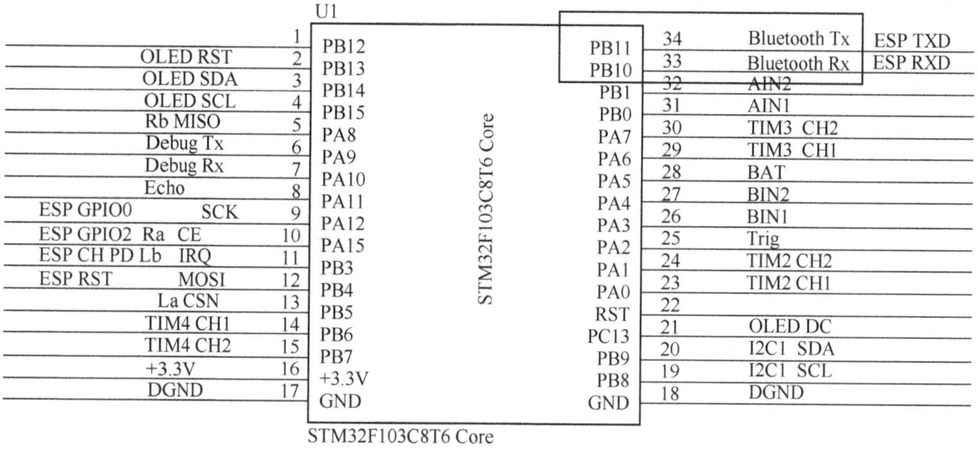

图 10-7　红外接线原理图

3. 蓝牙模块

通过查阅底板原理图，可以得知智能小车的蓝牙模块连接了 STM32 的 USART3，即 PB10/PB11，需要通过与主控面板的串行通信，通过安卓手机的控制器，完成前进、后退、左转、右转、避障、寻迹等动作。

10.3.3　驱动电路设计

为了使微处理器能够对电机进行控制，最简单的方法是在电机和电机之间增加一个驱动回路，由单片机对电机进行驱动。本章采用由东芝公司开发的 TB6612FNG 双直流电机驱动器，采用高电流 MOSFET-H 桥型，双通道输出功率，可同时驱动两个电机。

TB6612FNG 双直流电机驱动芯片的特点如下。

驱动电压：最高可达 15 V。

输出功率：1.2 A/3.2 A（峰值）。

操作方式：有四种——正向、反向、制动、停车。

包装规格：SSOP24，0.65 mm 引脚间隔。

10.4 智能小车软件设计

10.4.1 软件开发环境

1. MDK-ARM 软件介绍

MDK-ARM 是一种针对所有 ARM 芯片（不能编译 51、avr 等），集程序的编写、编译、链接和下载功能为一体的综合式编程环境，必须要将所有 MDK-ARM 软件都配置好。

2. STM32CubeMX 软件介绍

STM32CubeMX 是一种用于生成 STM32ARMCortex-M 单片机的图形结构与底层代码的工具。STM32CubeMX 可以用图形向导快速、方便地配置 STM32 系列 MCU 的底层驱动程序，并产生相应的 C 程序。

STM32CubeMX 软件是在 Java 环境下运行的，它在安装前必须先安装 JRE。可在 Java 官网下载 JRE；在 ST 官网下载 STM32CubeMX。分别对安装包进行解压，双击 .exe 可执行文件，即可进行安装。

10.4.2 开机程序设计

在没有连接蓝牙模块运行小车时，每实现一个功能，就需要重新更改并烧录一次代码，以达到小车实现该功能的目的。程序代码如下（默认为避障模式）：

```
#include "manage.h"
const char FirmwareVer[ ] = "3.33";
const char EEPROMver[ ] = "2.00";
const char MCUVer[ ] ="STM32F103C8T6";
//系统运行时间计数，开机后开始计数，每秒增 1
unsigned short g_RunTime= 0;
//电池电压，实际值*100
unsigned short g_BatVolt=0;
//小车运行模式：遥控模式、红外寻迹模式，超声波避障、超声波跟随模式
unsigned char g_CarRunningMode =ULTRA_AVOID_MODE;
//以下定义在 manage.h 中
//#define CONTROL_MODE                1  遥控模式
//#define INFRARED_TRACE_MODE         2  红外寻迹模式
//#define ULTRA_FOLLOW_MODE           3  超声波跟随模式
//#define ULTRA_AVOID_MODE            4  超声波避障模式
```

10.4.3　中断服务程序设计

本软件设计采用 STM32 芯片的 HAL 库进行研究，流程设计上主要由红外测距程序、避障算法等程序构成。避障算法程序利用超声波传感器，测量障碍物间距和方位以实现避障。红外线测量距离程序则利用 IIC 通信协议，对红外线测距传感器的原始值进行读取及估算距离。

在超声波测距时，首先“创建”生成代码。在产生代码之后，打开主函数的计时器：

```
HAL_TIM_IC_Start_IT(&htim1,TIM_CHANNEL_4);//开启 TIM1 的捕获通道 4，并且开启捕获中断
_HAL_TIM_ENABLE_IT (&htim1, TIM_IT_UPDATE);//使能更新中断
```

定义两个中断服务函数：第一个函数是输入捕获中断回调函数，当有变化沿的时候就会进入该函数。

```
//定时器输入捕获中断处理回调函数，该函数在 HAL_TIM_IRQHandler 中会被调用
void HAL_TIM_IC_CaptureCallback(TIM_HandleTypeDef * htim)//捕获中断发生时执行
```

第二个函数是中断回调函数。有两种情况会进入该函数：一种情况是定时器开启后在没有触发变化沿的时候，会在每次计数器值满的时候进入该中断；另一个情况是当上沿触发时，由于高电平保持时间已经超出了计数器的时间内所进入的中断，因此就必须在这个情况下把进入中断的次数进行累加，以计算出高电平脉冲的持续时间。

```
void HAL_TIM_PeriodElapsedCallback(TIM_HandleTypeDef  * htim)
```

这两个中断服务函数在 stm32f1xx_hal_tim. c 中都被定义为弱函数（__weak），用户可以改写弱函数。

10.4.4　手机 App 设计

手机 App 是以 MIT App Inventor 平台为基础设计的，App Inventor 是一个完整的安卓图形编程环境，最初由谷歌研发、设计，然后交给麻省理工发布、维护。App Inventor 放弃了传统的复杂程序，而是采用了一种类似于砖块的堆叠方式来开发 Android 应用程序。因此，相比于 Java 程序，App Inventor 程序更易于掌握。手机 App 开发流程如图 10-8 所示。

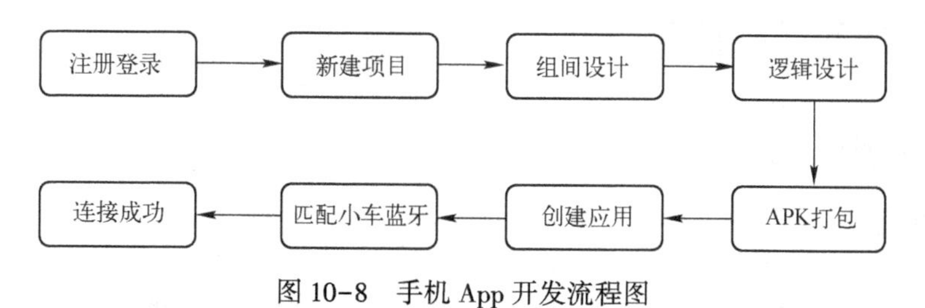

图 10-8　手机 App 开发流程图

最后设计的 App 页面如图 10-9 所示，其中在白框中选择蓝牙设备，再次单击“连接蓝牙”键，如果成功，“蓝牙状态”将显示为“true”。连接失败，“蓝牙状态”显示为“false”。界面中间部分有以下 4 个控制模式可以切换。

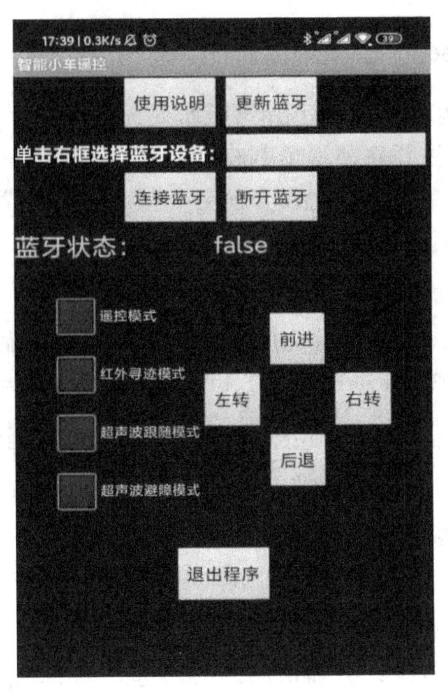

图 10-9　手机 App 界面

①“遥控模式”：仅在远程操作时，可以用手柄来操纵汽车。

②“红外寻迹模式”：在使用前，必须安装红外线模块。巡线时，小车按照预先设定的黑线移动。

③“超声波跟随模式”：在使用前要安装超声波模块。在跟随状态下，小车会根据自身的动作，自动地判断与前面的障碍物之间的距离，并与其保持一定的距离。

④“超声波避障模式”：在此之前，必须要安装超声波模组。在躲避障碍物时，小车会根据自身的移动来判断与前面的障碍物之间的距离，从而避免碰撞障碍物。

“前进”“后退”“左转”“右转”四个按钮控制小车向前、向后、向左、向右转弯。按住某个按钮，可以获得对应操作，松开即停止。

单击“退出程序”按钮，退出 App。

10.5　系统运行效果展示

10.5.1　系统硬件检测

1. 前期检查

(1) 检查连线

根据电路图，对安装好的电线进行检查，然后根据线路的接线顺序依次连接；然后，按照说明图来做。当所有的原件都连接在一起的时候，为避免错误，对已检测过的电线在接线图中进行标注。

(2) 检查元件安装

检查插针间是不是有短路电压，与接头有没有接触不良；电解式电容极性是否接线有误；供电的端口上是否有短路迹象；在接通之前或切断一条电源线后，用万用表检测供电端口对地是否存在短路。

2. 通电检测

小车安装完成后，检测电路有没有不正常的地方，例如有没有烟，有没有不正常的味道。如果有这些异常现象，应该马上关掉电源，等到排除故障以后再进行通电。如图 10-10 为正常通电下的小车。

图 10-10　正常通电下的小车

3. 驱动检测

在实际应用中，VM 直接接电池即可。VCC 是内部的逻辑供电，接 5 V 电源就行。模块的 3 个 GND 接任意一个即可，因为内部都是导通的。另外，STBY 要接 5 V 电源，模块也能够正常工作。完成了上述的接线以后，就可以控制电机。如图 10-11 所示，五个引脚 AO1、AO2、AIN1、AIN2 和 PWMA 控制一路电机，而 BO1、BO2、BIN1、BIN2 和 PWMB 则控制另一路电机，AO1 和 AO2 分别接电机的正极和负极，然后使用 PWMA、AIN1、AIN2 控制电机。其中，PWMA 一般接单片机的 PWM 插针，一般 10 kHz 的 PWM 即可，并可以通过变化占空比来调整电机的转速。AIN1、AIN2 两个插针一般接单片机的 GPIO 插针，用于调节电机的正反转，表 10-1 为电机转动真值表，图 10-11 为测试方法图。

表 10-1　电机转动真值表

AIN1	0	1	0
AIN2	0	0	1
转动方式	正	正	反

按照以下方式接线来测试电机的转动：

VM 接电池正极（注意：电压<15 V）；

当 AIN1 接 5 V，AIN2 接 GND，PWMA 接 5 V 时正转；

当 AIN1 接 GND，AIN2 接 5 V，PWMA 接 5 V 时反转。

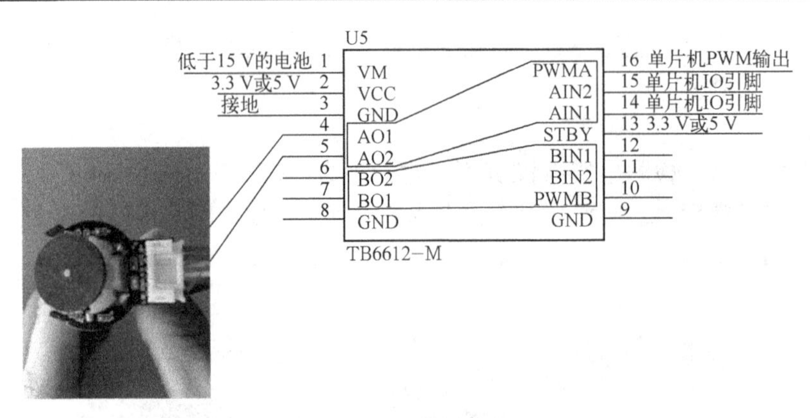

图 10-11　测试方法图

10.5.2　系统功能测试

1. 避障功能测试

首先进行智能小车避障系统的测试工作，修改代码设置小车开机默认为避障模式。将小车通电保持平衡后，在小车前面放上障碍物，并通过改变障碍物的大小、方向等进行一系列测试。测试时应保证测试对象的面积不得小于 0.5 m^2，并应尽可能平坦，以免影响测试结果。避障测试效果如图 10-12 所示。

图 10-12　避障测试效果

2. 寻迹功能测试

接着进行智能小车的寻迹功能测试。事先在纸上画出黑色轨迹，并且修改代码，设置小车开机默认为寻迹模式。小车通电后，就会按照黑色轨迹自行修正方向，进行行驶。寻迹测试效果如图 10-13 所示。

3. 蓝牙功能测试

最后，进行蓝牙模块的测试。打开手机蓝牙，匹配好小车蓝牙后，开始在手机上更换各个模块进行测试。蓝牙功能测试效果如图 10-14 所示。

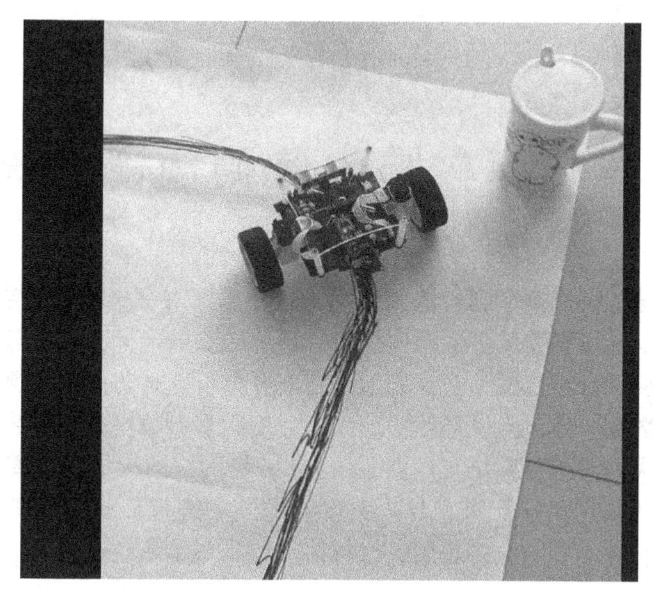

图 10-13　寻迹测试效果

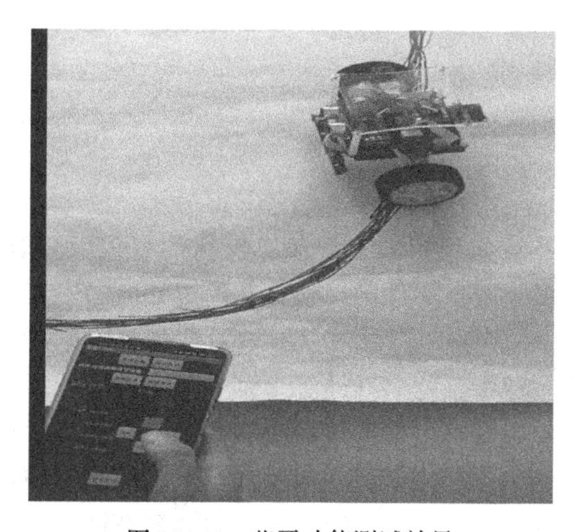

图 10-14　蓝牙功能测试效果

10.6　总结

本章设计的系统将软硬件结合，硬件平台采用 STM32F103，使用 STM32CubeMX+Keil-MDK 进行代码配置，再通过各个传感器模块的选择以及手机 App 的开发，基本实现了智能小车的各个功能。其中智能小车利用超声波模块感知障碍物距离信号，并传递给单片机，由单片机进行一定的避障动作，同时，利用红外检测模块实现黑白寻迹功能。通过蓝牙模块连接手机 App，实现对小车运动方向的控制，可以合理及时地躲避障碍物，选择一段较长距离的无障碍路线行驶。

第 11 章　森林防火监测预警系统设计

森林在维护地球生态平衡中起着重要作用，森林火灾对森林环境造成的危害不可估量，因此开发森林防火监测预警系统，实时监控森林环境的参数指标，实现森林火灾的智能监控与预警功能具有重要的社会意义，势在必行。在充分分析森林防火监测预警系统的实际需求后，设计了由环境数据采集节点、环境监测预警终端和多参数集成环境数据处理总控系统三部分组成的森林防火监测预警系统。建立基于 BP 神经网络的火灾预警模型，运用数据融合算法将传感器采集的数据融合后对森林火灾发生的概率进行预测，以判断森林环境处于明火、阴燃还是无火状态。实验结果表明，森林防火监测预警系统运行稳定，为维持森林正常环境提供了可靠保障。

11.1　引言

11.1.1　研究背景与意义

森林是人类生存和可持续发展的宝贵资源，森林的覆盖面积对地球生态的影响十分巨大，在维护地球生态平衡中起着重要作用。森林是固碳释氧的工厂，据测定，一亩森林每天可以产生氧气 48.7 kg，这对实现“碳中和”有着重要的意义。此外，森林还有保育土壤、涵养水源、净化大气环境、保护生物多样性等多种生态服务功能。

然而，每年因森林火灾对森林生态造成的危害无法估量，森林火灾的防治不是一朝一夕的事业。限于人类活动范围和强度的增大导致的碳足迹扩大、现代森林防护技术的发展不足、地球不断增温，以及森林环境的多样性、多变性和复杂性等因素，森林火灾的预防工作与人们实际需求之间的矛盾逐年增大。在我国，这一矛盾更为突出。我国幅员辽阔，东、西、南、北气候和地形等自然条件的差异较大，加上人类活动范围和强度不同，因而导致森林火灾发生的地域性差异也较为明显。近十多年来，我国森林火灾集中发生在北部和中南部地区，其中内蒙古、湖南、四川、广西、贵州等为火灾多发地区，森林火灾的发生总数大多都在 3 500 次以上。

在全民义务植树、大规模国土绿化行动、生态产业扶贫及重点生态工程等的推动下，截至 2020 年 12 月我国森林覆盖率已由 20 世纪 80 年代初的 12%提高到 23.04%，人工林面积居全球第一。因此，为了更好地保护这来之不易的伟大成果，及时监测和预防森林火灾的发生，开发一套森林防火监测预警系统，实时监控森林生态系统的参数指标，实现森林火灾的智能监控与预警意义重大。森林火灾监控的信息化、智能化发展，将使森林环境数据采集、监测、预警、存储和共享更加便捷。借助互联互通的信息化系统，森林建设管理部门可以实现环境信息的充分共享，这将大幅提升异常环境的监测水平，实现森林质量全面监测，最大限度地预测并排除火灾隐患。

综上所述，设计一个能够监测森林环境各项参数的森林防火监测预警系统，可以有效监测突发火灾危险，提高森林火灾监测水平和质量。本项目所设计的森林防火监测预警系统对预防森林火灾和保护森林生态具有十分重大的现实意义。

11.1.2　国内外研究现状

国外对森林火灾防护的研究相对较早，并采用了一些森林火灾监控系统。加拿大早在1982 年就组建了全国联合防火公司，Petawawa 国家林研所开发了一套大型专家系统。美国联邦政府于 1911 年在爱达荷州博伊西市组建了全国联合森林防火中心，并且设计了野火变化计算机模型，建立了美国森林防火高级系统技术（FFAST），该系统可以通过热红外线阵探测、走动地理定标、地球同步卫星通信及数据合成技术等科技手段对火场进行监测定位、分析燃烧现状等参数，为森林防火指挥员提供最优援救方案。1988 年，美国选用微型机开发了将通信技术、信号处理技术和遥感监测技术等先进科学理念应用在森林环境的监测和预警中的野火管理决策体系。2004 年，美国研发的激光分析系统，实现了森林面积为 20 万公顷的监测。目前，国外比较成功的林火预警技术是美国的森林火灾扑救指挥系统，该系统利用遥感和地理信息相结合的方式采集火灾的实时信息，对火灾形势进行预测分析，具有其他国家难以企及的高效性、实时性和严谨性。法国研制了 Rapsodi 火灾报警系统，同时地中海东南 15 个县建立了一个森林火情资料库——普罗米修斯系统。由于技术和资金有限，过去的森林防火预警系统研发只发生在发达国家，但近些年来，森林火灾危害问题日益严重，同时现代科学技术不断发展，森林防火工作逐渐在全球范围内引起广泛关注。

与国外的研究相比，我国关于森林火灾预警系统的研究相对较少。1987 年 5 月 6 日大兴安岭火灾发生后，我国对森林火灾的防护工作才逐渐提上日程，成立了国家森林防火指挥部，并于 1988 年 1 月颁发了有关森林防火的法律法规《森林防火条例》。当时主要是引进、试用和改进国外火险天气预报的方法，从此我国对森林防火的工作发生了巨大转变，进入了全新的发展领域。20 世纪 90 年代，林业部与日本共同研发的 GIS 森林火灾管理系统应用到小兴安岭火灾防护工作中。不仅国家级科研项目重视有关森林火灾系统的研发，国内各省区也根据自己的情况开发了不同的基于 GIS 的森林火灾辅助救助系统，这些系统的问世大幅提高了我国森林防火和火灾扑救的质量和水平。但是由于技术发展有限，美国诺阿（NOAA）、MODIS（Moderate Resolution Imaging Spectroradiometer，中分辨率成像光谱仪）、风云（FY）等卫星过境的时间间隔太长、覆盖频次偏低，加上有些预警系统需要耗费较多的计算机资源，系统运行缓慢、开发周期长、成本高等因素，导致这些系统远远不能满足我国“打早，打小，打了”的森林防火应用技术需求。此外，国家林业局和中国林业科学院也研制出了森林防火平台。国内外这些现代技术的日渐成熟和数据采集的不断准确，为森林防火系统设计的实现提供了良好的范例。但是随着科学技术的发展和森林防火需求的不断变化，在森林这样复杂多变的自然环境中实现实时的预警监测和展示还是比较困难的。

11.2 系统总体设计方案

本方案在考察我国现阶段智能林业的实际需求，充分研究森林实况、硬件设计、软件功能的基础上，设计实现森林防火监控终端及系统，主要采用嵌入式、传感器、无线网络通信等技术。首先广泛查阅资料，充分研究目前国内外智能林业的发展现状；其次对森林实际环境进行考察和需求分析，确定终端采集模块选用芯片 ARM9，选定环境数据采集传感器，详细研究森林环境中的火情影响因素，例如温湿度、烟雾、火焰、一氧化碳等传感器与采集终端的硬件连接，通过 ZigBee 组网配置，在硬件整体架构的指导下，设计各个模块的软件部分，然后确定环境监测终端的核心处理器选择，通过协调器与环境监测终端的网络连接，以及环境监测终端与计算机端上位机的数据传输，实现各部分的软件设计；通过网络编程实现各部分的数据传输；制定系统总体测试方案，对环境采集节点、环境监测终端、上位机进行调试和系统检测，最后实现智能林业环境监测系统及软件的设计。本系统总体的功能框图如图 11-1 所示。

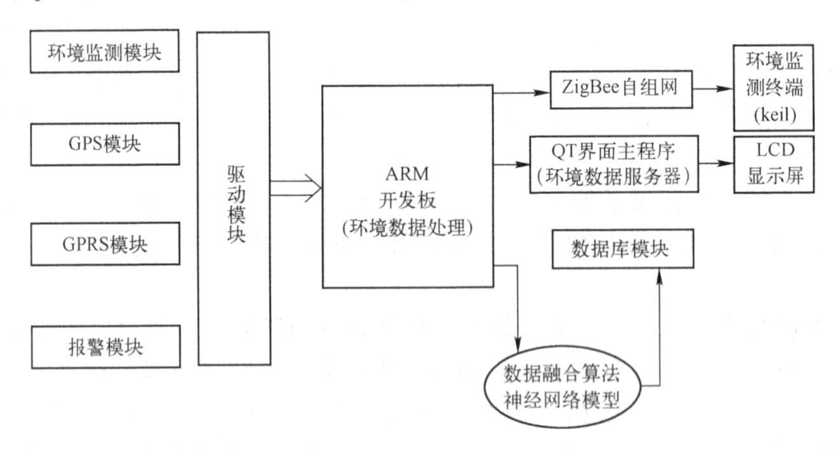

图 11-1 森林防火监测预警系统功能框图

11.3 森林防火监测预警系统的硬件设计

11.3.1 环境监测预警终端硬件设计

森林防火环境监测预警终端硬件设计主要由四部分内容组成，即主控单元、电源电路、串口连接设计和 GPRS 数据传输模块。

1. 主控单元

环境监测终端的控制芯片选用 S3C2410 处理器，S3C2410 处理器基于 ARM 公司的 ARM920T 处理器核，采用 32 位微控制器。该处理器包括：独立的 16 KB 指令高速缓存寄存器和 16 KB 数据高速缓存寄存器，MMU（存储器管理单元），LCD 控制器，NAND 闪存控制器，3 路串行异步通信接口（UART），4 路直接存储器访问（DMA），4 路带 PWM 的（定时器）Timer，通用 I/O 接口，实时时钟（RTC），8 路 10 位 ADC，触摸屏（touch screen）接口，集成电路互联总线（IIC-BUS）接口，2 个 USB 主机，1 个 USB 设备，SD 主机和 MMC 接口，2 路 SPI。S3C2410 处理器时钟频率最高可运行在 203 MHz。主控单元原理图如图 11-2 所示。

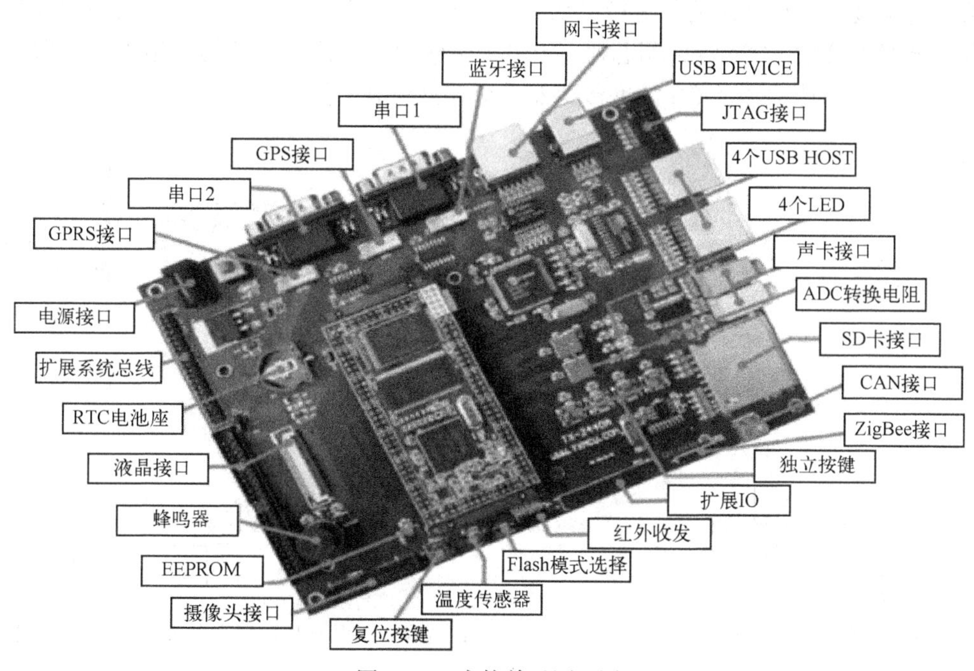

图 11-2　主控单元原理图

2. 电源电路

开发板中有需要 3 V 供电的设备，5 V-3 V 的电压转换通过 LM1117 设计实现，其电路原理与 CC2530 供电方式相同。

3. 串口连接设计

数据采集节点的 CC2530 模块通过串口与环境监测终端的 S3C2410 相连，CC2530 上的 ZigBee 模块可接收所有数据采集节点发送的数据，然后将其通过串口传输给 S3C2410，S3C2410 能够将这些数据接收后进行相应的处理，为下一步进行远程发送提供便利。

4. GPRS 数据传输模块

采用的 GPRS 通信模块是 SIM900A GPS/GPRS，SIM900A 支持 GPRS multi-slot class 10/class 8（可选），以及 GPRS 编码格式 CS-1，CS-2，CS-3 和 CS-4。其工作频段为 EGSM 900 MHz 和 DCS1800 MHz，该模块不仅可以进行电话和短信通信，还支持 TCP/IP 协议，可以进行数据的无线网络传输。WF-SIM900A 通过串口传输标准的 AT 命令实现对模块的控制。GPRS 通信模块的 AT 命令集与应用命令集系统是通过串口连接的，GPRS 模块具有一套标准的 AT 命令集，由一般命令、呼叫控制命令、网络服务相关命令、电话本命令、短消息命令、GPRS 命令等组成。控制系统可以给 GPRS 模块发 AT 命令来控制其行为。

11.3.2　数据采集节点硬件设计

传感单元工作原理如图 11-3 所示。

针对森林环境，关键在于采集哪些能够准确且有效地反映森林当前状况的数据，在采集到环境数据后应该以何种方式将数据在复杂的森林环境中进行及时共享与传输，怎样对数据进行分析处理才能确定森林中即时的情况，如何判定是否需要森林火灾救援，以及怎样进行火灾救援等问题，在设计之前都进行了切实的实地考察，最终设计出一个负责数据采集节点的结构，硬件主要由 CC2530 控制芯片、ZigBee 传输模块、温度传感器、湿度传感器、烟雾浓度传感器、火焰传感器及 CO 浓度传感器七个部分组成，如图 11-4 所示。

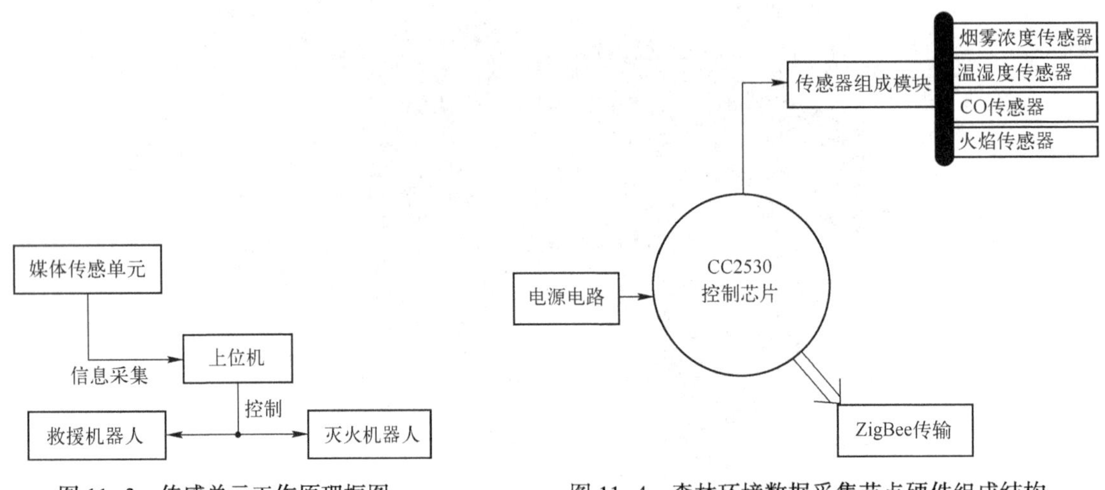

图 11-3 传感单元工作原理框图

图 11-4 森林环境数据采集节点硬件组成结构

森林环境数据服务器主要接收环境监测预警终端发来的各节点的环境数据信息并存入数据库，同时进行森林环境安全性分析，将采集节点传感器采集的信息进行数据融合，对火灾发生概率进行判断，如果概率大就输出报警，并判断是森林中哪一节点出现警情。

1. 核心处理器

主控单元选择 CC2530 模块，如图 11-5 所示。该模块不仅包含处理采集数据的芯片，同时具有 ZigBee 传输的天线部分设计。另外，该模块功耗低，在休眠状态下，两节 5 号电池可以供 ZigBee 节点工作半年到两年时间，特别适用于供电困难的森林环境。

2. 温湿度采集模块

如图 11-6 所示，温湿度采集模块采用 SHT10。SHT10 为贴片型温湿度传感器，全量程标定，两线数字输出，输出低功耗 80 μW（12 位测量，1 次/s）。通过查询数据手册，可得到 STH10 参数为：湿度测量范围为 0~100%RH；温度测量范围为-40℃~+123.8℃；湿度测量精度为±4.5%RH；温度测量精度为±0.5℃。

3. CO 浓度采集模块

CO 浓度采集模块选用型号为 ZE07-CO 的气敏传感器，如图 11-7 所示。ZE07-CO 监测的 CO 浓度范围为 0~500 ppm，可以在温度为-10℃~55℃、湿度为 15%RH~90%RH（无凝结）的环境下正常工作。ZE07-CO 模组具有高灵敏度、高分辨率、低功耗、使用寿命长的特点，提供 UART、模拟电压信号、PWM 波形等多种输出方式，具有稳定性高、抗干扰能力强、温度补偿、线性输出卓越等特性，适用于森林火源处于阴燃状态时的及时报警，CO 浓度采集模块引脚定义如图 11-8 所示。

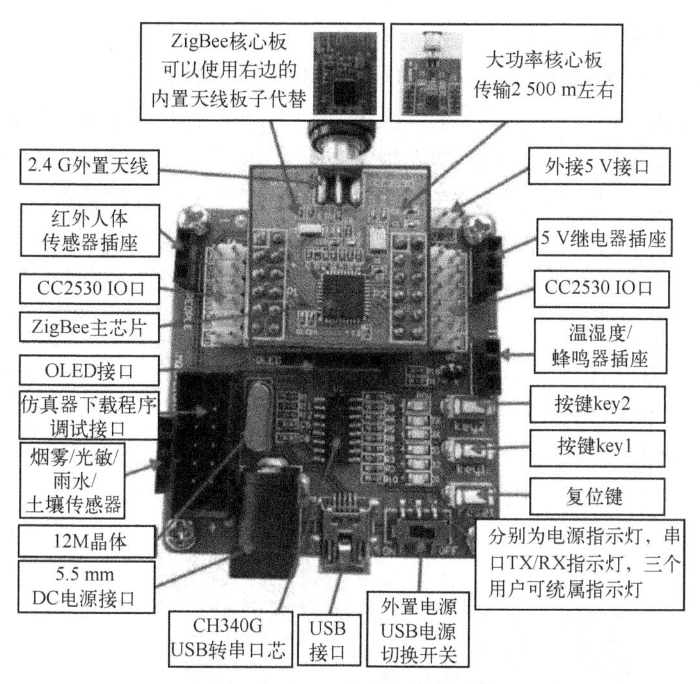

图 11-5　CC2530 模块

图 11-6　温湿度采集模块

图 11-7　CO 浓度采集模块

PIN15	Vin(电压输入5~12 V)
PIN5、PIN14	GND
PIN1	预留
PIN3	预留
PIN4	预留
PIN7	UART(RXD) 0~3 V数据输入
PIN8	UART(TXD) 0~3 V数据输出
PIN9	预留
PIN10	DAC(0.4~2 V对应0~满量程)
PIN2、PIN6、PIN11、PIN12、PIN13	NC

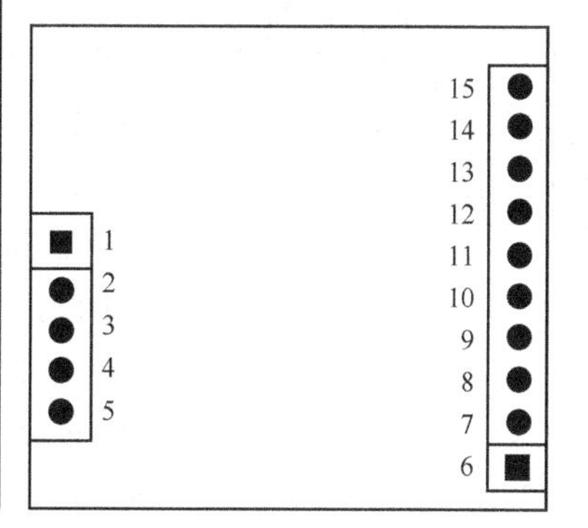

图 11-8　CO 浓度采集模块引脚定义

4. 烟雾浓度采集模块

本系统中使用的烟雾传感器型号是MQ-2，烟雾浓度采集模块如图11-9所示。使用时可设置一个烟雾监测阈值，当烟雾传感器检测到环境烟雾浓度大于设置的烟雾阈值时，继电器闭合，同时报警指示灯亮、蜂鸣器响起报警提示；当烟雾传感器检测到环境烟雾浓度降低到设置的烟雾阈值以下时，继电器断开，同时报警指示灯灭、蜂鸣器停止报警。根据这一原理，可设计相应电路，将电导率的变化规律转化为相对应气体浓度的信号。

通过查询得到MQ-2的具体参数如下。

① 工作电压：直流5~30 V。

② 输出能力：可以控制交流220 V 10 A以内或者直流30 V 10 A以内的设备。

③ 静态电流20 mA，动态电流50 mA。

④ 具有防反接保护，供电电源接反不会烧坏电路板。

⑤ 使用寿命：大于10万次，可以在-40℃~85℃的环境下正常工作。

图11-9 烟雾浓度采集模块

5. 火焰采集模块

图11-10 火焰采集模块

本系统中选用的火焰传感器是与数据采集节点中的核心控制芯片CC2530配套的传感器类型，火焰采集模块如图11-10所示。该传感器对火焰的光谱特别敏感，可以监测80 cm左右的火焰和760~1100 nm的光源，主要用于火焰和火源的探测，其灵敏度可以通过电位器调节改变。该传感器采用宽电压LM393比较器输出监测信号，这样输出的信号干净、波形好、驱动能力强、易于观察，该传感器探测角度在60°左右，对火焰光谱的监测特别灵敏，常用于火灾报警功能。实验过程中，测试火焰与传感器要保持一定距离，防止温度过高对传感器造成损坏。传感器输出信号经过AD转换，精度更高、实用性更强。火焰传感器原理图如图11-11所示。

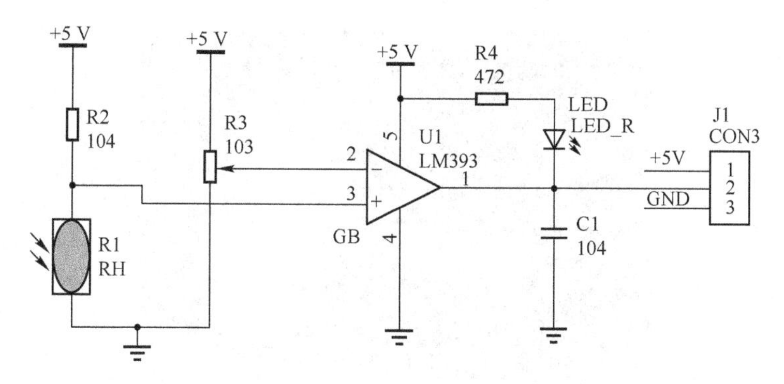

图 11-11　火焰传感器原理图

6. 数据传输模块

本系统中，无线通信协议的选择是数据采集节点建立数据传输的关键，在选择时考虑到系统与终端设备所处的是极复杂的自然环境——森林，为方便后期维护，所以选用一种能够自动修复的网络传输方式——ZigBee 通信技术。

ZigBee 网络的拓扑结构如图 11-12 所示，三种网络拓扑结构的共同特点在于只有一个协调器、多个路由节点和终端节点。协调器建立一个新的网络，路由节点可以通过直接发送或间接转发终端节点的数据两种方式实现向协调器发送数据，终端节点只负责采集和发送数据，不具备接收功能。

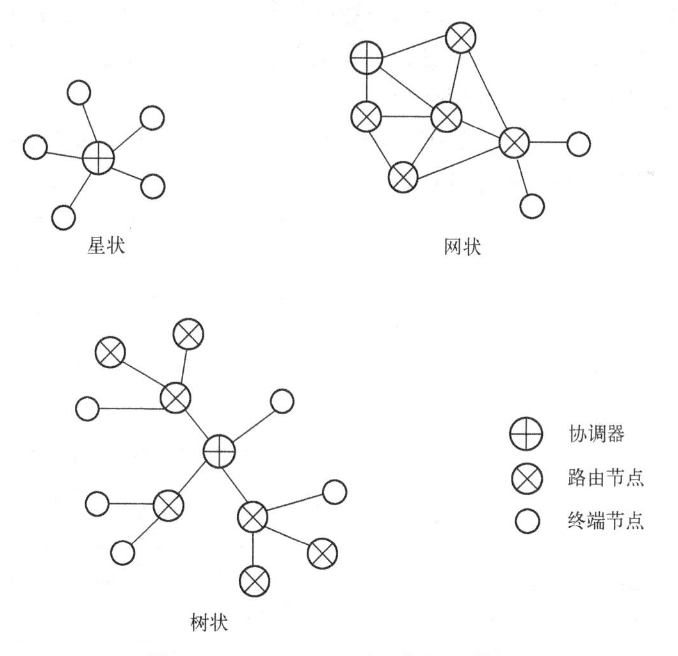

图 11-12　ZigBee 三种网络拓扑结构

7. 3.8 寸 LCD 触摸屏

Qt 设计的用户应用程序通过 LCD 触摸屏显示，利用 Qt Designer 开发工具及其信号与槽函数实现对外围硬件模块的控制，显示各种传感器的参数。图 11-13 所示为 LCD 触摸屏模块，此模块连接到开发板的 LCD 端口。

图 11-13 LCD 液晶触摸屏模块

11.4 森林防火监测预警系统的软件设计

软件系统大体可分为三大部分：环境数据采集节点、多参数集成环境数据处理总控系统和数据处理服务器软件设计。环境数据采集节点模块示意图如图 11-14 所示，在环境数据采集节点模块中，首先要初始化传感器，然后传感器采集温度、烟雾等环境信息，并通过无线发送器将信息发送给传输节点。

多参数集成环境数据处理总控系统如图 11-15 所示，在总控模块中，系统进行初始化后，接收来自无线网络的节点数据，随后对数据进行处理，并判断是否为安全信息。如果是安全信息，亮绿灯；如果是非安全信息，则发出警报声同时亮红灯，利用 GSM 模块向相关人员发送手机信号，以使其采取相应措施。

数据处理服务器作为森林环境数据分析处理的核心，主要完成数据接收、分析判断、将结果反馈给环境监测终端、数据库设计等工作。

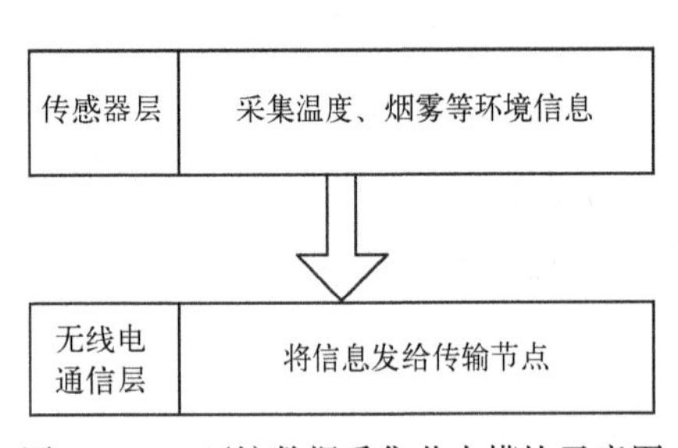

图 11-14 环境数据采集节点模块示意图

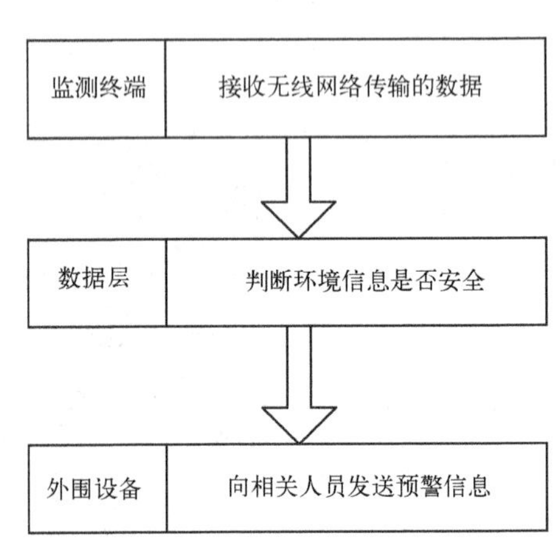

图 11-15 多参数集成环境数据处理总控系统示意图

11.4.1 环境数据采集节点软件设计

接通电源后，初始化程序先对使用的温度传感器和烟雾传感器进行初始化，利用传感器采集温度和烟雾信息，然后将采集的信息通过每个节点的 Zigbee 模块传送至传输节点，传输节点将接收到的信息通过 GPRS 无线网络传送至总控系统。为了不对下次采样数据产生影响，Zigbee 将采样数据传送至传输节点后，要对传感器进行初始化，再进行下一次的采集信息。环境数据采集节点软件设计如图 11-16 所示，协调器工作流程如图 11-17 所示。

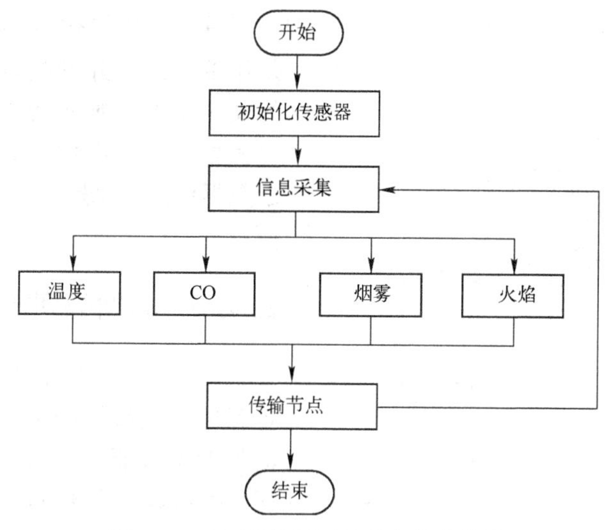

图 11-16　环境数据采集节点软件设计

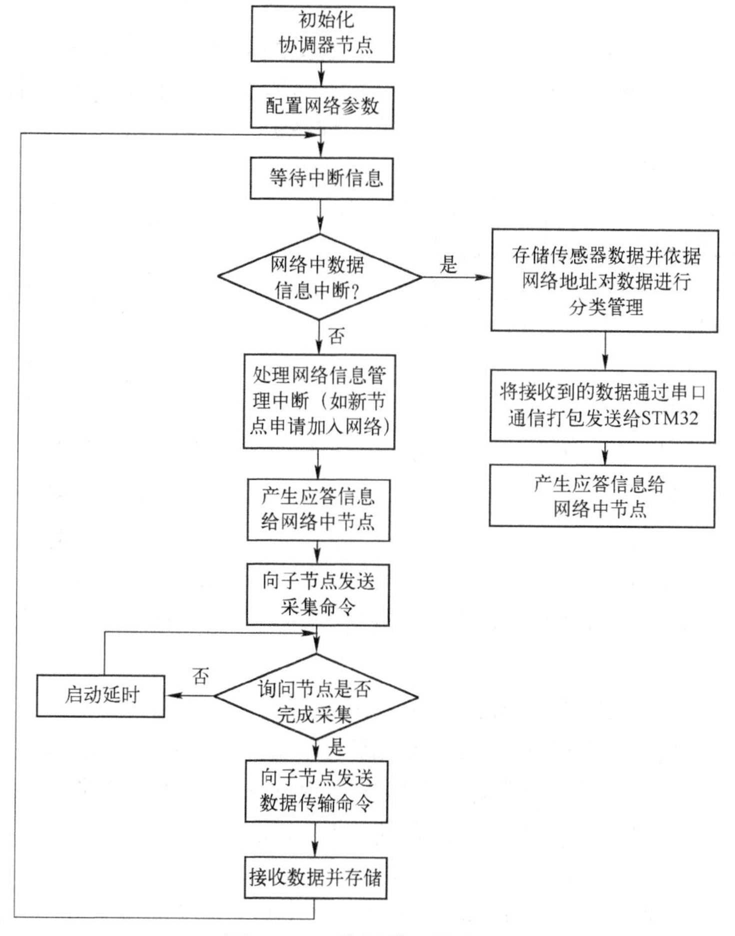

图 11-17　协调器工作流程

11.4.2 多参数集成环境数据处理总控系统软件设计

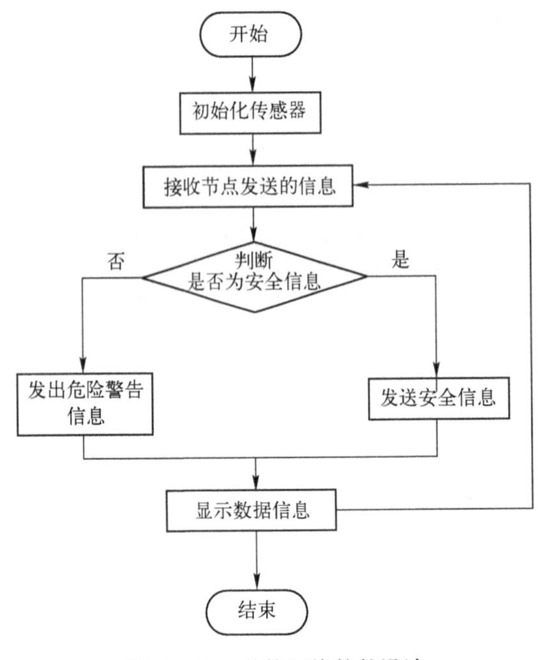

图 11-18 总控系统软件设计

首先，初始化传感器，然后接收节点发送的信息，并判断是否为安全信息。若是安全信息，则发送安全信息；若是不安全信息，则发出危险警告信息。最后，显示数据信息。总控系统软件设计如图 11-18 所示。

11.4.3 数据处理服务器软件设计

软件各子功能模块之间协调工作，实现森林环境数据处理服务器的功能。服务器接收环境监测终端打包发送来的数据，通过数据融合算法得出火灾发生概率。如果有异常，服务器报警，并将异常状态发送给环境监测终端，环境监测终端将其状态提醒信息显示在液晶屏上，通过 GPRS 发送报警短信给监护人员。数据处理服务器框架如图 11-19 所示。

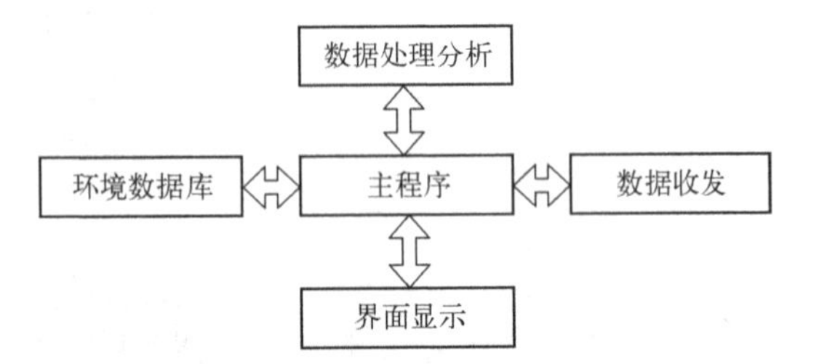

图 11-19 数据处理服务器框架图

1. 数据处理数据库设计

数据处理数据库模块采用 Qt 设计用户界面，并与 SQLite 数据库建立连接，用以存储由数据采集节点所捕获的信息。此模块能够实时处理从各个节点汇聚来的环境数据。这一模块主要的工作流程如下。

（1）编译与移植 SQLite 数据库

SQLite 起初是为嵌入式产品而研发的一个微小型数据库，具有处理速度快、资源量占用小等特点；能够在多个平台上运行，具有很强的独立性，简单的应用程序接口，良好的注释信息，并且有 90%以上的测试覆盖率，提供了零配置（zero-configuration）的运行模式，没有外部依赖性。SQLite 经过近些年来的不断改进和完善，已经成为功能相对齐全、非常适合嵌入式系统开发的数据库，在嵌入式产品中得到广泛应用。

（2）Qt 链接 SQLite 数据库及 Qt 程序对 SQLite 数据库的操作

Qt Creator 安装包中包含链接 SQLite 数据库的驱动，所在目录在 Qt Creator 安装目录/qt/plugins/sqldrivers 中。在工程文件中定义链接数据库的文件，进行链接数据库函数的声明即可链接 Sqlite 数据库。对数据库的操作主要通过 QSqlQuery 类来进行，QSqlQuery 类提供了一种执行和操纵 SQL 语句的方式。

森林环境监测服务器软件使用 Qt 开发设计，其数据库采用 MySQL 设计，数据库名为

firedb。该系统中的数据库采用 4 个表，如表 11-1~表 11-4 所示。

表 11-1　管理员信息表

列名	数据类型	是否可以为空	自动增加	默认值	备注
hid	INT	否	是	NULL	主键，账户编号
lognm	CHAR(20)	否	否	NULL	登录名
logpw	CHAR(6)	否	否	NULL	账户密码
admname	CHAR(20)	否	否	NULL	姓名
admage	INT	否	否	NULL	年龄
address	CHAR(20)	否	否	NULL	家庭住址
phnm	CHAR(12)	否	否	NULL	联系电话

表 11-2　节点采集数据表

列名	数据类型	是否可以为空	自动增加	默认值	备注
hid	INT	否	是	NULL	主键，账户编号
snb	CHAR(20)	否	否	NULL	监测对象编号
gettm	CHAR(20)	否	否	NULL	记录时间
wendu	CHAR(20)	否	否	NULL	温度值
shidu	CHAR(20)	否	否	NULL	湿度值
yanwu	CHAR(20)	否	否	NULL	烟雾浓度
co	CHAR(20)	否	否	NULL	CO 浓度
fire	BOOLEAN	否	否	NULL	火焰存在与否

表 11-3　报警情况表

列名	数据类型	是否可以为空	自动增加	默认值	备注
snb	CHAR(20)	否	否	NULL	主键，监测对象编号
addr	INT	否	否	NULL	传感网络中的地址

表 11-4　森林中各节点信息表

列名	数据类型	是否可以为空	自动增加	默认值	备注
hid	INT	否	是	NULL	主键，记录的编号
addr	INT	否	否	NULL	传感网络中的地址

2. 数据通信软件模块

森林环境数据服务器软件设计是基于 QTcpServer 类实现的，创建 QTcpServer 类的一个实例，绑定服务器的地址，监听 IP 和端口号，利用 Qt 的信号和槽机制，实现链接请求和数据处理。数据通信软件流程如图 11-20 所示。

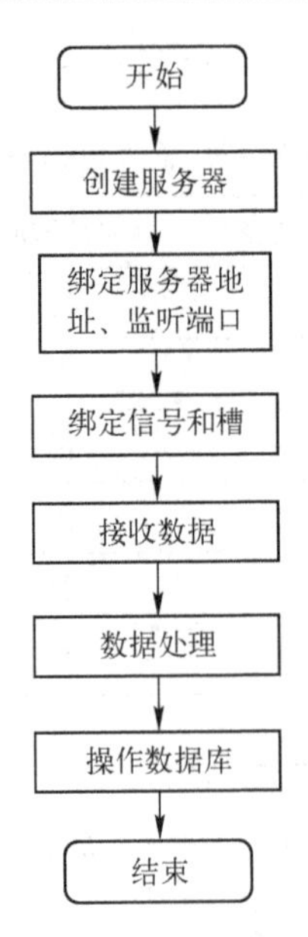

图 11-20　数据通信软件流程

11.5　硬件模块驱动程序设计

森林防火监测预警系统中数据采集节点的驱动程序的设计包括蜂鸣器 LED 模块、烟雾传感器模块和温湿度传感器模块的驱动程序开发。

11.5.1　蜂鸣器 LED 模块驱动程序设计

(1) 连接方式

此模块使用 GPIO 输出，连接在主板 P8 端口。

(2) 进入实验目录

```
cd buzzer/
ls
```

(3) 编写蜂鸣器 LED 驱动源程序

```
QT_BEGIN_NAMIESPACE
extern Q_CORE_EXPORT bool qRegisterResourceData
    (int,const unsigned char *, const unsigned char *, const unsigned char *);
extern Q_CORE_EXPORT bool qUnregisterResourceData
    (int,const unsigned char *, const unsigned char *, const unsigned char *)
QT_END_NAMESPACE
int QT_MANGLE_NAMESPACE(qInitResources_images)()
{
    QT_PREPEND_NAMESPACE(qRegisterResourceData)
        (0x01, qt_resource_struct,qt_resource_name,qt_resource_data);
```

```
    return 1;
}
Q_CONSTRUCTOR_FUNCTION(QT_MANGLE_NANESPACE(qInitResources_images))
int QT_MANGLE_NAMESPACE(qcleanupResources_images)()
{
    QT_PREPEND_NAMESPACE(qUnregisterResourceData)
        (0x01, qt_resource_struct,qt_resource_name,qt_resource_data);
    return 1;
}
Q_DESTRUCTOR_FUNCTION(QT_MANGLE_NAMESPACE(qCleanupResources_images))
```

（4）编译蜂鸣器 LED 驱动程序

```
cd driver/
ls
KERNELDIR:=/UP-Magic210/SRC/kernel/linux-2.6.35.7
```

使用 make 命令编译驱动程序：

```
Make
ls
cd ..
```

当前目录下生成蜂鸣器 LED 驱动程序 magic_gpio.ko。

（5）编译蜂鸣器 LED 模块应用程序

```
ls
cd test/
ls
Make
ls
```

（6）NFS 挂载实验目录

启动 UP-Magic210 魔法师开发板，连接网线、串口线，将配套蜂鸣器 LED 模块插入底板 P8 端口，通过串口终端挂载宿主机实验目录。

设置开发板 IP：192.168.12.199（默认宿主主机 Linux IP192.168.12.157，NFS 共享目录/UP-Magic210）。

```
ifconfig eth0 192.168.12.199
mount -t nfs -o nolock,rise=4096,wsize=4096 192.168.12.157:/UP-Magic210 /mnt/nfs
```

（7）进入串口终端的 NFS 共享实验目录

```
cd /mnt/nfs/UP-Magic_Modules/buzzer/
ls
```

（8）加载驱动程序

```
ismod driver/magic_gpio.ko
```

（9）执行测试程序

```
cd test
ls
./install.sh
```

此时蜂鸣器模块会循环发声和点亮 LED。

11.5.2 烟雾传感器模块驱动程序设计

（1）连接方式

此模块使用外部中断，连接主板 P5 端口。

（2）进入实验目录

```
cd smog/
ls
```

（3）编译烟雾传感器驱动程序

```
cd driver/
ls
KERNELDIR:=/UP-Magic210/SRC/kernel/linux-2.6.35.7
```

使用 make 命令编译驱动程序：

```
Make
ls
cd ..
```

当前目录下生成烟雾传感器驱动程序 magic_smog.ko。

（4）编译烟雾传感器应用程序

```
ls
cd test/
ls
Make
Ls
```

当前目录下生成烟雾传感器测试程序 smog_test 及测试脚本 install.sh。

测试程序 smog_test 如下：

```
void Widget::Show_smog()
{
    //int ret;
    int smog_cnt;
    printf("enter Show_smog function");
    printf("widget show_smog density:%dln", density);
    if (density !=0 )
    {
```

```
            ui->label_Ssmog->setText("firing");
            density = 0;
        }
        else
        {
            ui->label_Ssmog->setText("normal");
        }
    }

    if (fd_smog> 0)
    {
        while (1)
        {
            read(fd_smog, &smog_cnt, sizeof(smog_cnt));
            density++;
            printf("smog %d\n", density);
        }
    }

    fd_smog = open(" /dev/ smog", 0);
    if (fd_smog< 0)
    {
        printf("Can't open /dev/smog\n");
    }
```

（5）NFS 挂载实验目录测试

启动 UP-Magic210 魔法师开发板，连接网线、串口线，将配套烟雾传感器插入底板 P5 端口，通过串口终端挂载宿主机实验目录。

设置开发板 IP：192. 168. 12. 199（默认宿主主机 Linux IP192. 168. 12. 157，NFS 共享目录/UP-Magic210）。

```
ifconfig eth0 192. 168. 12. 199
mount -t nfs -o nolock,rise=4096,wsize=4096 192. 168. 12. 157:/UP-Magic210 /mnt/nfs
```

（6）进入串口终端的 NFS 共享实验目录

```
cd /mnt/nfs/UP-Magic_Modules/smog/
ls
```

（7）加载驱动程序

```
ismod driiver/magic_smog. ko
```

（8）执行测试程序

```
cd test
ls
./install. sh
```

烟雾传感器在上电后有较长一段时间进行预热，模块板载预热 LED 灯会常亮，当预热结束时，该灯熄灭，进入正常使用模式。当烟雾传感器检测到烟雾或浓气体时，传感器模块板载 LED 灯会点亮提示。

11.5.3 温湿度传感器模块驱动程序设计

（1）连接方式

此模块使用处理器 IIC 总线，需要连接主板的 P1 端口。

（2）进入实验目录

```
cd temp_humi/
Is
```

（3）编译温湿度传感器驱动程序

```
cd driver/
ls
KERNELDIR:=/UP-Magic210/SRC/kernel/linux-2.6.35.7
```

使用 make 命令编译驱动程序：

```
make
ls
cd ..
```

当前目录下生成温湿度传感器驱动程序 magic_sht11_driver. ko。

（4）编译温湿度传感器模块应用程序

```
ls
cd test/
Ls
Make
Ls
```

当前目录下生成温湿度传感器测试程序 sht11_test 及测试脚本 install. sh。

测试程序 sht11_test 如下：

```
Void Widget::calc_sht11(float *p_humidity, float *p_temprature)
{
    const float C1 = -0.40;
    const float C2 - 0.0405;
    const float C3 = -0.0000028;
    const float T1 = 0.01;
    const float T2 = 0.00008;
    float rh = *p_humidity;
    float t = *p_temprature;
    float rh_lin;
```

```
    float rh_true;
    float t_C;
    t_C = t * 0.01 - 40;
    rh_lin = C3 * rh * rh + C2 * rh + C1;
    rh_true = (t_C - 25) * (T1 + T2 * rh) + rh_lin;
    if (rh_true> 100)rh_true = 100;
    if (rh_true< 0.1)rh_true = 0.1;
    *p_temprature = t_C;
    *p_humidity = rh_true;
}
void Widget :: Show_sht11()
{
    int ret;
    unsigned int value_t = 0;
    unsigned int value_h = 0;
    float fvalue_t,fvalue_h;
    float dew_point;
    fvalue_t = 0.0, fvalue_h = 0.0; value_t = 0; value_h = 0;
    ioctl(fd_sht11,0);
    ret = read(fd_sht11,&value_t,sizeof(value_t));
    if (ret < 0)
    {
        printf("read value_t err!\n");
    }
    value_t = value_t&0x3fff;
    fvalue_t = (float)value_t;
    ioctl(fd_sht11, 1);
    ret = read(fd_sht11, &value_h, sizeof(value_h));
    if (ret < 0)
    {
        printf("read value_h err! \n");
    }
    value_h = value_h&0x3fff;
    fvalue_h = (float)value_h;
    calc_sht11(&fvalue_h, &fvalue_t);
    dew_point = calc_dewpoint(fvalue_h, fvalue_t);
    //printf("temp:%fc humi:%f dew point:%fc\n" ,fvaLue_t, fvalue_h, dew_point);
    ui->label_Stemp->setText(Qstring("%1").arg(fvalue_t).mid(0,5));
    ui->label_shumi->setText(Qstring("%1").arg(fvalue_h).mid(0,5));
    //sLeep(1);
}
```

（5）NFS 挂载实验目录测试

启动 UP-Magic210 魔法师开发板连好网线、串口线。将温湿度传感器模块插入底板 P8 端口。通过串口终端挂载宿主机实验目录。

设置开发板 IP：192. 168. 12. 199（默认宿主主机 Linux IP192. 168. 12. 157，NFS 共享目录/UP-Magic210）。

```
Ifconfig eth0 192. 168. 12. 199
mount -t nfs -o nolock,rise=4096,wsize=4096 192. 168. 12. 157:/UP-Magic210 /mnt/nfs
```

（6）进入串口终端的 NFS 共享实验目录

```
cd /mnt/nfs/UP-Magic_Modules/temp_humi
ls
```

（7）加载驱动程序

```
ismod driver/magic_sht11_driver. ko
```

（8）执行测试程序

```
cd test/
ls
./install. sh
```

此时出现会循环读取当前传感器的温度和湿度。

11. 6 基于 BP 神经网络的火灾预警模型

常用的数据融合算法有：加权平均法、贝叶斯推理、聚类分析法、神经网络算法。本系统选用的数据融合方法是神经网络算法。神经网络结构复杂，有多种模型，这里选用的 BP 网络模型是神经网络中最具代表性的一种方法。

BP 神经网络进行预测的基本思路是：设输入量 $y_1,y_2,\dots,y_n$，通过 BP 神经网络后的输出期望值为 Y，则期望值与 $y_1,y_2,\dots,y_n$之间的对应关系如下：

$$Y=f(y_1,y_2,\dots,y_n)$$

输入值按照上面的函数关系式通过 BP 神经网络模型预测出输出值 Y。

11. 6. 1 BP 神经网络火灾预警模型的参数设计

1. 设计 BP 网络节点数

由于火焰是在火灾已经发生或者有小火苗的时候才能监测到，所以在此不作为火灾预警数据融合的主要参数。正常情况下，空气中的 CO 和烟雾的浓度较低，空气中 CO 的含量一般小于 10 ppm，而实际发生火灾时，CO 的含量绝大部分大于 30 ppm。由火灾的特性可知，在火苗阴燃状态下，CO 的含量更高。所以，将烟雾、CO 浓度和温度作为探测火灾的参数，来判断是否有火灾现象的发生。

输入层用于接收外部传输的初始数据，输入层的节点数受输入矢量的维数所限。

综上，将烟雾、CO 浓度和温度三种信号作为神经网络的输入信号，输入层的节点数为 3，输入矢量为三维。

2. 隐含层节点数

BP 神经网络的结构中，隐含层设置的节点数将影响网络预测的精度：节点数太少，网络不能很好的学习，训练精度受到影响；节点数太多，训练时间过长，网络会出现过拟合现象。本系统选择的隐含层节点数参照：

$$l<\sqrt{m+n}+a$$

式中，l、m、n、a 分别代表隐含层节点数、输入层节点数、输出层节点数、0~10 之间的自然数。实际应用中，选择隐含层节点数时，首先根据上面公式确定节点数的大概范围，然后用试凑法确定合适的节点数，本系统最后确定的隐含层节点数为 8 个。

确定了隐含层节点后，网络一般情况下选择一个隐含层就可以完成非线性映射。因此本系统采用的 BP 神经网络模型为只含有一个隐含层的三层结构。

3. 输出层节点数

输出层节点数根据系统设定的实际需求决定。本系统设计的火灾预警模型的输出结果有明火发生概率、阴燃发生概率和无火安全概率三种情况，所以输出层的节点数设置为 3 个就可以满足要求。

综上：本系统所采用 BP 网络输入层有三个输入节点，一层隐含层，隐含层中有 8 个节点，输出层有三个输出节点。

11.6.2 BP 网络学习算法设计与模型构建

1. BP 网络学习算法设计

设计完 BP 神经网络的结构，选用经过选择的学习样本对网络模型进行训练，对输入层、隐含层和输出层神经元之间的连接权值，隐含层和输出层的阈值，进行反复的学习与修正，直至达到 m 个自变量到 n 个因变量的函数映射关系，使网络具有联想和预测能力，最后完成均方误差最小的目标。

2. BP 网络火灾预警模型建立

进行神经网络的训练之前，首先要依据标准经验火灾的数据来选取样本，此处针对符合系统需要的重点样本进行选取，由于输入层的三个节点数据的单位不同，为了避免因输入输出数据间数量级的差别较大，产生对网络预测的误差，所以依据中国标准试验火规则，对输入信号进行归一化处理，将输入输出信号的取值范围设定在 0~1 之间。选取标准火状态下的明火、阴燃、无火三种情况下的 100 组数据作为样本，然后将其输入 BP 预警模型进行学习训练。

3. BP 网络学习

基于以上前提，输入层节点的信号分别为森林火灾监测终端采集的烟雾、CO 浓度、温度三个信号，输出层表示明火、阴燃和无火三种状态输出概率，确定输入和目标输出信号正确后，开始对初始化的网络进行训练。

4. 训练结果与分析

样本在经过 BP 网络训练后可以得到系统的均方误差曲线。对选取的训练样本经过 178

次的训练后发现网络的均方误差最小，得到此时的权值矩阵和阈值矩阵。选用 100 组样本进行训练，结果得到了 100 组系统输出值，将系统训练输出的值与期望值通过仿真进行对比，可以观察到明火、阴燃和无火三种情况的训练输出曲线与期望输出曲线基本重合，概率值接近，波动不大，误差很小。由此可以推断，样本的训练成功，所设计的 BP 神经网络模型精度达到要求，可以用来进行森林火灾的预警分析。

11.6.3 模型仿真及结果分析

为了证明上述神经网络模型满足系统设计的需求，对系统进行仿真。利用训练成熟的神经网络对明火、阴燃和无火三种状态进行测试，并将由样本数据仿真出的实际火灾概率与期望的火灾发生概率进行比较，通过图形观察系统的可靠性。

1. 测试样本

分别以明火、阴燃和无火三种状态对系统进行仿真，服务器接收到传感器数据后计算火灾的发生概率，将判断结果输出预警。

训练的样本选取的是中国标准试验火，测试的样本是森林火灾数据采集节点从模拟现场采集的数据。选用模拟现场采集的 30 组重要数据进行实验。1~10 组为明火状态下传感器采集的数据，10~20 组为阴燃状态下传感器采集的数据，20~30 组为无火状态下传感器采集的数据。由于传感器类型不同，便于管理首先对数据进行处理将样本数据归一化，控制在[0,1]。30 组模拟火灾数据如表 11-5 所示。

表 11-5 模拟火灾数据测试样本

序号	测试样本			序号	测试样本		
	温度	烟雾	CO		温度	烟雾	CO
1	0.85	0.17	0.08	16	0.41	0.73	0.81
2	0.87	0.19	0.14	17	0.32	0.38	0.84
3	0.72	0.22	0.23	18	0.42	0.65	0.78
4	0.77	0.16	0.09	19	0.27	0.55	0.69
5	0.73	0.28	0.47	20	0.34	0.41	0.85
6	0.92	0.23	0.74	21	0.25	0.26	0.23
7	0.89	0.19	0.02	22	0.27	0.24	0.22
8	0.76	0.14	0.73	23	0.30	0.35	0.19
9	0.74	0.15	0.52	24	0.36	0.34	0.25
10	0.91	0.23	0.01	25	0.39	0.22	0.26
11	0.39	0.62	0.83	26	0.22	0.29	0.13
12	0.32	0.60	0.77	27	0.16	0.15	0.24
13	0.37	0.30	0.74	28	0.38	0.29	0.27
14	0.35	0.26	0.65	29	0.28	0.33	0.25
15	0.34	0.49	0.73	30	0.39	0.31	0.24

观察 1~10 组模拟明火状态下的数据，温度数值较大并且波动较小，作为明火是否发生的核心参数；烟雾浓度数值较小且比较平稳；CO 浓度变化范围较大。将三种传感器数据的变化趋势绘制出来，如图 11-21 所示。

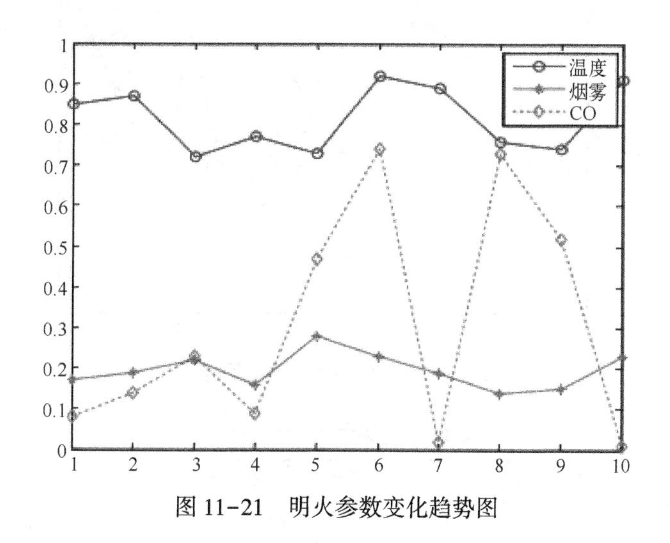

图 11-21　明火参数变化趋势图

观察 11~20 组模拟阴燃状态下的数据，温度数值较低并且波动不大；烟雾浓度变化幅度较大，上升较快，作为重要参数；CO 数值最大，上下浮动较小，作为判断阴燃火灾的根本指标。将三种传感器数据的变化趋势绘制出来，如图 11-22 所示。

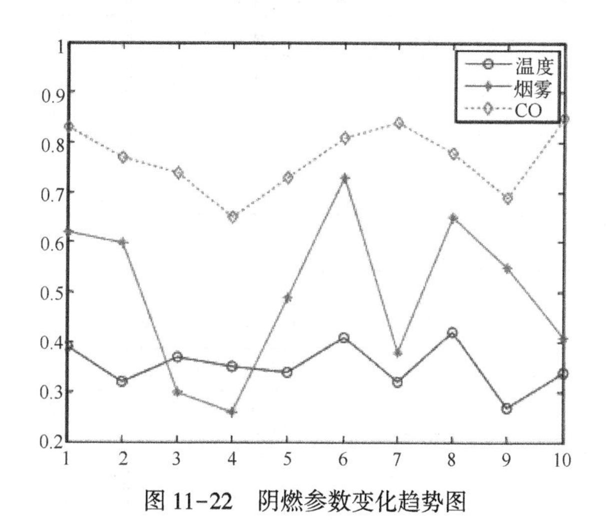

图 11-22　阴燃参数变化趋势图

观察 21~30 组模拟无火状态下的数据，温度、烟雾、CO 数值都不高，并且变化较慢，没有很大的起伏，与其他两种火灾状况相比，参数变化比较平稳。将三种传感器数据的变化趋势绘制出来，如图 11-23 所示。

2. 仿真结果分析

将模拟环境下获得的测试样本输入训练好的神经网络模型，计算火灾实际的发生概率，结果如表 11-6 所示。

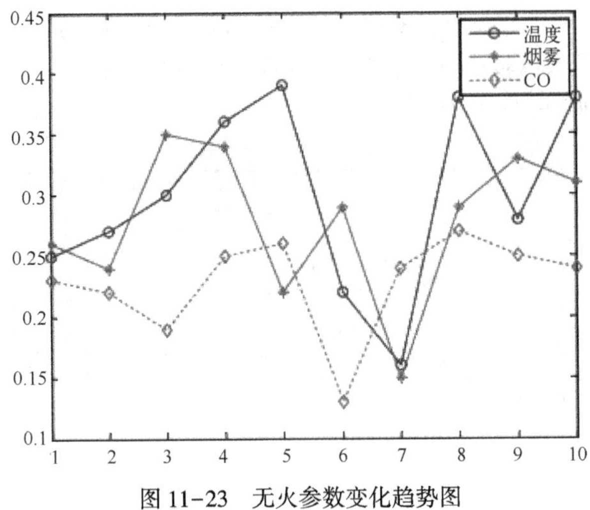

图 11-23　无火参数变化趋势图

表 11-6　实际火灾发生概率

序号	明火实际输出概率/%	序号	阴燃实际输出概率/%	序号	无火实际输出概率/%
1	0.86	11	0.92	21	0.78
2	0.75	12	0.88	22	0.80
3	0.74	13	0.79	23	0.76
4	0.67	14	0.71	24	0.72
5	0.62	15	0.67	25	0.67
6	0.97	16	0.62	26	0.57
7	0.92	17	0.73	27	0.63
8	0.89	18	0.81	28	0.62
9	0.85	19	0.89	29	0.68
10	0.87	20	0.93	30	0.69

火灾试验期望发生概率如表 11-7 所示。

表 11-7　火灾试验期望发生概率

序号	明火期望输出概率/%	序号	阴燃期望输出概率/%	序号	无火期望输出概率/%
1	0.86	11	0.91	21	0.77
2	0.77	12	0.87	22	0.79
3	0.75	13	0.77	23	0.75
4	0.67	14	0.72	24	0.73
5	0.61	15	0.67	25	0.69
6	0.96	16	0.63	26	0.58
7	0.93	17	0.72	27	0.61
8	0.88	18	0.83	28	0.63
9	0.86	19	0.87	29	0.69
10	0.88	20	0.94	30	0.70

系统的有效性判断可通过误差分析实现。误差越小的系统，其有效性和可靠性越高。为了直观地分析设计神经网络系统的误差，将表 11-6 和表 11-7 的数据绘成曲线，对每个样本的实际火灾发生概率与火灾期望发生概率进行对比。

明火环境中，预警系统实际输出值与期望输出值的比较图如图 11-24 所示。可以看到，明火状态下，火灾发生的概率值较大，系统的实际输出值与期望输出值比较接近，系统的误差较小，精度满足要求，可以准确判断明火火情。

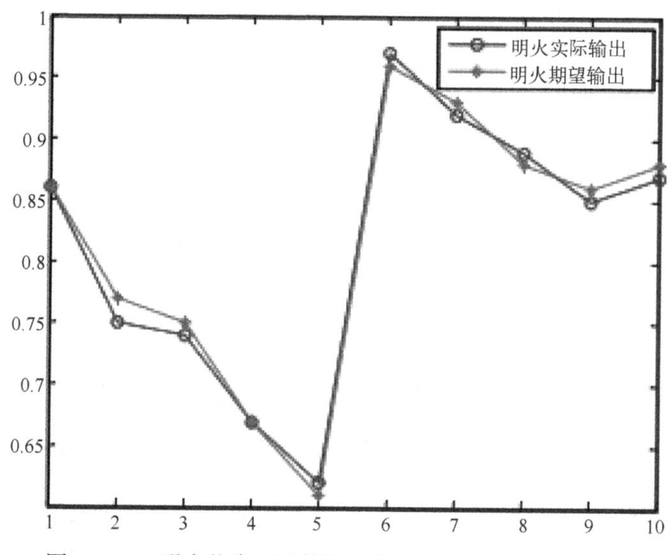

图 11-24　明火状态下系统输出概率与期望概率的对比图

阴燃状态下，预警系统实际输出值与期望输出值的比较图如图 11-25 所示。可以看到，系统输出曲线较为光滑，系统的实际输出值与期望输出值几乎没有差别，性能稳定，没有明显误差，可以作为判断阴燃的判定指标，实现火灾的早期预警。

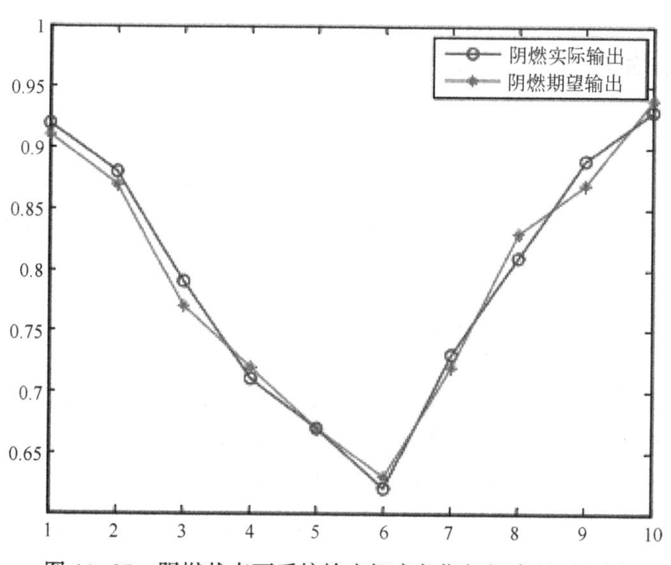

图 11-25　阴燃状态下系统输出概率与期望概率的对比图

无火环境中，系统输出值相对较小，预警系统实际输出值与期望输出值的比较图如图 11-26 所示。可以看到，系统的实际输出值与期望输出值曲线变化平稳，性能稳定，误差较小，表明系统具有很好的预警精度，可以识别无火的安全状态，防止误报情况的发生。

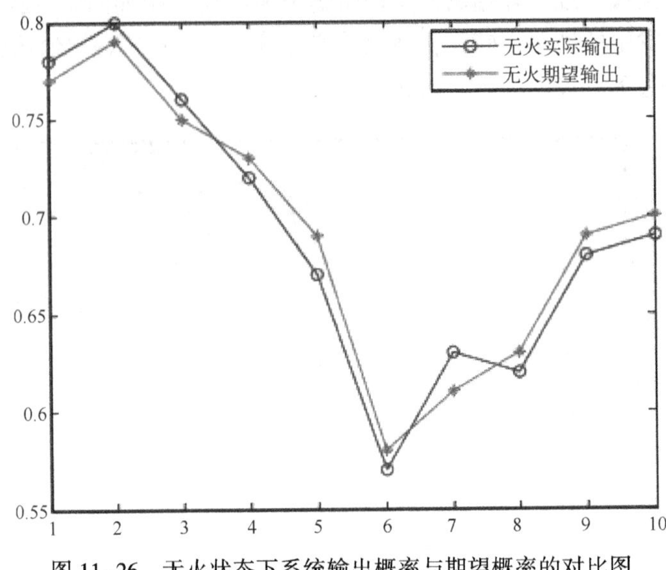

图 11-26　无火状态下系统输出概率与期望概率的对比图

由以上分析，系统在明火、阴燃和无火状态下都能准确地对火情进行判断，由实际火灾发生概率与期望火灾发生概率的数据对比可以看到网络预测系统的精确度达到 0.01，虚报率为 4.81%。由仿真结果可以得到，本系统设计的 BP 神经网络火灾预警模型可以实现对模拟火灾的实时监控，对火灾阴燃状态及时发现，对明火情况及时报警，安全无火状态不会误报。系统采用的数据融合算法使单一传感器采集的数据更加有效可信，提升了森林防火监测预警系统的实用性能。

11.7　Web 前端大数据展示界面设计

本数据展示系统用于将所有数据进行实时展示，包含六大展示模块：当天监测点变化情况模块、监测点分布情况模块、环境中各相关指标占比情况模块、前两天峰值对比模块、累计预测结果展示模块、单点数据占比情况模块等，同时可分别对各个模块进行全屏和动态展示。

11.7.1　当天监测点变化情况模块

该模块中，有三个可供展示的数据源，分别是当天监测点变化情况、昨天监测点变化情况、前天监测点变化情况。用户根据需求选择响应数据源后，会出现五个折线展示，可以总览数据源各类型数据（温度、湿度、烟雾浓度、可燃物质量、氧气含量）变化情况，如图 11-27 所示；也可以选择只查看其中一种（如图 11-28 所示）或多种数据源组合变化情况。

图 11-27　当天监测点变化情况总览

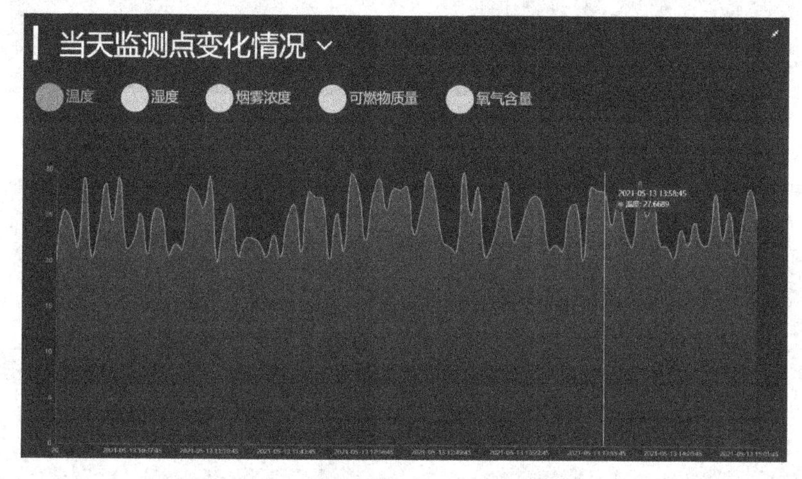

图 11-28　当天监测点温度变化情况展示

11.7.2　监测点分布情况

系统提供对多个监测点的集中展示，默认情况下监测点分布情况和状态展示在中国地图中，监测点分布情况也可以只展示对应省份的。其中，正常节点为三角符号，异常节点为矩形，预警节点为圆形展示，所有节点在地图当中以涟漪状显示，并且可以根据需要选择只展示一种类型节点或组合类型节点。

11.7.3　环境中各相关指标占比情况

该数据模型结合数据库当中的数据，将各个环境参数计算并呈现在同一个饼状图当中，如图 11-29 所示。饼状图展示了当前环境中的各种相关指标占比情况，并且可以分别查看今天、昨天和累计的各相关指标占比情况。

11.7.4　前两天峰值对比模块

该模块包含五类数据源：温度、湿度、烟雾浓度、可燃物质量、氧气浓度。该模块自动从数据库中将当天和昨天的各类峰值计算出来，进行轮滚展示，如图 11-30 所示。只要鼠标悬浮在哪条数据条上，就会停止轮滚展示，将对应的数据具体且详细地展示出来。

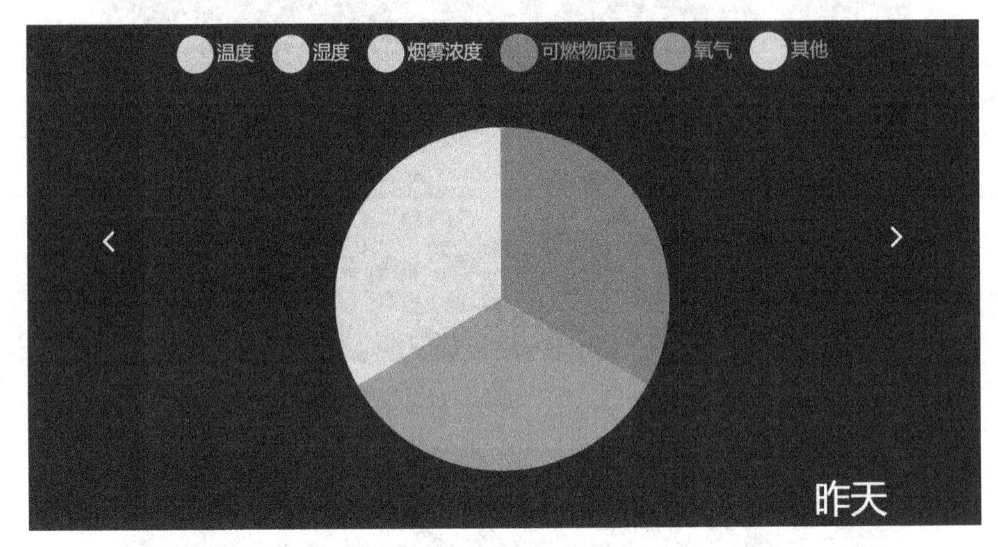

图 11-29　环境中各相关指标占比情况展示

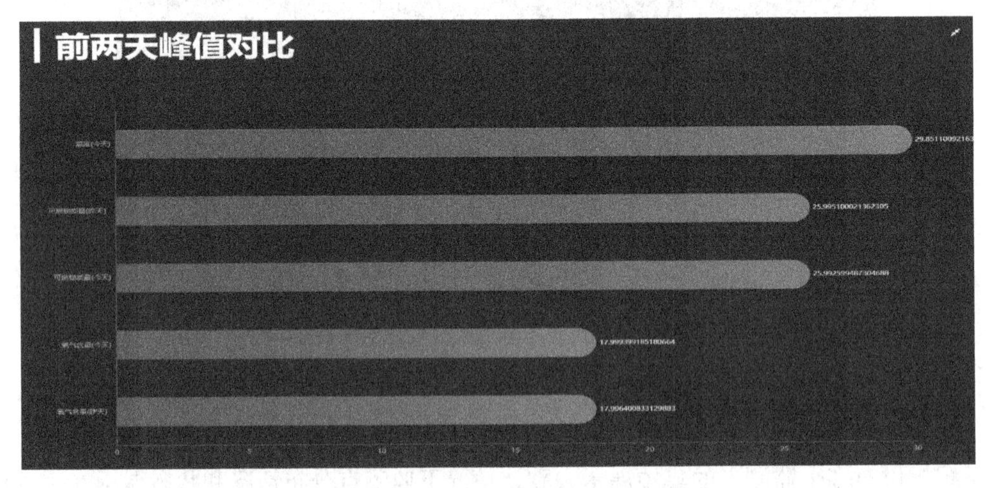

图 11-30　前两天峰值对比情况展示

11.7.5　累计预测结果展示模块

该模块的底层是 BP 神经网络算法计算的结果，该模块将数据库中的累计预测结果展示出来，进行轮滚展示，如图 11-31 所示。鼠标悬浮在哪条数据上，就会停止轮滚展示，将对应的数据具体展示出来。

11.7.6　单点数据占比情况模块

该模块主要展示了各类数据截至当前的最大值与环境中该值饱和时的占比情况，如图 11-32 所示，底层每 3 秒从数据库中检索出所有采集到的数据中的最大值。之后模块将温度最大值与达到着火点时温度值的比值，湿度最大值与湿度的饱和值的比值，当前烟雾浓度最大值与发生火灾时的烟雾浓度值的比值，空间中可燃物质量最大值与当前空间（1 m^2 范围内）的可燃物总质量的比值，氧气浓度最大值与空气氧气达到饱和时的比值计算出来，然后乘以权值 100，以圆环图表的方式直观地展示出来。

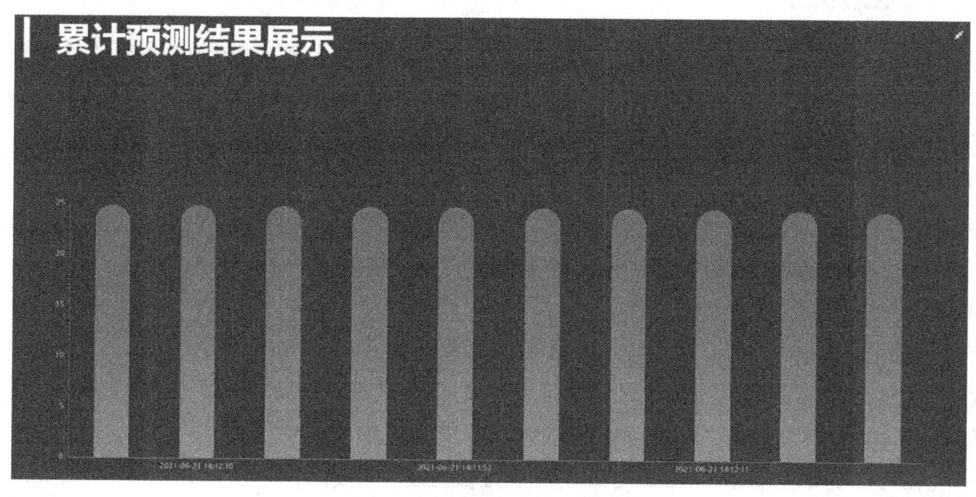

图 11-31　累计预测结果展示

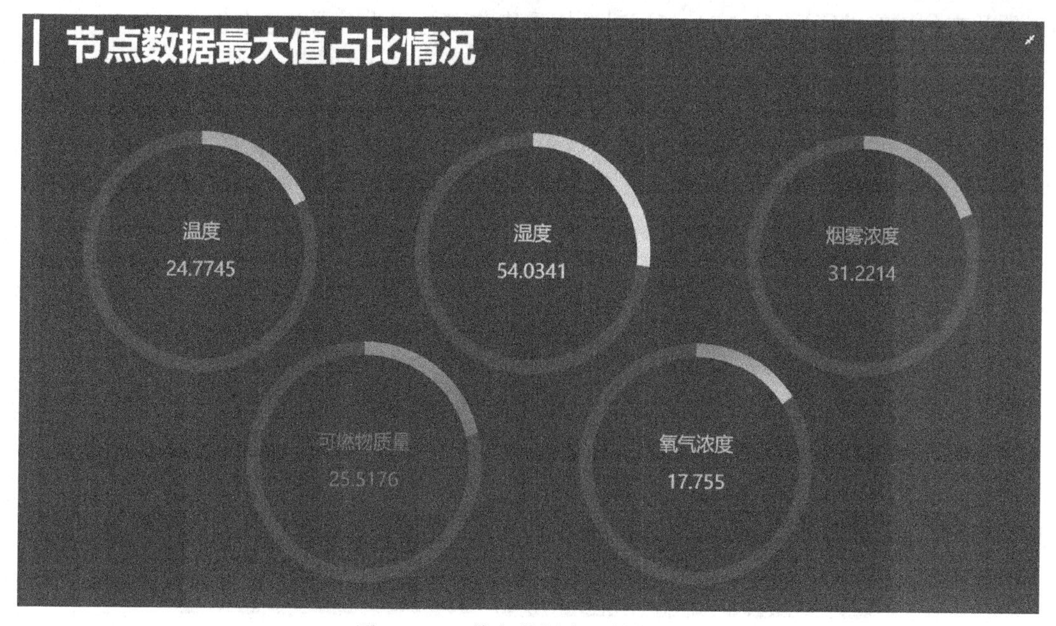

图 11-32　单点数据占比结果展示

11.8　系统运行效果展示

11.8.1　测试环境

① 数据采集节点：IAR 开发环境。

② 环境监测终端：KEIL 开发环境。

③ 服务器端：操作系统为 Windows 7 的个人计算机，上位机编写使用 Qt 5.4.2 应用程序开发框架。

11.8.2 系统测试

森林防火监测预警系统的测试分为数据采集节点和环境监测终端的硬件和软件测试、服务器软件测试和系统总体测试几部分。数据采集节点主要测试各节点的传感器采集模块，其软件设计按照硬件模块分别设计子程序，调试通过后对软件进行整体设计。软件测试中，分别从各个软件子模块入手，对软件数据处理、收发模块的正确性及有效性进行测试，各软件子模块通过测试后，再对系统进行整体测试。环境监测终端对接收数据的测试通过液晶屏显示实现。服务器对数据的接收和异常数据报警通过 Qt 编写的上位机程序显示。

1. 环境数据采集节点测试

先保证每个数据采集节点的 4 个传感器功能能够实现，再对整个系统进行功能测试。

为了测试森林监测终端能长时间连续工作，每天选取 8 个时间点进行周期性测试。先对单个传感器进行功能测试，在每个传感器功能实现的基础上，进行实验室测试和室外测试，而后又对系统和终端的稳定性进行详细测试。为了方便显示，传感器测试时只截取了该测试时间点的部分数据（后面将在列出的数据库中展现出来）。如图 11-33 所示为室外环境下对四种类型传感器的工作性能进行测试。室外测试时数据采集节点的芯片采用电池盒供电。

图 11-33 数据采集节点进行室外测试

（1）火焰传感器测试

为了验证火焰传感器的工作性能，选取两个 ZigBee 节点作为试验。一个节点连接火焰传感器作为终端节点被配置为发送端，另一个节点连接显示屏作为协调器被配置为接收端，同时通过串口与计算机相连。正常状态下，当终端节点周围没有火源时，协调器端的显示屏和上位机接收数据都显示为安全状态。当有火焰靠近终端节点的火焰传感器时，协调器端板载的蜂鸣器报警，同时协调器的液晶屏显示有危险，打开与协调器相连的计算机端的串口可以看到串口调试助手显示监测到危险，有火焰靠近，如图 11-34 和图 11-35 所示。

图 11-34　火焰传感器测试

（2）温湿度传感器测试

实验室测试时，对着温湿度传感器吹气，可以看到串口测得的湿度和温度都产生了明显的变化，如图 11-36 所示。让传感器连续工作一天时间，选取 8 个时间点进行数据显示，将串口接收到的温湿度数值与温湿度计测得的数值进行比较，如表 11-8 所示，分析结果显示 ZigBee 节点功能稳定，可以实现数据的采集与收发工作，误差在可控制的范围之内，准确性满足系统设计要求。

图 11-35　串口显示有火焰靠近时的变化

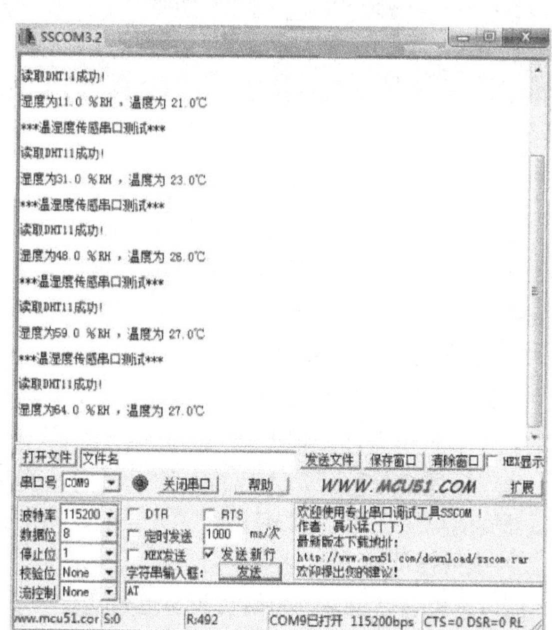

图 11-36　温湿度串口显示

表 11-8 实际测试数据与温湿度计测量数据对比

测试参数	次数及时间	一 2:00	二 5:00	三 8:00	四 11:00	五 14:00	六 17:00	七 20:00	八 23:00
温度/℃	测试数据	17.5	15.7	22.3	28.8	30.6	29.8	24.8	20.0
	温湿度计	17.6	15.9	22.5	28.6	30.5	29.6	25.0	20.1
湿度/%	测试数据	52.6	60.0	46.7	20.5	16.9	22.0	23.2	47.5
	温湿度计	52.8	59.7	46.8	20.6	16.8	19.8	23.1	47.4

(3) CO 传感器测试

终端节点接上 CO 传感器，协调器通过串口与计算机相连，可以通过串口清楚地看到当终端节点所处的模拟环境中有处于阴燃状态下的树木时 CO 值的变化情况。如图 11-37 所示，CO 浓度由正常空气中含量较少突然到浓度增大。

图 11-37 串口显示浓度变化

(4) 烟雾传感器测试

终端节点连接烟雾传感器，协调器通过串口与计算机相连，可以通过串口观察到当终端节点附近的模拟环境中有烟雾和可燃气体时串口接收数值的变化情况。如图 11-38 所示，监测得到的烟雾浓度数值随周围空气中的烟雾和可燃气体浓度逐渐增大。

2. 环境监测终端测试

无线传感器网络中的协调器与环境监测终端的串口通信通过下面方法验证：将协调器与 STM32 通过串口相连，协调器通过串口发送数据给 STM32。STM32 接收数据后在液晶屏上显示这些数据，其中包括无线传感器网络中各采集节点采集的温湿度、烟雾浓度、CO 浓度、可燃气体浓度等信息。STM32 上显示各个数据采集节点传感器的数值如图 11-39 所示。

3. 服务器测试

测试服务器在公域网是否可见，通过花生壳映射技术实现，它是一种利用花生壳网络服务把公网 IP 地址映射到内网私有 IP 地址的技术，通过这种技术可以将内网私有地址上的文件、资源通过公网访问，实现内网资源可见。结果如图 11-40 所示。测试过程分为以下两步。

图 11-38　串口显示烟雾浓度变化

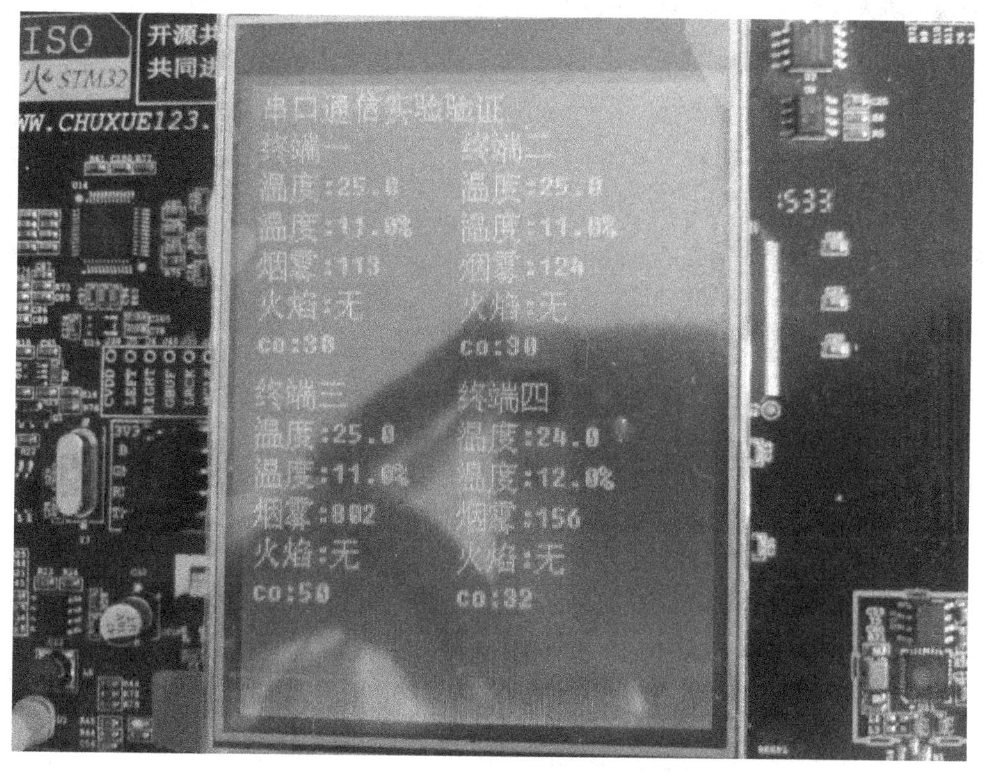

图 11-39　STM32 上显示各个数据采集节点传感器的数值

第一步：在个人计算机上安装花生壳应用程序，完成 IP 地址的映射配置。

第二步：查看网络是否连接成功。单击个人计算机“开始”程序，输入“cmd”命令进入命令提示符，在命令提示符中输入 ping 加花生壳域名，查看运行结果，这样可以测试服务器是否在公域网可见。

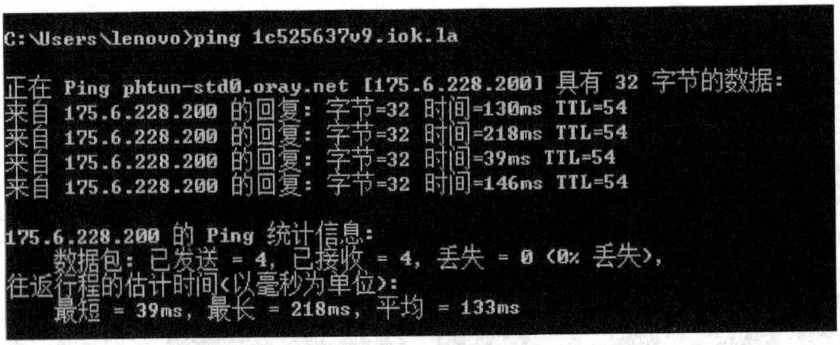

```
C:\Users\lenovo>ping 1c525637v9.iok.la

正在 Ping phtun-std0.oray.net [175.6.228.200] 具有 32 字节的数据:
来自 175.6.228.200 的回复: 字节=32 时间=130ms TTL=54
来自 175.6.228.200 的回复: 字节=32 时间=218ms TTL=54
来自 175.6.228.200 的回复: 字节=32 时间=39ms TTL=54
来自 175.6.228.200 的回复: 字节=32 时间=146ms TTL=54

175.6.228.200 的 Ping 统计信息:
    数据包: 已发送 = 4，已接收 = 4，丢失 = 0 <0% 丢失>，
往返行程的估计时间<以毫秒为单位>:
    最短 = 39ms，最长 = 218ms，平均 = 133ms
```

图 11-40 测试服务器在公域网的可见性

11.8.3 联合调试与结果分析

1. 联合调试

联合调试是指森林环境采集节点、环境监测终端及服务器三端联合测试，如图 11-41 所示为森林防火监测预警系统实物连接图。

图 11-41 森林防火监测预警系统实物连接图

服务器端认证：林区工作人员及监管人员，通过自己的账号密码登录进入服务器系统，以便远程实时监控森林环境的各项参数。登录界面如图 11-42 所示。

通过上述的登录界面进入服务器系统，这里可以查看到各个采集节点通过环境监测终端汇总的各项传感器数值，如图 11-43 所示。通过数据融合算法，将各个传感器的数据进行融合处理后，对火灾状况进行判断，判断当前是明火、阴燃还是无火状态，并通过算法输出当前火灾发生的概率，然后在报警信息界面进行危险状况的报警提示。

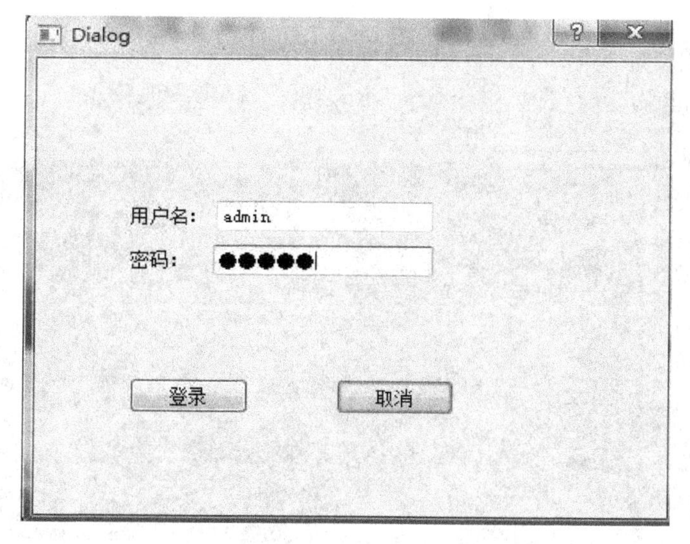

图 11-42　林区工作人员登录界面

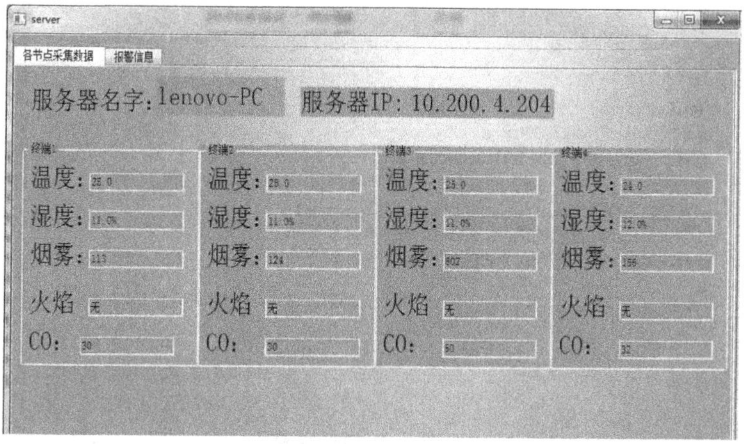

图 11-43　服务器端显示各节点采集数据

将服务器端程序获取的本机 IP 与 cmd 命令提示符里查询的 IPv4 地址进行比较，发现两者一致，如图 11-44 所示。

将花生壳应用程序中的 IP 地址和端口进行相应设定后，可以对花生壳进行域名诊断，如图 11-45 所示，可以看到花生壳映射成功。

对系统进行长时间连续测试，可以在数据库中看到各个数据采集节点上传的数据汇总。如图 11-46 所示，选取一天 24 小时内的 8 个测试点的数据输出显示。hid 表示记录编号，每生成一条新的记录 hid 加 1，snb 为所监测的数据采集节点的编号，gettm 表示该条记录生成时的监测时间，wendu 代表实验测得的温度值，shidu 代表实验测得的湿度值，yanwu 代表实验测得的烟雾浓度，co 代表实验测得的 CO 浓度，fire 是一个布尔类型的数据，在 MySQL 数据库中，“1” 表示是，“0” 表示否。可以通过查询 gettm 字段的获得某一节点的历史数据信息。

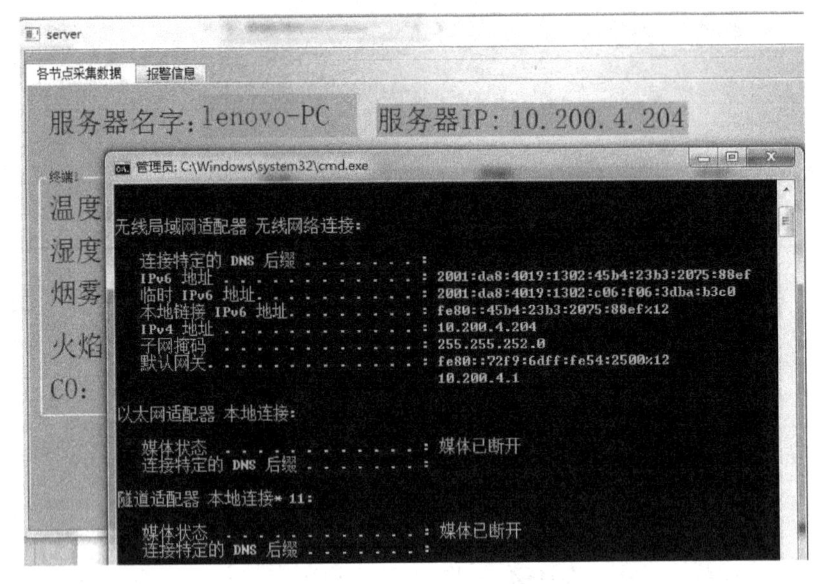

图 11-44　IP 地址对比图

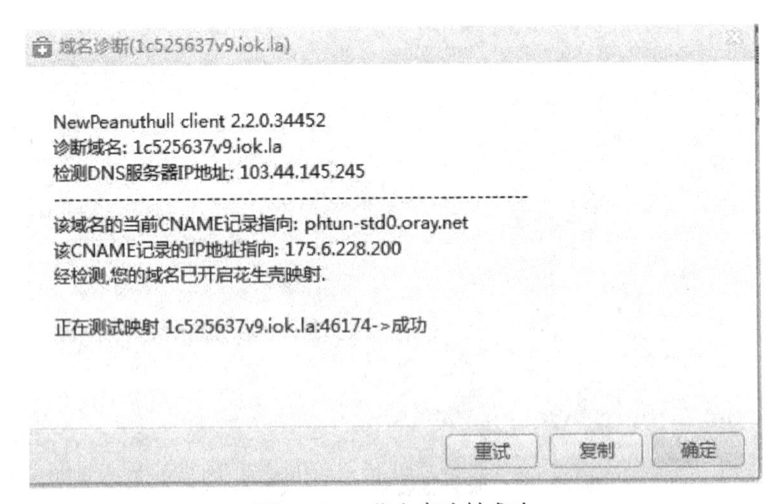

图 11-45　花生壳映射成功

MySQL 5.5 Command Line Client

```
' at line 1
mysql> select * from caiji;
```

hid	snb	gettm	wendu	shidu	yanwu	co	fire
1	201701	2017052502	17.5	52.6	120	30	0
2	201701	2017052505	15.7	60.0	123	32	0
3	201701	2017052508	22.3	46.7	132	35	0
4	201701	2017052511	28.8	20.5	140	45	0
5	201701	2017052514	30.6	16.9	803	295	1
6	201701	2017052517	29.8	22.0	135	56	0
7	201701	2017052520	24.8	23.2	245	42	0
8	201701	2017052523	20.0	47.5	186	37	0

```
8 rows in set (0.00 sec)
```

图 11-46　各个数据采集节点上传的数据汇总

2. 测试结果及分析

在设计森林防火监测预警系统时，必须考虑数据发送的实时性和可靠性，这样才能在服务器端及时看到最新的参数数据，在危险还没有发生的时候将其扼杀在摇篮里，及时对可能发生的火灾展开及时的救援，避免发生森林火灾和人员伤亡。

为了验证系统的实用性，前往公园树木遮挡障碍较多的树林进行测试，将一个节点放置在一棵树下的黄色袋子（节点 A）上，在远处红旗飘扬的地面放置另一个节点（节点 B），两节点分别采用 3 节 5 号电池供电，室外实际测试如图 11-47 所示。

图 11-47　室外实际测试图

这里规定节点 A 代表终端节点作为发射模块，节点 B 代表协调器作为接收模块，把节点 B 与计算机通过串口相连，将接收的数据借助计算机的辅助测试工具显示出来，这样就可以判断两块板子的通信情况。将两个节点的供电电池盒的开关打开，两节点开始工作，可以观察到如图 11-48 所示的通信质量，串口调试助手显示出当前接收到数据包的个数、误包率和 RSSI 值。

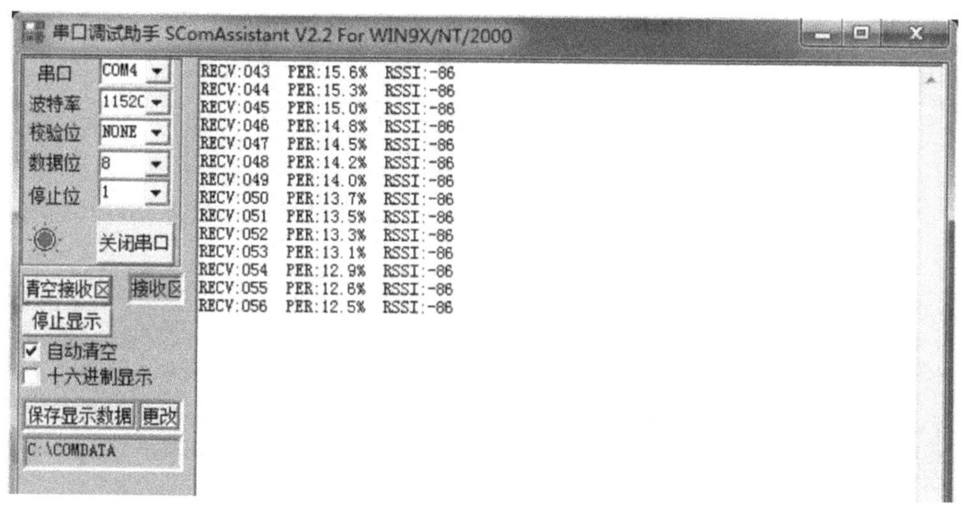

图 11-48　通信质量测试

测量过程中，将协调器节点 B 的位置固定，通过改变作为终端节点 A 的位置远近来测试 ZigBee 节点是否能够进行正常的数据收发的实际距离。测试结果表明，在小于 100 m 的测试距离内，丢包率小，通信质量理想，能够满足森林环境实际通信过程中的距离要求。

11.9 总结

森林防火监测预警系统运行稳定，能够实现对森林中的温湿度、烟雾浓度、CO 浓度、火焰等环境数据的采集，并实现数据的远程发送、远程报警等功能。数据采集节点能实现森林环境各项参数的采集和数据上传；环境监测终端可以实现对多采集节点发送数据的处理分析；远程监控服务器可以实现环境监测终端上传数据的接收，同时进行分析判断及危险报警提示，为森林正常环境的维持提供可靠保障。

第12章　基于S3C6410的视频监控系统设计

随着网络通信技术与多媒体技术的发展，嵌入式视频监控技术逐渐步入全新的数字化网络阶段。基于嵌入式技术的网络视频监控系统以其灵活性、高集成性、便捷性等诸多优点必将取代传统的模拟视频监控系统。针对目前视频监控的实际需求，结合嵌入式技术、图像处理技术，设计并实现了一种可靠性高、成本低的嵌入式视频采集及编码系统。本章对嵌入式监控系统的核心部分——视频采集编码、网络传输服务器的设计与实现进行全面分析，设计并实现一种兼容ZC3XX与SPCAXX系列芯片摄像头的多线程并发网络机制的视频监控系统设备；全面分析了嵌入式Web服务器的具体实现，采用了开源软件中比较优秀的一款嵌入式Web服务器boa；探讨了MJPEG的编码特性和码流结构，开发了基于MJPEG算法的视频编码程序。测试表明，设计的系统视频采集效率高，前端观察图像流畅，画面清晰、运行稳定。

12.1　引言

12.1.1　研究背景及意义

随着电子信息技术、多媒体技术及网络技术的快速发展，视频监控系统正在向集成化、数字化和网络化方向发展。嵌入式视频监控系统充分利用大规模集成电路和先进高效编码标准，以其体积小、性能稳定、通信便利等优点正逐渐被广泛应用。

嵌入式视频监控系统与其他监控系统的比较，具有以下5个方面的特点。

① 布控区域广阔。嵌入式视频监控系统的Web服务器直接连入网络，没有线缆长度和信号衰减的限制，同时网络是没有距离概念的，彻底抛弃了地域的概念，扩展了布控区域。

② 系统具有几乎无限的无缝扩展能力。所有设备都以IP地址进行标识，增加设备只是意味着IP地址的扩充。

③ 可组成非常复杂的监控网络。嵌入式视频监控系统在组网方式上与传统的模拟监控和基于个人计算机平台的监控方式有极大的不同，Web服务器的输出已完成模拟信号到数字信号的转换并压缩，采用统一的协议在网络上传输，支持跨网关、跨路由器的远程视频传输。

④ 性能稳定可靠，无需专人管理。嵌入式Web服务器基于嵌入式计算机技术，采用嵌入式实时多任务操作系统，又由于视频压缩和Web功能集中到一个体积很小的设备内，直接连入局域网或广域网，即插即看，系统的实时性、稳定性、可靠性大大提高，也无需专人管理，非常适合于无人值守的环境。

⑤ 当监控中心需要同时观看较多个摄像机图像时，对网络带宽会有一定的要求。

12.1.2 国内外研究现状

目前，视频监控系统在数控模拟系统已发展得非常成熟、性能稳定，在实际工程中得到广泛应用，数字系统迅速崛起但尚不完全成熟的数字和模拟混合应用并将逐渐步入向数字系统过渡的阶段。

在国内外市场上，主要有数字控制的模拟视频监控和数字视频监控两类产品。前者技术发展已经非常成熟、性能稳定，在实际工程应用中得到广泛应用，特别是在大、中型视频监控工程中的应用尤为广泛；后者是新近崛起的以计算机技术及图像视频压缩为核心的新型视频监控系统，解决了模拟系统部分弊端，但仍需进一步完善和发展。

数字信号控制的模拟视频监控系统分为：基于微处理器的视频切换控制加个人计算机的多媒体管理和基于个人计算机实现对矩阵主机的切换控制及对系统的多媒体管理两种类型。数控模拟视频监控系统的优缺点：随着微处理器、微机的功能、性能的增强和提高及多媒体技术的应用，系统在功能、性能、可靠性、结构方式等方面都发生了很大的变化，视频监控系统的构成更加方便灵活，与其他技术系统的接口趋于规范，人机交互界面更为友好。但由于视频监控系统中信息流的形态没有变，仍为模拟的视频信号，系统的网络结构没有变，主要是一种单功能、单向、集总方式的信息采集网络，介质专用是它的特点，因此尽管系统已发展到很高的水平，已无太多潜力可挖，其局限性依然存在，要满足更高的要求，数字化是必由之路。

20 世纪 90 年代末，随着多媒体技术、视频压缩编码技术、网络通信技术的发展、数字视频监控系统迅速崛起，目前市场上有两种数字视频监控系统类型：一种是以数字录像设备为核心的视频监控系统，另一种是以嵌入式视频 Web 服务器为核心的视频监控系统。

数字监控录像系统通常分为两类：一类是基于个人计算机组合的计算机多媒体工作方式；另一类是嵌入式数字监控录像系统。嵌入方式的视频监控系统以应用为中心，软硬件可裁减，适应应用系统对功能、可靠性、成本、体积等综合性严格要求的专用计算机系统，也就是为监控系统量体裁衣的专用计算机系统。嵌入式系统主要由嵌入式处理器、相关支撑硬件、嵌入式操作系统及应用软件系统等组成，它是集软硬件于一体的可独立工作的“器件”。嵌入式操作系统是一种实时的、支持嵌入式系统应用的操作系统软件，它是嵌入式系统极为重要的组成部分，通常包括与硬件相关的底层驱动软件、系统内核、设备驱动接口、通信协议、图形界面、标准化浏览器等，嵌入式操作系统在系统实时高效性、硬件的相关依靠性、软件固态化及应用的专用性等方面具有较为突出的特点。

12.2 系统总体设计方案

本系统由 USB 摄像头、基于 ARM 的嵌入式流媒体服务器、网络传输、客户端浏览器等部分组成，如图 12-1 所示。

USB 摄像头负责视频数据的采集，并通过 USB 协议传输到基于 ARM 的嵌入式流媒体服务器。在其上进行图像压缩和处理，最后通过 Internet 将视频图像传输给远程客户端。远程客户端通过浏览器进行远程实时视频监控。

本章采用博创科技推出的嵌入式系统魔法师套件 UP-Magic6410 型，嵌入式微处理器选用三星公司最新的 S3C6410。

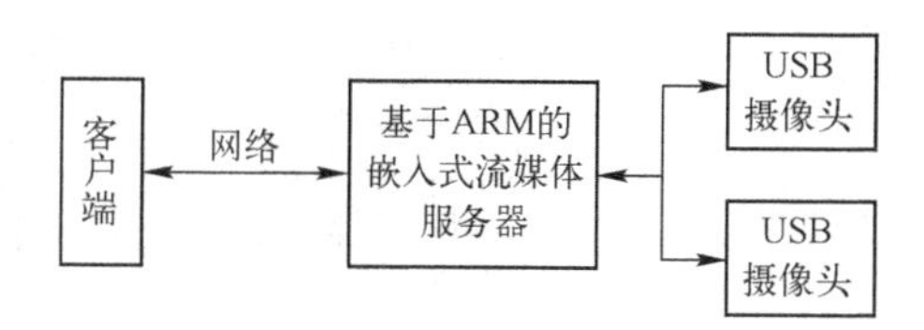

图 12-1　系统总体架构图

12.3　系统的硬件设计

本系统中，硬件是整个设计的关键，只有完成硬件的设计，在构建好的硬件平台上才能完成软件的编写，实现预定功能。硬件主要包括以下几个功能模块：微处理器及存储电路模块，电源、时钟和复位电路模块，外围接口电路模块等。由于本章是采用开发板实现，故仅对其中的重要模块——S3C6410 处理器和数字摄像头进行介绍。

12.3.1　S3C6410 处理器介绍

S3C6410 是基于 16/32-bit RISC 内核的低成本、低功耗、高性能的微处理器解决方案，用于移动电话和通用应用，其功能原理图如图 12-2 所示。为了给移动通信业务提供最佳的硬件性能，S3C6410 采用 64/32-bit 内部总线架构，内部集成了多个功能强大的硬件加速器，如移动图像处理、显示控制和图像缩放。集成多格式编解码器（MFC）支持 MPEG4/H. 263、H. 264 编解码和 VC1 解码。硬件编码器/解码器支持实时视频会议，以及 NTSC 和 PAL 格式的 TV 输出。此外，S3C6410 包含高级 3D 图形加速器，三角形生成率为 4 M/s，带 OpenGL ES1. 1/2. 0、D3DM API 接口。

12.3.2　摄像头介绍

摄像头作为一种视频输入设备，在过去被广泛用于视频会议、远程医疗及实时监控等方面。近年来，随着互联网技术的发展和图像传感器技术的成熟，摄像头的图像质量得到明显改善，价格也大幅度下降。在人们的日常生活中扮演着越来越重要的角色。

摄像头分为模拟摄像头和数字摄像头两大类。模拟摄像头可以将视频采集设备产生的模拟视频信号转换成数字信号，进而储存在计算机里。模拟摄像头捕捉到的视频信号必须经过特定的视频捕捉卡将模拟信号转换成数字信号，并加以压缩后才可以转换到计算机上运用。数字摄像头可以直接捕捉影像，然后通过串、并口或者 USB 接口传输到计算机里。现在市场上的摄像头主要以数字摄像头为主，而数字摄像头中又以接口简单的 USB 数字摄像头为主，以下主要介绍 USB 数字摄像头。

USB 数字摄像头的工作原理为：景物通过镜头生成的光学图像投射到图像传感器表面上，然后转为电信号，经过模数转换转换后成为数字图像信号，再送到数字信号处理芯片 DSP 中加工处理，将其转化为特定的图像格式，如 JPEG 格式，再通过 USB 接口传输到处理器中处理，实现图像显示存储或编码传输。

USB 数字摄像头的结构框图如图 12-3 所示。

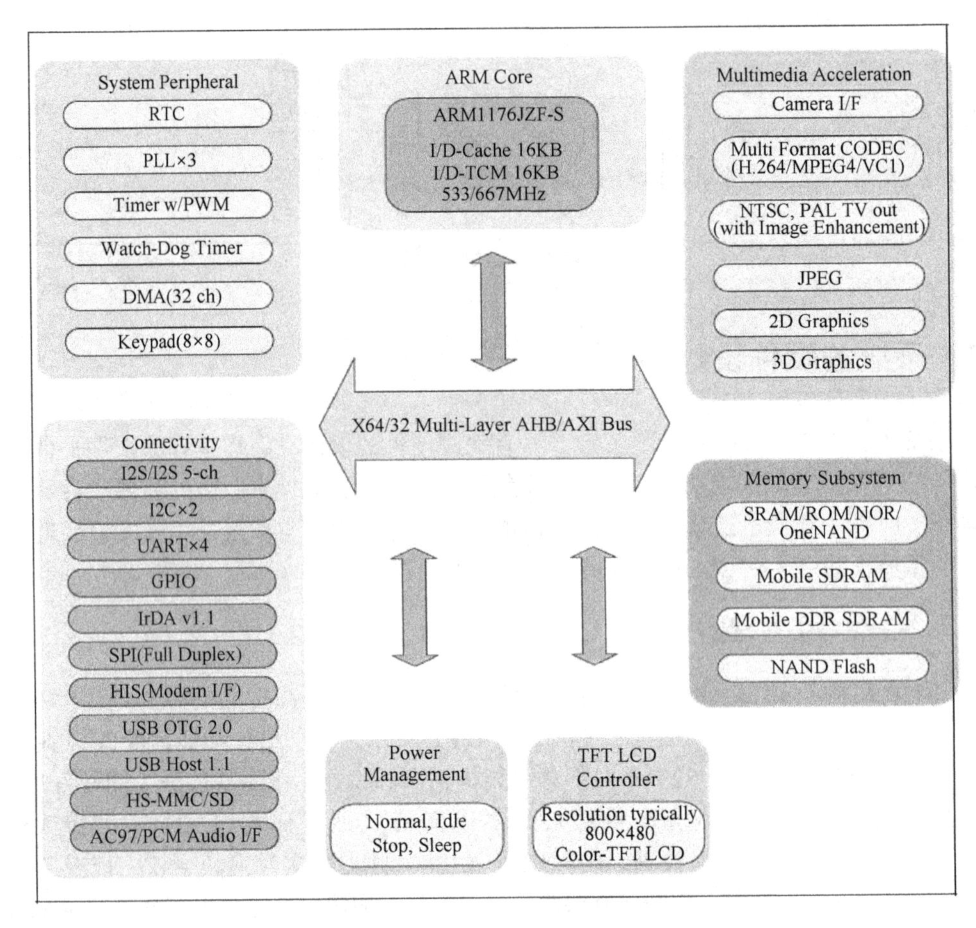

图 12-2 S3C6410 处理器功能原理图

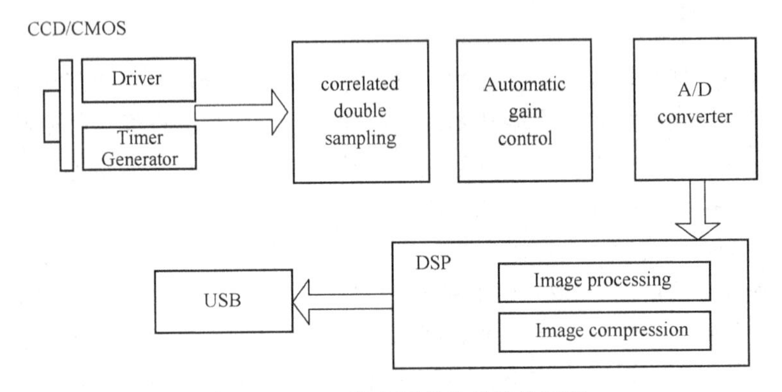

图 12-3 USB 数字摄像头的结构框图

在组成摄像头的所有重要部件当中，最为核心的两个部件是图像传感器芯片和 DSP 芯片。

图像传感器是一种半导体芯片，其表面包含有几十万到几百万的光电二极管。光电二极管受到光照射时，就会产生电荷。它可以分为 CCD（charge couple device，电荷耦合器件）和 CMOS（complementary metal oxide semiconductor，互补金属氧化物半导体）两类，光电二极管的性能直接决定摄像头的分辨率和图像质量。CCD 的优点是灵敏度高，噪声小，信噪比大，但是生产工艺复杂、成本高、功耗高。CMOS 的优点是集成度高、功耗低（不到 CCD 的 1/3）、成本低，但是噪声比较大、灵敏度较低、对光源要求高。从成本考虑，市场上大多还是采用 CMOS 类的图像传感器，各厂商通过采用影像光源自动增益补偿技术，自动亮度、白平衡控制技术，色饱和度、对比度、边缘增强及伽马矫正等先进的影像控制技术，完全可以达到与 CCD 摄像头相媲美的效果。

DSP 芯片一般包括三个模块：镜像信号处理器（image signal processor，ISP），JPEG 图像解码器（JPEG encoder），USB 设备控制器（USB device controller）。DSP 芯片通过一系列复杂的数学算法运算，对数字图像信号进行优化处理（如压缩编码），并把处理后的信号通过 USB 等接口传到个人计算机等设备。DSP 芯片类型的不同将直接影响图片格式的差异。

目前国内市场上的摄像头大多采用中星微，松翰、凌越和凌阳这些企业生产的 DSP 芯片。其中中星微凭借其产品良好的兼容性、较高的性价比和政府的大力支持，很快占领了摄像头 DSP 芯片市场的大半壁江山。如今中星微电子的“星光”系列数字多媒体芯片成功占据了全球计算机图像输入芯片市场 60%的市场份额，更占据国内市场的 90%。这是具有我国自主知识产权的集成电路芯片第一次在一个重要应用领域占到领先地位。本系统采用的是中星微系列芯片的 USB 摄像头 zc301。

USB 摄像头的图像格式主要有以下几种：JPEG 格式、YUV 格式和第三格式。中星微的 zc301p 和松翰的 sn9c105 采用的是 JPEG 格式；凌阳的 spca506 和 spca508 采用 YUV 格式；松翰的 sn9c101 和凌阳的 spca56la 采用第三格式。第三格式是指厂家用自己的图像压缩算法对 RGB 数据压缩后得到的图片格式。同一种图像格式的摄像头由于采用芯片型号的不同，捕获的图像数据流可能会存在微小的差异。有些芯片会在 JPEG 图像数据前加一定长度的头部，如中星微的 zco301p；有些则没有，如松翰的 sn9c105。有些 YUV 格式的芯片采用 YYUV 的数据流格式，有些则采用 YUVY 数据流格式。表 12-1 列出了一些主流 DSP 芯片的图像格式。

表 12-1　主流 DSP 芯片的图像格式

公　司	型　号	图像格式
中星微	zc0301p	JPEG
	zc0302	JPEG
	zc030x	JPEG
松翰	sn9c105	JPEG
	sn9c102	第三格式
	sn9c101	第三格式
	sn9c102p	JPEG
凌阳	spca506	YYUV
	spca508	YUVY
	spca561a	第三格式

12.4 系统的软件设计

本系统的软件部分包括系统初始化引导 bootloader、嵌入式 Linux 操作系统内核选用 Linux 2.6.21 版本、cramfs 文件系统、USB 摄像头驱动程序、网络设备驱动程序及 Spacserv 流媒体服务器。Spacserv 流媒体服务器建立在 Web 服务器之上，它通过 Linux 下的 V4LAPI 函数、MJPEG 图像压缩器和 TCP 协议完成视频图像信号的获取、压缩和传输。系统的软件结构如图 12-4 所示。

<table>
<tr><td>V4L API</td><td colspan="2">MJPEG 压缩器</td><td>TCP 协议</td></tr>
<tr><td colspan="4">SPCASERV 服务器（采集，压缩，传输）</td></tr>
<tr><td colspan="4">HTTP 服务器（Boa）</td></tr>
<tr><td colspan="2">USB 摄像头驱动</td><td colspan="2">网络驱动</td></tr>
<tr><td colspan="4">文件系统</td></tr>
<tr><td colspan="4">Linux 2.6.21</td></tr>
<tr><td colspan="4">引导程序 bootloader</td></tr>
</table>

图 12-4　系统的软件结构图

12.5 系统的关键技术

12.5.1 视频图像采集模块

1. V4L 简介

Video4Linux（简称 V4L）是 Linux 中关于视频设备的内核驱动，V4L 是为目前常见的电视捕获卡、并口及 USB 口的摄像头提供统一的编程接口。同时也提供无线电通信和文字电视广播解码和垂直消隐的数据接口。

现有的 V4L 有两个版本，V4L 和 V4L2。本章主要是关于 V4L 的编程。目前在高版本的 Linux 内核中已经加入了 V4L2 的支持。

2. V4L 下视频编程的流程

① 打开视频设备：视频设备是设备文件，可以像访问普通文件一样对其进行读写，在我们的平台上，摄像头设备是/dev/video0。

② 读取设备信息。

③ 更改设备当前的设置。

④ 视频采集主要有两种方法：内存映射和直接从设备读取。

⑤ 对采集的视频进行处理。

⑥ 关闭视频设备。

3. V4L 支持的主要数据结构 struct v4l_struct

可用于定义 V4L 用户程序结构：

```
typedef struct v4l_struct
{
int fd;
struct video_capability capability;
struct video_channel channel[4];
struct video_picture picture;
struct video_window window;
struct video_capture capture;
struct video_buffer buffer;
struct video_mmap mmap;
struct video_mbuf mbuf;
unsigned char * map;
int frame;
int framestat[2];
}
```

① video_capability 结构：包含设备的基本信息。包含的成员如下。

name[32]：设备名称
type：是否能 capture，彩色还是黑白，是否能裁剪等。
channels：信号源个数。
audios：音频设备数目。
maxwidth：支持视频显示的宽度上限。
maxheight：视频显示的高度上限。
minwidth;
minheight;

② video_picture 结构：设备采集的图像的各种属性，在应用程序中使用 VIDIOCSPICT ioctl 来改变设备的此种属性。包含的成员如下。

brightness：亮度 0~65535。
hue：色调。
colour：颜色（彩色模式）。
contrast：对比度。
whiteness：白色度（灰度级模式）。
depth：捕获深度（配合显示缓冲区的颜色深度）。
palette：调色板信息。

③ video_channel 结构：关于各个信号源的属性，每种 V4L 视频或者音频设备可以从一个或者多个信号源捕获数据。调用的 ioctl 接口是 VDIOCGCHAN。调用前必须设置信号源的各个信道域。包含的成员如下。

channel：信号源的标号。
name：信号源名称。
tuners：tuners 的数目。
flags：tuner 的属性。

type：输入类型。

norm：制式。

④ video_mbuf 结构：利用 mmap 进行映射的帧的信息。系统调用 syscall 时会从设备返回下一个可用的影像。而调用者首先要设置获取图像的大小和格式。通过调用 ioctl 接口 VDIOCGCHAN 实现。注意并不是所有的设备都支持此种操作：

size：帧大小。

frames：最多支持的帧数。

offsets[VIDEO_MAX_FRAME]：每帧相对基址的偏移。

4. Video4Linux 下视频采集的关键代码分析

```
int capture(void)
{
    void * caphandle;
    struct ng_vid_driver  * cap_driver = &v4l_driver;
    struct ng_video_fmt fmt;
    if(fbdev. fb_bpp = = 24)
        fmt. fmtid = VIDEO_BGR24;
    else
        fmt. fmtid = VIDEO_RGB16_LE;
    fmt. width = capinfo. width;
    fmt. height = capinfo. height;
    if(framebuffer_open( )<0){
        return -1;
    }
        caphandle=cap_driver->open(capinfo. device);
/* 成功打开 framebuffer 后,在终端的提示信息中会有如下的一条:
frame buffer: 640x480, 16bpp, 0x96000byte
```

在其中调用接口 ioctl(vd->fd, VIDIOCGCAP, &(vd->capability))，读取图像设备的基本信息，成功后显示 capability 各个分量。

```
drv-v4l. c 272 if (-1 = = ioctl(h->fd,VIDIOCGCAP,&h->capability))
```

读 video_picture 中信息：

```
drv-v4l. c 403 xioctl(h->fd,VIDIOCGPICT,&h->pict);
 */
//否则提示出错信息
    if( !caphandle){
    printf("failed to open video for linux interface!\n");
      return -1;
}
//设置格式:视频设备采集数据的长、宽、色深
```

```
        if(cap_driver->setformat(caphandle, &fmt)){
            printf("failed to set video format!\n");
            return -1;
    }
    //设置采集的频率
        cap_driver->startvideo(caphandle, 25,  NUM_CAPBUFFER);
        //采集图像调整至 LCD 的中央
    {
            struct ng_video_buf * pvideo_buf;
            int x, y, width, height;
            int diff_width, diff_height;
            diff_width = fbdev.fb_width - fmt.width;
            diff_height = fbdev.fb_height - fmt.height;
            if(diff_width>0){
                x =  diff_width/2;
                width = fmt.width;
            }
            else{
                x = 0;
                width = fbdev.fb_width;
            }
            if(diff_height>0){
                y =  diff_height/2;
                height = fmt.height;
            }
            else{
                y = 0;
                height = fbdev.fb_height;
            }
            //begin capture
            for(;;){
    //读取下帧数据
                pvideo_buf=cap_driver->nextframe(caphandle);
    //显示数据
                fbdev.fb_draw(&fbdev, pvideo_buf->data, x, y, width, height);
    //将显示过的数据缓冲释放
                ng_release_video_buf(pvideo_buf);
            }
        }
        framebuffer_close();
        cap_driver->stopvideo(caphandle);
        cap_driver->close(caphandle);
        return 0;
    }
```

12.5.2 视频图像压缩模块

1. JPEG 与 MJPEG 文件格式简介

MJPEG（motion JPEG，动态 JPEG）是在 JPEG 基础发展起来的动态图像压缩技术，它只单独地对某一帧进行压缩，而基本不考虑视频流中不同帧之间的变化。因此可获取清晰度很高的视频图像，而且可灵活设置每路的视频清晰度和压缩帧数，其压缩后的画面还可任意剪接。MJPEG 由 JPEG 图像连接组成，每幅 MJPEG 图像都有自己的量化表和 Huffman 码表。MJPEG 可以仅使用一张量化表和 Huffman 码表对连续几十帧甚至上百帧图像进行压缩，仅当数据发生丢失时才需要重新载入量化表和 Huffman 码表。这一优点大大降低了系统视频解码时所需要的开销。MJPEG 只有帧内压缩而没有帧间压缩，仅从压缩率上看，MJPEG 比 MPEG、H1261/263 低，但在 QoS 的 IP 网络中，MPEG 等运动图像压缩技术应用会因网络拥塞、延迟等原因而产生图像停顿、延时、误码等问题，而 MJPEG 码流由独立的 JPEG 帧构成，基本不受网络的影响。现在，随着网络带宽的增加，码流量相对较大的 MJPEG 传输不成问题。生成的 TCP 包，在网络上传输的流程是：当客户端向服务器发送完图像帧请求后，客户端进入睡眠状态等待帧头，在此期间服务器一直处于等待状态，等待客户端发来图像帧请求信息，如果服务器判断收到的消息为客户端发来的图像帧请求信息后，则回送图像帧信息头给客户端，紧接着发送压缩后的一帧视频图像。当客户端收到图像帧头后会请求发送一帧视频图像，接收完视频后，就回到发出请求后的睡眠状态。这是一个双向交互的闭环协议。客户端能用命令设置远程服务器的视频流参数，读、写远程的 GPIO 端口。服务器端是多线程的，可以同时连接多个客户端，并且有一个帧刷新环形缓冲器在内存中，用于视频流缓冲。客户端与服务器协议允许客户端处于睡眠状态直到有通过 GPIO 口的硬件动作发生。

2. JPEG 库简介

libjpeg 是一个完全用 C 语言编写的库，包含了被广泛使用的 JPEG 解码、JPEG 编码和其他的 JPEG 功能的实现。本设计所使用的 Linux 发行版本 RedHat 使用的就是 libjpeg 库的最新版本 jpegsrc. v8d，关于它的安装，不再赘述。要使用它提供的函数如 jpeg_start_compress，只需把安装后的 jpeg/lib 目录下的库文件拷贝到开发板的/lib 目录下或者拷贝到程序运行的目录下。

3. JPEG 压缩的实现

（1）cam_thread 线程分析

抓图及处理为 JPEG 的线程 cam_thread 流程如图 12-5 所示。其中，pglobal→stop 是一个全局变量，当其为 1 时循环一直进行下去，调试的时候只要用户按下 Ctrl+C 键，预先注册的 SIGINT 信号的中断处理函数就会使该值置 0，从而结束本程序。uvcGrab 函数主要是以阻塞方式抓取一帧图像数据，保存在暂存缓冲区。针对摄像头的两种输入格式，有两条处理路线。YUYV 格式输入则调用 compress_yuyv_to_jpeg 函数，JPEG 格式输入则调用 memcpy_picture 函数。此外，该线程还涉及 Linuxd 的线程同步机制：互斥锁和条件变量，主要是为了保证全局缓冲区任一时刻只能由一个线程访问。

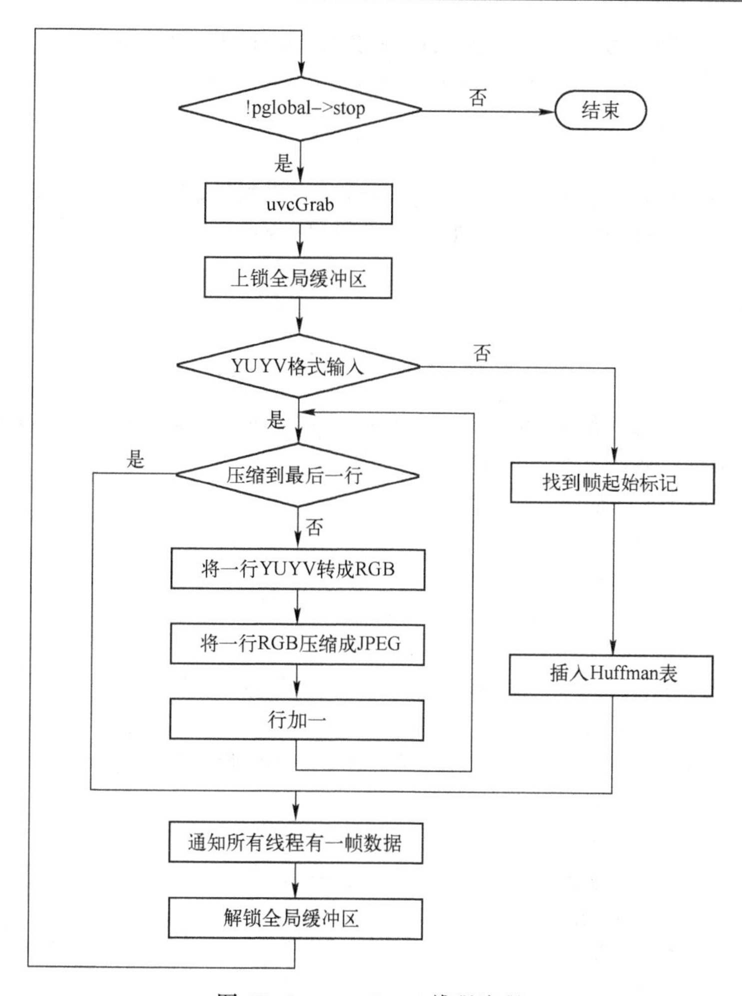

图 12-5　cam_thread 线程流程

（2）抓图线程 cam_thread 的实现代码

```
void * cam_thread( void * arg ) {
...
    while( !pglobal->stop) {
        /* 阻塞抓图。YUYV 数据保存在 videoIn ->framebuffer; MJPEG 数据保存在 videoIn->
tmpbuffer */
     uvcGrab( videoIn)
/* 抓取的图像数据，最终都处理为 JPEG 格式存储在全局缓冲区 pglobal->buf */
     pthread_mutex_lock( &pglobal->db );/* 上锁 */
     if ( videoIn->formatIn == V4L2_PIX_FMT_YUYV) {
        /* YUYV 数据则先进行 JPEG 压缩才拷贝到全局缓冲区 */
        pglobal->size = compress_yuyv_to_jpeg( videoIn, pglobal->buf, videoIn->framesizeIn,
gquality);
    }
    else {
```

```
        /* JPEG 数据则补加了 Huffman 码表才拷贝到全局缓冲区 */
        pglobal->size = memcpy_picture(pglobal->buf, videoIn->tmpbuffer, videoIn->buf.bytesused);
    }
pthread_cond_broadcast(&pglobal->db_update);  /* 通知所有等待线程 */
pthread_mutex_unlock( &pglobal->db );          /* 解锁 */
…
  }
```

(3) YUYV 压缩为 JPEG 并复制到全局缓冲区函数 compress_yuyv_to_jpeg

```
int compress_yuyv_to_jpeg(struct vdIn *vd, unsigned char *buffer, int size, int quality) {
  struct jpeg_compress_struct cinfo;
  struct jpeg_error_mgr jerr;
  JSAMPROW row_pointer[1];
  unsigned char *line_buffer, *yuyv;
  int z;
  static int written;
  line_buffer = calloc (vd->width * 3, 1);/* 一行数据 RGB24 */
  yuyv = vd->framebuffer;
  /* 1. 申请并初始化 jpeg 压缩对象, 同时要指定错误处理器 */
  cinfo.err = jpeg_std_error (&jerr);
  jpeg_create_compress (&cinfo);
  /* 2. 指定压缩后的图像所存放的目标文件 */
  dest_buffer(&cinfo, buffer, size, &written);
  /* 3. 设置压缩信息 */
  cinfo.image_width = vd->width;
  cinfo.image_height = vd->height;
  cinfo.input_components = 3;          //通道数 1: 表示灰度图, 3 为彩色位图
  cinfo.in_color_space = JCS_RGB;      //色彩空间, 如 CMYK
  jpeg_set_defaults (&cinfo);
  jpeg_set_quality (&cinfo, quality, TRUE);
  /* 4. 开始压缩 */
  jpeg_start_compress (&cinfo, TRUE);/* JPEG 文件交换格式 JPEG File Interchange Format, JFIF */
  z = 0;
  while (cinfo.next_scanline < vd->height) {
    int x;
    unsigned char *ptr = line_buffer;
    /* 5. YUYV 转 RGB 一次循环处理一行 */
      for (x = 0; x < vd->width; x++) {
      int r, g, b;
      int y, u, v;
      if (!z)
```

```
            y = yuyv[0] << 8;
        else
            y = yuyv[2] << 8;
        u = yuyv[1] - 128;
        v = yuyv[3] - 128;
        r = (y + (359 * v)) >> 8;
        g = (y - (88 * u) - (183 * v)) >> 8;
        b = (y + (454 * u)) >> 8;
        *(ptr++) = (r > 255) ? 255 : ((r < 0) ? 0 : r);
        *(ptr++) = (g > 255) ?255 : ((g < 0) ? 0 : g);
        *(ptr++) = (b > 255) ? 255 : ((b < 0) ? 0 : b);
        if (z++) {
            z = 0;
            yuyv += 4;}
      }
      /* 6. 压缩一行 */
      row_pointer[0] = line_buffer;
      jpeg_write_scanlines (&cinfo, row_pointer, 1);
    }
    /* 7. 结束压缩 */
    jpeg_finish_compress (&cinfo);
    jpeg_destroy_compress (&cinfo);
    free (line_buffer);
    return (written);
}
```

（4）MJPEG 转化成 JPEG 并复制到全局缓冲区函数 memcpy_picture

```
int memcpy_picture(unsigned char *out, unsigned char *buf, int size)
{
     unsigned char *ptdeb, *ptlimit, *ptcur = buf;
    ptdeb = ptcur = buf;
    ptlimit = buf + size;
    while ((((ptcur[0] << 8) | ptcur[1]) != 0xffc0) && (ptcur < ptlimit))/* 查找到帧起始标
志 0xffco */
      ptcur++;
    if (ptcur >= ptlimit)
        return pos;/* 没有帧起始标志 oxffco 相当于数据无效 */
    sizein = ptcur - ptdeb;
    memcpy(out+pos, buf, sizein); pos += sizein;/* 复制帧起始标志 0xffco 之前的数据 */
    memcpy(out+pos, dht_data, sizeof(dht_data)); pos += sizeof(dht_data);/* 插入 Huffman 码表 */
    memcpy(out+pos, ptcur, size - sizein); pos += size-sizein;
    return pos;
}
```

12.6 系统的实现

12.6.1 USB摄像头驱动的移植

系统选用的是ZC0301P的USB摄像头，编译USB驱动主要的思路是重新编译内核，将对应的摄像头支持模块选上。ZC0301P摄像头驱动编译步骤如下。

由于Linux内核系统中没有ZC301摄像头驱动，把ZC301摄像头驱动复制到/linux2.6.x/kernel/driver/usb下，解压，并打补丁。

```
#tar-xvzf usb-2.6.8.1LE06.patch.tar.gz
#patch -p1 < usb-2.6.8.1-2.patch
```

此时，就会在当前目录下看到spca5xx文件夹了。

在终端命令行方式下，进入/linux 2.6.x/kernel目录，并使用#make menuconfig命令进入S3C6410Linux内核编译的MainMenu窗口。

选择"Multimedie devices--->"菜单选项，选择"Video For Linux"，选择<M>选项。

返回主菜单（MainMenu），再进入"USB support--->"菜单选项，然后<M>选择"US-BSPCA5XX Sunplus Vimicro Sonix Cameras"。

退出并保存配置。

使用#make dep命令建立文件依联关系，然后#make modules命令编译链接模块。链接编译完成后，在/linux2.6.x/kernel/drivers/usb/spca5xx文件夹中生成spca5xx.o，spcadecoder.o，spca_core.o模块，这就是所需要的驱动程序。

当Linux正常启动后，必须加入USB摄像头的驱动模块，在控制终端使用如下命令：

```
#insmod spca5xx.o
```

视频设备在Linux系统下为一个字符型设备，分配给视频设备使用的主设备号固定为81，次设备号为0~31。在Linux系统中通常使用的设备名为video0~video31，使用以下命令在目录/dev/下创建名称为video0节点：#mknod /dev/video0 c 81 0。

启动开发板的Linux系统，插上USB摄像头，就可以看到成功驱动的信息。

12.6.2 Spcaview软件包实现远程网络视频服务器

1. Spcaview简介

Spcaview是Linux系统下用于实现网络视频服务器的软件包。其中，Spcaview可以用来记录数据流，也能用在客户端来播放数据，Spcaserv/Servfox是流媒体服务器，spcacat可以用来进行简单的图片抓取。本系统采用Spcaserv/Servfox流媒体服务器连接spca5xx系列的网络摄像头。Spcaserv是通用的、工作在嵌入式X86平台上，支持整个spca5xx系列的网络摄像头流媒体服务器。它带有JPEG图像压缩器，对它的编译不需要借助其他外加函数库来完成，并且能够通过客户端向它发出各种指令来实现对它的控制。Servfox工作在ARM9开发板上，配合嵌入式Linux专用的spca5xx-LE网络摄像头驱动来完成视频采集的流媒体服务器。

2. Spcaserv/Servfox 流媒体服务器工作原理

Spcaserv 流媒体服务器使用 V4L 完成原始视频图像的获取，然后把视频图像数据以 MJPEG 的方式进行压缩处理后，打包生成 TCP 包，向网络发送。视频采集端采用从 V4L 视频设备源中捕捉视频帧，V4L 是 Linux 用于获取音频和视频的 API 接口，在 Linux 下，利用 V4LAPI 获取视频图像可以通过调用 open、ioctl 等函数，像对普通文件一样对硬件进行初始化、设置硬件属性和调用硬件中断等操作。在打开视频采集设备后，分别通过 ioctl(vd→fd, VIDIOCGCAP,&(vd→capability))函数的 VIDIOCGCAP 控制命令，来获取关于视频采集设备所能显示的最大图像大小、信号源的通道数和通过 ioctl(vd→fd,VIDIOCGPICT,&(vd→picture))的 VIDIOCGPICT 来获取一些关于图像的亮度、对比度等信息。

Spcaview 软件包的移植：

从 http://mxhaard. free. fr/spca50x/Download 下载 Spcaview 源码，将其解压并进入源码目录。此软件依赖 libsdl 库，先要安装 SDL-1. 2. 12. tar. gz。

（1）安装 SDL

```
#tar -zxvf SDL-1. 2. 12. tar. gz
#cd SDL-1. 2. 12
#. /configure --target=arm-linux --host=arm-linux
#make
#make install
```

（2）安装 Spcaview

```
#tar -vxzf spcaview-20061208. tar. gz
#cd spcaview20061208
#vi makefile
CC=arm-linux-gcc
CPP=arm-linux-g++
#make
```

此时，在 Spcaview-20061208 目录下生成三个工具 spcaview，spcaserv，spcacat，将其复制到开发板根文件系统的/bin 目录下，重新制作烧写根文件系统，在开发板的命令行终端就可以使用这些工具了。

12. 6. 3　监控实例

1. Boa

构建 HTTP 服务器，以便客户端能在浏览器下查看，本章使用 Boa 来构建 HTTP 服务器。Boa 的构建过程如下：在宿主机 Linux 系统下建立交叉编译环境，下载 boa-0. 94. 13. tar. gz 的源代码，解压，修改 boa/src 目录下 Makeflie 文件，修改内容为：CC=arm-linux-gcc,CPP=arm-linux-cpp，然后在 boa/src 目录下执行 make 命令，即可生成 boa 可执行文件，修改配置文件 boa. conf，最后将 boa 和 boa. conf 分别拷贝到目标板根文件系统的/bin 和/etc/boa 目录下，重新制作根文件系统，烧写到 flash，即可实现对 Boa 服务器的访问。

2. Spcaview

复制 Spcaview 软件包解压目录下的 http-java-applet 目录到 Web 服务器的家目录下；比如

Boa 服务器的默认家目录是/var/www/，将 http-java-applet 放到/var/www/下。

3. 服务端网络配置及服务启动

进入/home/httpd/webcam 目录制作视频首页（#cp index-sample. html index. html），修改 index. html 内容，改成想要的形式。设置好网络环境，执行目标板根文件系统的/bin/boa 可执行文件，启动 BOA Webserver，执行下面的命令行运行服务器端 spcaserv 程序。

```
#spcaserv -d /dev/video0 -s 640x480 -f jpg
```

4. 客户端 Web 调试

由于服务器端的 Web 页面包括 Java 插件，所以在远程客户端个人计算机安装 Java 环境（JRE），利用浏览器就可以实现跨平台监视，下载安装好 JRE 后，在远程客户端的 IE 浏览器地址栏上输入 Spcaserv 流媒体服务器的地址，就可以实现远程实时监控了，最终效果如图 12-6 所示。

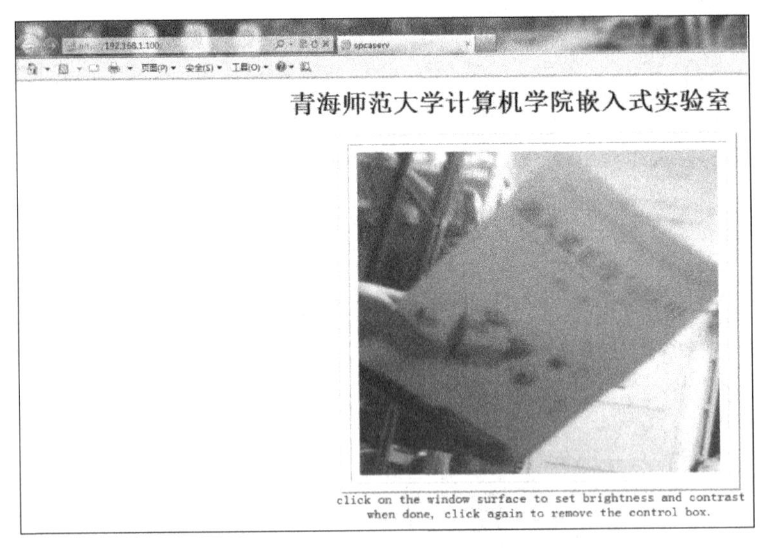

图 12-6　最终效果图

12.7　总结

本章设计实现了基于嵌入式系统的网络视频监控系统，具有实时性好、可移植性强、低功耗和远程监控方便等特点，经测试，系统在 640×480 分辨率下，运行稳定，接收端观察图像流畅，画面清晰。

参 考 文 献

[1] 黎曦，许楠，张成军. 浅谈嵌入式系统课程的项目式教学方法 [J]. 时代教育：2015, 7 (1)：183.
[2] 童英华. 基于 S3C2410 和 Linux 的智能家居系统的设计 [J]. 电子设计工程：2013, 21 (16)：164-167.
[3] 俞辉. ARM 嵌入式 Linux 系统设计与开发 [M]. 北京：机械工业出版社，2010.
[4] 谢荣生，丰海，李远敏. 嵌入式系统软件设计 [M]. 北京：北京邮电大学出版社，2011.
[5] 魏洪兴，胡亮，曲学楼. 嵌入式系统设计与实例开发实验教材：基于 ARM9 微处理器与 Linux 操作系统 [M]. 北京：清华大学出版社，2005.
[6] 金建设. 嵌入式系统基础实验 [M]. 大连：大连理工大学出版社，2010.
[7] 李庆诚，张安站，宫晓利，等. 类纸阅读器在线读物系统的设计与实现 [J]. 计算机工程，2012, 38 (3)：261-263.
[8] 李强，刘时进. PDF 阅读器的设计与实现 [J]. 计算机工程与设计，2010, 31 (7)：1635-1638.
[9] 赵哲. ARM9 平台基于 Qt/Embedded 的电子阅读器设计与实现 [D]. 杭州：杭州电子科技大学，2011.
[10] 李永宏，何向真，艾金勇，等. 藏文编码方式及其相互转换 [J]. 计算机应用，2009, 29 (7)：2016-2017.
[11] 尼玛扎西，群诺，拥措，等. 基于 Unicode 编码的藏文短信服务平台实现 [J]. 计算机应用，2010, 30 (2)：319-320.
[12] 谢谦，吴健，孙玉芳. X Window 核心系统的民文支持 [J]. 中文信息学报，2005, 19 (4)：97-104.
[13] 张兴亮，芮建武，谢谦，等. 藏文编码字符集的扩充集在 Linux 上的实现 [J]. 中文信息学报，2007, 3 (2)：124-125.
[14] 蔡志明，卢传富，李立夏. 精通 Qt4 编程 [M]. 北京：电子工业出版社，2011.
[15] 乔强国. 基于 S5PV210 模拟智能家居嵌入式系统的设计 [J]. 中国科技信息，2013 (9)：88-89.
[16] 李鹏. 基于 RapidIO 的双主机节点嵌入式系统互联设计 [J]. 电子科技，2014 (4)：135-137.
[17] 李雪莲. 嵌入式 PLC 的设计及通信功能的扩展 [J]. 电子设计工程，2015 (17)：168-171.
[18] 于竹林. 嵌入式移动机器人避障研究与系统设计实现 [D]. 青岛：青岛科技大学，2009.
[19] 柴剑. 智能扫地机器人技术的研究与实现 [D]. 西安：西安电子科技大学，2014.
[20] 周华. 多传感器融合技术在移动机器人定位中的应用研究 [D]. 武汉：武汉理工大学，2009.
[21] 周鸣争. 嵌入式系统与应用 [M]. 北京：中国铁道出版社.
[22] 谢晶. 基于 ARM9 的智能家居控制系统的设计与实现 [D]. 北京：北京理工大学，2008.
[23] 赵小川，罗庆生，韩宝玲. 机器人多传感器信息融合研究综述 [J]. 传感器与微系统，2008, 27 (8)：1-4, 11.
[24] 陈礼斌，刘钊. 一种新的自适应扩展卡尔曼滤波算法 [J]. 激光与红外，2006, 36 (3)：210-212.
[25] 杨东燕. 一种移动机器人小车的点击控制系统 [J]. 内蒙古科技与经济，2008, 10 (20)：99-100, 108.
[26] 彭侃. 基于 ARM9 的嵌入式软件平台的研究与实现 [D]. 上海：东华大学，2008.
[27] 王田苗，陶永，陈阳. 服务机器人技术研究现状与发展趋势 [J]. 中国科学：信息科学，2012, 42 (9)：1049-1066.
[28] 王珊珊. 轮式机器人控制系统设计 [D]. 南京：南京理工大学，2013.

[29] 闵正道，张燕长文．创新公益始相随衣带渐宽终无悔：记北京钟南山创新公益基金会会长杨克强公益活动［J］．商业文化，2020（25）：24-27.
[30] 鲁春霞，谢高地，成升魁，等．青藏高原的水塔功能［J］．山地学报，2004（4）：428-432.
[31] 易继坤．便携式多参数水质检测仪的信号采集及传输系统设计与实验［D］．重庆大学，2009.
[32] 刘付勇．常规参数水质检测系统的设计与实验［D］．重庆大学，2011.
[33] 王炳华，赵明．美国环境监测一百年历史回顾及其借鉴［J］．黑龙江水利科技，2002（3）：70.
[34] ZHOU JINSHERG. The application and development on the instrument of the quality analysis [J]. Hydrogeology & erginering geology, 1980 (2): 38-41.
[35] 陈中华，王慎阳，李勇欣．分析水质监测对环境保护的意义［J］．资源节约与环保，2021.
[36] EASTMAN C D, ETSELL T H. Performance of a platinum thin film working electrode in a chemical sensor [J]. Thin SolidFilms, 2006, 515 (4): 2669-2672.
[37] 欧阳球林．水环境污染与水质监测［J］．江西水利科技，1987（2）：17-21.
[38] 河北先河环保科技股份有限公司．XHFP-90 自动监测仪［EB/OL］．http://www/sailhero. com/pro duct/water Quality/three. asp.
[39] 孙海林，李巨峰，朱媛媛．我国水质在线监测系统的发展与展望［J］．中国环保产业，2009，2.
[40] 博创科技．2410 经典实验指导书-豆丁网［EB/OL］．https://www. docin. com/p-54352241. html.
[41] 吕登锋．基于 ARM 的水质 PH 检测系统设计与实现［D］．西安电子科技大学，2015.
[42] 魏康林．基于微型光谱仪的多参数水质检测仪关键技术研究［D］．重庆大学，2012.
[43] 曹纳．基于 BP 神经网络的人工智能审计系统研究［J］．信息技术，2021，45（8）：5.
[44] 李学辉．基于物联网的智慧农业大棚控制系统的研究［J］．微纳电子与智能制造，2020，2（3）：16-22.
[45] 王昆，贺海育．基于物联网技术的智慧农业大棚监控系统研究［J］．粘接，2019，40（8）：183-186.
[46] 梁芳芳．基于 S5PV210 的网络温湿度记录仪实现［J］．电子世界，2014.
[47] 吴昊．基于嵌入式平台的智慧大棚开发［J］．电脑知识与技术，2020，16（1）：220-222.
[48] 赵云娥．基于 Arduino 的智慧农业大棚监控系统设计［J］．单片机与嵌入式系统应用，2019（4）：72-76.
[49] 尚泽．农业大棚的智能化监测［J］．科学技术创新，2021（20）：171-172.
[50] 兰晓好，孙运强，王金．基于云平台的智慧农业大棚监控系统设计［J］．单片机与嵌入式系统应用，2020，20（12）：84-87.
[51] 张顺峰．智慧大棚控制系统设计［J］．微处理机，2020，2（1）：48-51.
[52] 孙庆波．智慧大棚温湿度监控系统［J］．中外企业家，2018（33）：136.
[53] 张玮．现代智慧农业设施大棚环境监测系统设计［J］．计算机测量与控制，2020，28（8）：135-138.
[54] 赵若愚．基于无线技术农业大棚环境质量监测系统的设计与实现［J］．科学技术创新，2012（12）：108-109.
[55] 苏堪忠．基于物联网的智慧温室大棚蔬菜种植技术研究［J］．农业工程技术，2021，41（6）：39-40.
[56] 赵佰平．基于物联网技术的智慧农业大棚设计与应用［J］．农业与技术，2021，41（13）：69-71.
[57] 周新淳，张瞳，吕宏强．基于物联网的精准化智慧农业大棚系统设计［J］．国外电子测量技术，2016，35（12）：44-49.
[58] 车雨红．基于模糊控制算法的智能小车避障系统设计［J］．首都师范大学学报（自然科学版），2019，40（5）：1-5.
[59] 卢雪红，邵亚军．基于 STM32 智能小车自主循迹避障系统设计与功能实现［J］．世界有色金属，2021（22）：165-168.
[60] 陈鹏．智能小车定位和路径规划系统的研究与开发［D］．黑龙江大学，2021.
[61] 方国贤．基于 STM32 智能小车的设计与实现［D］．武汉轻工大学，2018.
[62] 吕闪，金巳婷，沈巍．基于 STM32 的循迹避障智能小车的设计［J］．计算机与数字工程，2017，45

(3): 549-552, 588.
[63] 倪爽，蔡文杰，张燕，等．基于 STM32 的遥控小车 [J]. 电脑知识与技术，2021，17 (7): 228-230.
[64] 乔凌霄，郭超维，刘源涛，等．基于超声传感器的避障小车系统设计 [J]. 运城学院学报，2019，37 (3): 12-15.
[65] 雷丹．基于单片机的无人避障小车系统设计 [J]. 机械工程与自动化，2021 (1): 177-178.
[66] 顾志华，戈惠梅，徐晓慧，等．基于多传感器的智能小车避障系统设计 [J]. 南京师范大学学报（工程技术版），2014，14 (1): 12-17.
[67] 马铎，党小娟，张慧．超声波智能避障小车的设计与实现 [J]. 企业科技与发展，2018 (9): 87-88.
[68] 樊志强，董朝轶，王启来，等．基于多传感器数据融合的巡检机器人测姿系统研究 [J]. 自动化与仪器仪表，2021 (3): 77-82, 86.
[69] 邹炳发，张图仁，陈杰，等．自动避障小车的单片机 PWM 波控制 [J]. 现代制造技术与装备，2020，56 (11): 179-180.
[70] 张微，杨博云，王韵琪．基于 STM32 的车辆智能避障控制系统设计 [J]. 科技视界，2019 (32): 24-25.
[71] 熊浩．基于 STM32 的智能小车四轮驱动控制系统设计 [J]. 江苏科技信息，2019，36 (9): 51-53.
[72] 江中玉，何振鹏，胡锦．基于 STM32F103 的智能导航避障小车的设计与实现 [J]. 实验科学与技术，2019，17 (3): 29-33.
[73] 刘润安．浅谈网络视频监控的现状及发展应用 [J]. 科技风，2009 (15): 163.
[74] 宋延昭．嵌入式操作系统介绍及选型原则 [J]. 工业控制计算机，2005 (7): 41-42, 24.
[75] 杨虎，王卫东．基于 ARM9 的 Web 服务器设计与实现 [J]. 电子设计工程，2013 (2): 3.
[76] 王俊，王宁国，王大海．基于嵌入式 Linux 视频监控传输系统的设计与实现 [J]. 数字技术与应用，2013 (1): 145-146.
[77] 冯林琳，耿恒山．基于 S3C6410 的 Uboot 分析与移植 [J]. 计算机与现代化，2013 (1): 119-121.
[78] 钱鹰，陈胜利．基于嵌入式平台的 USB 摄像头图像采集及显示 [J]. 电子设计工程，2013 (3): 140-142.
[79] 王国伟，曾碧，谭昌盛．基于 S3C6410 的 H.264 视频采集传输系统 [J]. 微计算机信息，2013 (1): 106-107, 6.
[80] 韦东山．嵌入式 Linux 应用开发完全手册 [M]. 北京：人民邮电出版社，2008.